江苏省优势学科项目(PAPD)资助出版

自生动态生物膜技术

傅大放　熊江磊　著

东南大学出版社
·南京·

内容提要

本书结合多年的科研成果，系统阐述了自生动态生物膜水处理技术的原理和应用，并介绍了一些成功运行的工程实例。全书分为9章，自生动态生物膜水处理技术的基本原理，自生动态生物膜的影响因素、形成过程、脱氮性能和去除溶解性有机物的性能，分析了自生动态膜生物反应器的生物多样性，介绍了两种自生动态膜生物反应器及其应用案例：平板动态膜组件及生物反应器和微管式动态膜组件及生物反应器。

本书供从事水处理工程及水处理设备研发、设计的技术人员阅读，也可供大专院校环境工程专业、给排水专业的师生参考。

图书在版编目(CIP)数据

自生动态生物膜技术/傅大放，熊江磊著. —南京：东南大学出版社，2015.2

ISBN 978-7-5641-4709-9

Ⅰ. ①自… Ⅱ. ①傅… ②熊… Ⅲ. ①生物膜(污水处理)—技术 Ⅳ. ①X703.1

中国版本图书馆CIP数据核字(2013)第314501号

自生动态生物膜技术

编　　著　傅大放　熊江磊
责任编辑　丁　丁
编辑邮箱　d.d.00@163.com
出版发行　东南大学出版社
出 版 人　江建中
社　　址　南京市四牌楼2号(邮编:210096)
网　　址　http://www.seupress.com
经　　销　全国各地新华书店
发行热线　025-83790519　83791830
印　　刷　南京雄州印刷有限公司
开　　本　787 mm×1 092 mm　1/16
印　　张　15
字　　数　380千
版　　次　2015年2月第1版　2015年2月第1次印刷
书　　号　ISBN 978-7-5641-4709-9
定　　价　58.00元

(本社图书若有印装质量问题，请直接与营销部联系，电话:025-83791830)

前　言

自生动态生物膜是在多孔基材上附着生长的生物膜，因此它首先具有微生物活性，同时因为这层生物膜具有一定的致密性，也就有了过滤性能。如何将这两个功能结合起来，在一个反应器中同时实现有机物的微生物降解和颗粒物的滤除，这是自生动态生物膜技术发展的出发点和追求的目标。

2003年3月，我们开始了自生动态生物膜技术的研究，10年来，先后有博士研究生段文松、熊江磊，硕士研究生林新斌、徐五英、林玉娇、马强、李澄、朱亚文、徐晓光、张雷、贺浩耘、洪凯、朱航，本科生杜二虎、韩林辰等15位同学参与了研究工作。

凭着对自生动态生物膜的一种好奇，我们在没有任何经费资助的情况下，坚持了8年时间，终于从2011年起，先后得到教育部博士点基金（20110092120016）和江苏省产学研联合创新资金（BY2013073-09）的资助，实现了实验室试验、现场中试和实际工程应用的全过程研究。

研究工作始于多孔基材的选择、动态膜组件的构造和反应器的基本工艺参数的确定，后来逐步聚焦到动态膜的阻力特征和膜结构本身。把这些基本问题弄清楚之后，我们在施工营地、高速公路服务区等每天生活污水量只有数百吨的场所，直接进行现场放大试验，解决了膜组件安装、装置启动、现场反冲洗和反应器产品定型等工程应用问题。我们还针对中小型污水处理厂的改造升级，重点研究了提高自生动态生物膜反应器总氮去除效果的方法，开展了微管式自生动态生物膜的研发，为实现该技术的产品化、工业化和工程化创造了条件。

这一研究工作的一个显著特点就是与企业的密切结合。2008年起，我们就和企业一起致力于自生动态生物膜技术的实际应用。我们的共同认识是，这一技术具有转化为工业化产品的优势，有助于实现水处理从以土建工程构筑物为主要特征向以定型装置为主要特征的转变，而这一转变会是水处理技术的一场革命。

虽然我们的研究工作已经十年有余，但必须承认，我们对自生动态生物膜技术还没有完全把握。理论上，动态生物膜由凝胶层和滤饼层构造而成的假定是否科学？动态生物膜上的微生物群落与反应器中的微生物有什么本质区别？微生物累积和脱落的规律到底是怎样的？反应器结构本身以及反应器内部的其他组件对动态生物膜的形成有怎样的影响？自生动态生物膜反应器内部膜与泥是否可以完全转换？是否有可能实现动态生物膜形成过程的计算机模拟？……还有一系列疑问等待我们去探索。实践上，延长膜组件的寿命、提高反洗的效率、提升反应器自动化程度和工作可靠性、协调与其他水处理单元的关系、降低反应器的成本、进一步明确产品系列及目标市场……还有许多问题需要我们去解决。

这本书是十年研究历程的一个小结，是所有参与这项工作的同学们的集体智慧，但一定不是、也不应该是我们对自生动态生物膜技术研发工作的终结标志。我们会直面需要继续探索和解决的问题，在实践中潜心思考，在思考中大胆实践，直到领悟这一技术的真谛！

傅大放

2014年12月于南京成贤街

目　录

第一章　绪　　论

1.1　污水生物处理技术概述

污水生物处理技术是利用微生物的吸附、降解作用把污水中的有机物转化为简单的无机物，使污水得到净化的方法，亦称污水生物化学处理法。根据处理过程中反应器内游离氧的浓度，可分为好氧生物处理法和厌氧生物处理法。根据微生物在反应器中存在的形式，好氧生物处理法又分为活性污泥法和生物膜法。

1.1.1　污水好氧生物处理技术原理

好氧生物处理法即利用好氧微生物在有氧条件下以水中存在的有机污染物为基质进行好氧代谢使污水中复杂有机物分解的方法。生活污水中的典型有机物是碳水化合物、合成洗涤剂、脂肪、蛋白质及其分解产物如尿素、甘氨酸、脂肪酸等。这些有机物可按生物体系中所含元素量的多寡顺序表示为COHNS。在废水好氧生物处理中全部反应可用下式表示：

$$\text{微生物细胞} + COHNS + O_2 \longrightarrow \text{较多的细胞} + CO_2 + H_2O + NH_3$$

生物体系中的这些反应有赖于生物体系中的酶来加速。酶按其催化反应分为：① 氧化还原酶，在细胞内催化有机物的氧化还原反应，促进电子转移，使其与氧化合或脱氢。氧化酶可活化分子氧，作为受氢体而形成水或过氧化氢。还原酶包括各种脱氢酶，可活化基质上的氢，并由辅酶将氢传给被还原的物质，使基质氧化，受氢体还原；② 水解酶，对有机物的加水分解反应起催化作用。水解反应是在细胞外产生的最基本的反应，能将复杂的高分子有机物分解为小分子，使之易于透过细胞壁。如将蛋白质分解为氨基酸，将脂肪分解为脂肪酸和甘油，将复杂的多糖分解为单糖等。此外还有脱氨基、脱羧基、磷酸化和脱磷酸等酶。许多酶只有在一些称为辅酶和活化剂的特殊物质存在时才能进行催化反应，钾、钙、镁、锌、钴、锰、氯化物、磷酸盐离子在许多种酶的催化反应中是不可缺少的辅酶或活化剂。

在好氧生物处理过程中，污水中的有机物在微生物酶的催化作用下被氧化降解，分三个阶段：① 第一阶段：大的有机物分子降解为构成单元——单糖、氨基酸或甘油和脂肪酸。② 第二阶段：第一阶段的产物部分地被氧化为下列物质中的一种或几种：二氧化碳、水、乙酰基辅酶A、α-酮戊二酸（或称α-氧化戊二酸）或草醋酸（又称草酰乙酸）。③ 第三阶段（即三羧酸循环，是有机物氧化的最终阶段）是乙酰基辅酶A、α-酮戊二酸和草醋酸被氧化为二氧化碳和水。有机物在氧化降解的各个阶段，都释放出一定的能量。

在有机物降解的同时，还发生微生物原生质的合成反应。在第一阶段中由被作用物分解成的构成单元可以合成碳水化合物、蛋白质和脂肪，再进一步合成细胞原生质，合成能量是微生物在有机物的氧化过程中获得的[1]。

在污水处理中,好氧生物处理技术主要包括活性污泥法,生物膜法以及稳定塘(氧化塘)和土地处理。其中运用最为广泛的是活性污泥法和生物膜法。

1.1.1.1 活性污泥法

活性污泥法是由 E. Ardern 和 W. T. Lockett 于 1914 年在英格兰创立的。他们发现,通过对污水长时间曝气可以形成絮状悬浮颗粒。当这些悬浮颗粒被保留在系统当中时,有机污染物去除的时间可由几天缩小到几个小时。由于这些悬浮颗粒是有"活性"的,因此他们将该种工艺命名为"活性污泥法"[2]。

传统活性污泥法工艺流程见图 1.1。

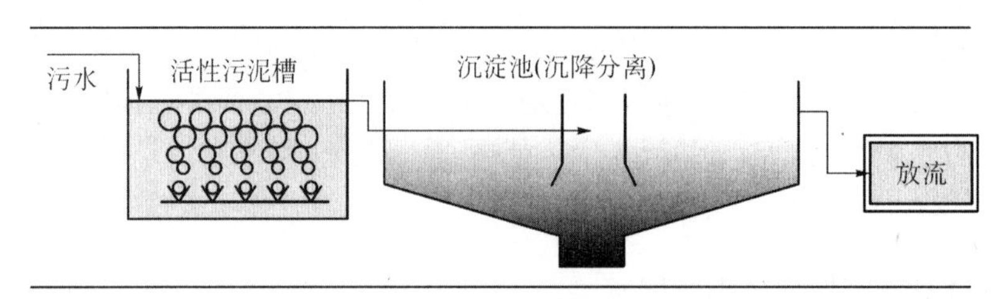

图 1.1 传统活性污泥法工艺流程

在人工充氧的条件下,可以培养、驯化大量的微生物群体,形成吸附、降解和固液分离性能良好的活性污泥。活性污泥的吸附和生化氧化作用可以分解去除污水中的有机物质,使污水得以净化;通过物理沉淀作用,活性污泥与废水分离;澄清后的污水作为处理后的出水排出系统。

近几十年来,随着该技术在实际生产上的广泛应用和技术上的不断革新,活性污泥法在生物学、反应动力学的理论方面以及工艺方面都得到了长足的发展,出现了多种能够适应各种条件的工艺流程,如推流式活性污泥法、完全混合式活性污泥法、间歇式活性污泥法、氧化沟、AB 法污水处理工艺和膜生物反应器系统等。

活性污泥法污水处理的优缺点大致如下:

(1) 优点:① 由曝气池、沉淀池、污泥回流和剩余污泥排除系统组成,程序简单,设备要求不高;② 污水中的可溶性有机污染物为活性污泥所吸附,并被存活在活性污泥上的微生物群体所分解,使污水得到净化,出水水质好。

(2) 缺点:① 基建与运行费用较高;② 能耗较大;③ 产生的剩余污泥量大;④ 管理较复杂,易出现污泥膨胀和污泥上浮等问题;⑤ 对 N、P 等营养物质去除效果有限。

1.1.1.2 生物膜法

污水的生物膜处理法既是古老的,又是发展中的污水生物处理技术。这种处理法的实质是使细菌和菌类一类的微生物和原生动物、后生动物一类的微型动物附着在滤料或某些载体上生长繁殖,并在其上形成膜状生物污泥——生物膜。污水与生物膜接触,污水中的有机物作为营养物质,为生物膜上的微生物所摄取,污水得到净化,微生物自身也得到繁衍增殖。

污水与滤料或某种载体流动接触,经过一段时间后,在其表面形成一种膜状污泥——生物膜所覆盖,生物膜逐渐成熟,其标志是:生物膜沿水流方向分布,在其上由细菌和微生物组成的生态系以及其对有机物的降解功能都达到了相对平衡和稳定的状态。从开始形成到成熟，生物膜经过潜伏和生长两个阶段，一般的城市污水，在20℃的条件下大致需要30天左右形成稳定的生物膜。

生物膜是高度亲水的物质，在污水不断在其表面更新的条件下，在其外侧总是存在着一层附着水层。生物膜又是微生物高度密集的物质，在膜的表面和一定深度的内部生长繁殖着大量的各种类型的微生物和微型动物，形成有机污染物—细菌—原生动物（后生动物）的食物链[3]。

生物膜法具有运行稳定、脱氮效能强、抗冲击负荷能力强、经济节能、无污泥膨胀问题，并能在其中形成稳定的食物链，污泥产量较活性污泥法少等优点。它主要适用于温暖地区和中小城镇的污水处理。

主要的生物膜法工艺有生物滤池（普通生物滤池、高负荷生物滤池、塔式生物滤池）、生物转盘、生物接触氧化设备和生物流化床等。

1.1.1.3 稳定塘

1）分类及特点

稳定塘又名氧化塘或生物塘，是一种利用天然净化能力与人工强化技术结合处理污水的生物处理设施。作为一种比较古老的污水处理技术，稳定塘始于19世纪末期，在20世纪50年代以后才得到较快的发展。据统计，目前已有几十个国家采用稳定塘技术处理城市污水和有机工业废水。我国部分城市也早在50年代就已开展了稳定塘的研究，到60年代末开始陆续修建了一批稳定塘。目前，稳定塘多用于处理中、小城镇的污水，可用作一级处理、二级处理，也可以用作三级处理。

常见的稳定塘有以下几种：

（1）好氧塘

好氧塘的深度较浅，一般不超过0.5 m，阳光能透至塘底，塘内菌藻共生，溶解氧主要是由藻类供给，全部塘水都含有溶解氧，好氧微生物起净化污水作用。

（2）兼性塘

兼性塘的深度较大，一般在1.0 m以上。上层为好氧区，藻类的光合作用和大气复氧作用使其有较高的溶解氧，由好氧微生物起净化污水作用；中层为兼氧区，溶解氧逐渐减少，由兼性微生物起净化作用；下层塘水无溶解氧，称厌氧区，沉淀污泥在塘底进行厌氧分解。

（3）厌氧塘

厌氧塘的塘深在2 m以上，有机负荷高，全部塘水均无溶解氧，呈厌氧状态，由厌氧微生物起净化作用，净化速度慢，污水在塘内停留时间长。

（4）曝气塘

曝气塘采用人工曝气供氧，塘深在2 m以上，全部塘水有溶解氧，由好氧微生物起净化作用，污水停留时间较短。在曝气条件下，藻类的生长与光合作用受到抑制。

（5）深度处理塘

深度处理塘又称三级处理塘或熟化塘，其进水有机污染物浓度很低，一般$BOD_5 \leqslant 30$ mg/L。常用于处理传统二级处理厂的出水，提高出水水质，以满足受纳水体或回用水的水质要求。

除上述几种常见的稳定塘以外，还有水生植物塘(塘内种植水葫芦、水花生等水生植物，以提高污水净化效果，特别是提高对磷、氮的净化效果)、生态塘(塘内养鱼、鸭、鹅等，通过食物链形成复杂的生态系统，以提高净化效果)、完全储存塘(完全蒸发塘)等也正在被广泛研究、开发和应用。

作为污水处理技术，稳定塘有下述优点：

① 基建投资低。当有旧河道、沼泽地、谷地可利用作为稳定塘时，稳定塘系统的基建投资低。

② 运行管理简单、经济。稳定塘运行管理简单，动力消耗低，运行费用较低，约为传统二级处理厂的 1/3～1/5。

③ 可进行综合利用，实现污水资源化。如将稳定塘出水用于农业灌溉，充分利用污水的水肥资源；养殖水生动物和植物，组成多级食物链的复合生态系统。

但是，稳定塘也有以下缺点：

① 占地面积大，没有空闲余地时不宜采用。

② 处理效果受气候影响，如季节、气温、光照、降雨等自然因素都影响稳定塘的处理效果。

③ 设计运行不当时，可能形成二次污染：如污染地下水、产生臭气和滋生蚊蝇等。

虽然稳定塘存在着上述缺点，但是如果能进行合理的设计和科学的管理，利用稳定塘处理污水，则可以有明显的环境效益、社会效益和经济效益。

2) 稳定塘的设计[4]

(1) 好氧塘

根据在处理系统中的位置和功能，好氧塘有高负荷好氧塘、普通好氧塘和深度处理好氧塘等三种。

① 高负荷好氧塘：这类好氧塘的有机物负荷率较高，污水停留时间短，塘水中的藻类浓度很高，仅适于气候温暖、阳光充足的地区。常用于可生化性较好的工业废水处理中。

② 普通好氧塘：这类塘常用于处理城市污水，起二级处理作用。特点是有机负荷较高，塘的水深较高负荷好氧塘大，水力停留时间较长。

③ 深度处理好氧塘：深度处理好氧塘设置在塘处理系统的后部或二级处理系统之后，作为深度处理设施。特点是有机负荷较低，塘的水深较高负荷较好氧塘大。

好氧塘净化有机污染物的基本工作原理如图 1.2 所示。塘内存在着菌、藻和原生动物的共生系统。有阳光照射时，塘内的藻类进行光合作用，释放出氧，同时，由于风力的搅动，塘表面还存在自然复氧，二者使塘水呈好氧状态。塘内的好氧型异养细菌利用水中的氧，通过好氧代谢氧化分解有机污染物并合成本身的细胞质(细胞增殖)，其代谢产物则是藻类光合作用的碳源。

藻类的光合作用使塘水的溶解氧和 pH 值呈昼夜变化。白昼，藻类光合作用释放的氧，超过细菌降解有机物需氧量，此时塘水的溶解氧浓度很高，可达到饱和状态。夜间，藻类停止光合作用，且由于生物的呼吸消耗氧，水中的溶解氧浓度下降，凌晨时达到最低。阳光再照射后，溶解氧再逐渐上升。好氧塘的 pH 值与水中 CO_2 浓度有关，受塘水中碳酸盐系统的 CO_2 平衡关系影响。白天，藻类光合作用使 CO_2 降低，pH 值上升。夜间，藻类停止光合作用，细菌降解有机物的代谢没有中止，CO_2 累积，pH 值下降。

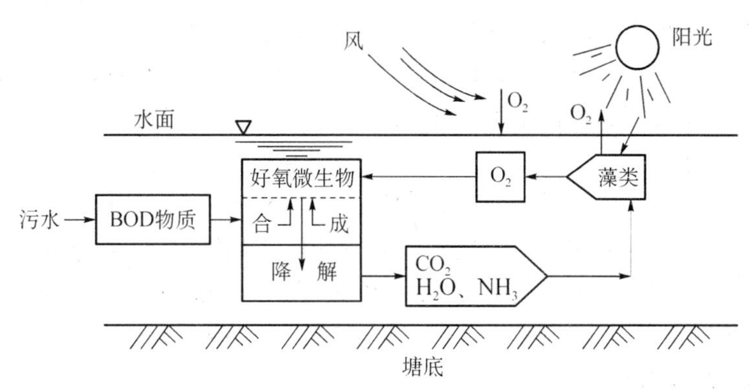

图 1.2 好氧塘工作原理示意图

好氧塘内的生物种群主要有藻类、菌类、原生动物、后生动物、水蚤等微型动物。菌类主要生存在水深 0.5 m 的上层，浓度约为 $1\times10^8\sim5\times10^9$ 个/mL，主要种属与活性污泥和生物膜相同。原生动物和后生动物的种属数与个体数，均比活性污泥法和生物膜法少。水蚤捕食藻类和菌类，本身则是好的鱼饵，但过分增殖会影响塘内菌和藻的数量。藻类的种类和数量与塘的负荷有关，它可反映塘的运行状况和处理效果。若塘水营养物质浓度过高，会引起藻类异常繁殖，产生藻类水华，此时藻类聚结形成蓝绿色絮状体和胶团状体，使塘水浑浊。

好氧塘工艺设计的主要内容是计算好氧塘的尺寸和个数，多采用经验数据进行设计。好氧塘主要尺寸的经验值如下：

① 好氧塘多采用矩形，表面的长宽比为 3∶1～4∶1，一般以塘深的 1/2 处的面积作为计算塘面。塘堤的超高为 0.6～1.0 m。单塘面积不宜大于 4 ha。

② 塘堤的内坡坡度为 1∶2～1∶3(垂直:水平)，外坡坡度为 1∶2～1∶5(垂直:水平)。

③ 好氧塘的座数一般不少于 3 座，规模很小时不少于 2 座。

(2) 兼性塘

兼性塘的有效水深一般为 1.0～2.0 m，通常由三层组成，上层好氧区、中层兼性区和底部厌氧区，如图 1.3 所示。

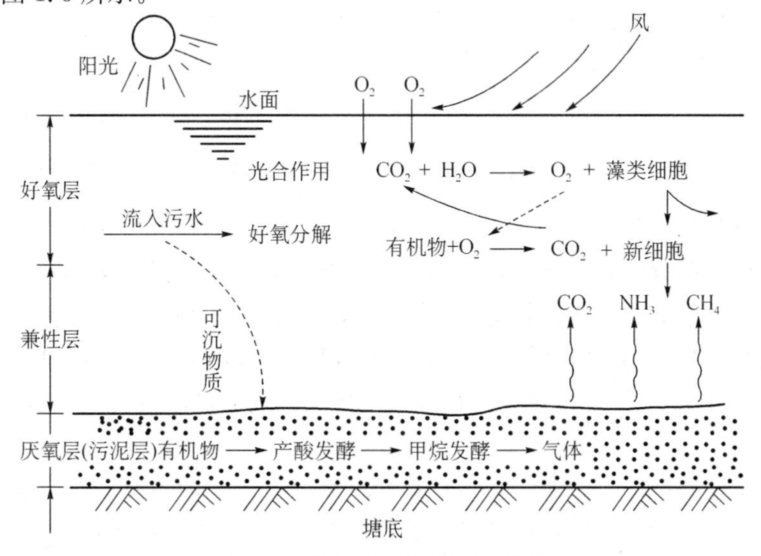

图 1.3 兼性塘工作原理示意图

好氧区对有机污染物的净化机理与好氧塘基本相同。

兼性区的塘水溶解氧较低，且时有时无。这里的微生物是异养型兼性细菌，它们既能利用水中的溶解氧氧化分解有机污染物，也能在无分子氧的条件下，以硝酸根和碳酸根作为电子受体进行无氧代谢。

厌氧区无溶解氧。可沉物质和死亡的藻类、菌类在此形成污泥层，污泥层中的有机质由厌氧微生物对其进行厌氧分解。与一般的厌氧发酵反应相同，其厌氧分解包括酸发酵和甲烷发酵两个过程。发酵过程中未被甲烷化的中间产物（如脂肪酸、醛、醇等）进入塘的上、中层，由好氧菌和兼性菌继续进行降解。而 CO_2、NH_3 等代谢产物进入好氧层，部分逸出水面，部分参与藻类的光合作用。

由于兼性塘的净化机理比较复杂，因此兼性塘去除污染物的范围比好氧处理系统广泛，它不仅可去除一般的有机污染物，还可有效地去除磷、氮等营养物质和某些难降解的有机污染物，如木质素、有机氯农药、合成洗涤剂、硝基芳烃等。因此，它不仅用于处理城市污水，还被用于处理石油化工、有机化工、印染、造纸等工业废水。

兼性塘一般采用负荷法进行计算。兼性塘主要尺寸的经验值如下：

① 兼性塘一般采用矩形，长宽比 3∶1～4∶1。塘的有效水深为 1.2～2.5 m，超高为 0.6～1.0 m，储泥区高度应大于 0.3 m。

② 兼性塘堤坝的内坡坡度为 1∶2～1∶3(垂直:水平)，外坡坡度为 1∶2～1∶5。

③ 兼性塘一般不少于 3 座，多采用串联，其中第一塘的面积约占兼性塘总面积的 30%～60%，单塘面积应小于 4 ha，以避免布水不均匀或波浪较大等问题。

(3) 曝气塘

曝气塘是在塘面上安装有人工曝气设备的稳定塘(图 1.4)。曝气塘有两种类型：完全混合曝气塘和部分混合曝气塘。塘内生长有活性污泥，污泥可回流也可不回流，有污泥回流的曝气塘实质上是活性污泥法的一种变型。微生物生长的氧源来自人工曝气和表面复氧，以前者为主。曝气设备一般采用表面曝气机，也可用鼓风曝气。

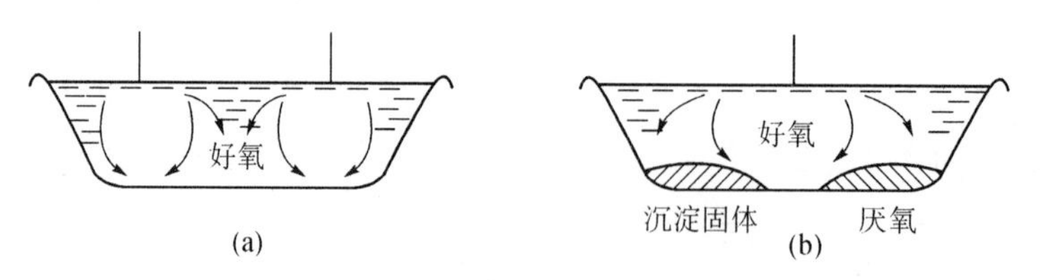

图 1.4　曝气塘工作原理示意图

完全混合曝气塘中曝气装置的强度应能使塘内的全部固体呈悬浮状态，并使塘水有足够的溶解氧供微生物分解有机污染物。部分混合曝气塘不要求保持全部固体呈悬浮状态，部分固体沉淀并进行厌氧消化。其塘内曝气机布置较完全混合曝气塘稀疏。

曝气塘出水的悬浮固体浓度较高，排放前需进行沉淀，沉淀的方法可以用沉淀池，或在塘中分割出静水区用于沉淀。若曝气塘后设置兼性塘，则兼性塘要在进一步处理其出水的同时起沉淀作用。

曝气塘的水力停留时间为 3～10 d，有效水深为 2～6 m。曝气塘一般不少于 3 座，通常按串联方式运行。完全混合曝气塘每立方米塘容积所需功率较小（0.015～0.05 kW/m^3），但由于其水力停留时间长，塘的容积大，所以每处理 1m3 污水所需功率大于常规的活性污泥法的曝气池。

(4) 稳定塘

稳定塘处理系统由预处理设施、稳定塘和后处理设施等三部分组成。

为防止稳定塘内污泥淤积，污水进入稳定塘前应先去除水中的悬浮物质。常用设备为格栅、普通沉砂池和沉淀池。若塘前有提升泵站，而泵站的格栅间隙小于 20 mm 时，塘前可不另设格栅。原污水中的悬浮固体浓度小于 100 mg/L 时，可只设沉砂池，以去除砂质颗粒。原污水中的悬浮固体浓度大于 100 mg/L 时，需考虑设置沉淀池。设计方法与传统污水二级处理方法相同。

稳定塘设计要点：

① 塘的位置：稳定塘应设在居民区下风向 200 m 以外，以防止塘散发的臭气影响居民区。此外，塘不应设在机场 2 km 以内的地方，以防止鸟类(如水鸥)到塘中觅食、聚集，对飞机航行构成危险。

② 防止塘体损害：为防止浪的冲刷，塘的衬砌应在设计水位上下各 0.5 m 以上。若需防止雨水冲刷时，塘的衬砌应做到堤顶。衬砌方法有干砌块石、浆砌块石和混凝土板等。

在有冰冻的地区，背阴面的衬砌应注意防冻。若筑堤土为黏土时，冬季会因毛细作用吸水而冻胀，因此，在结冰水位以上应置换为非黏性土。

③ 塘体防渗：稳定塘渗漏可能污染地下水源；若塘出水考虑再回用，则塘体渗漏会造成水资源损失，因此，塘体防渗是十分重要的。但某些防渗措施的工程费用较高，选择防渗措施时应十分谨慎。防渗方法有素土夯实、沥青防渗衬面、膨润土防渗衬面和塑料薄膜防渗衬面等。

④ 塘的进出口：进出口的形式对稳定塘的处理效果有较大的影响。设计时应注意配水、集水均匀，避免短流、沟流及混合死区。主要措施为采用多点进水和出水；进口、出口之间的直线距离尽可能大；进口、出口的方向避开当地主导风向。

1.1.1.4 土地处理系统

土地处理系统(Land Processing System)也属于污水自然处理范畴，是利用土地及其中微生物和植物根系对污水(废水)进行处理，同时又利用其中的水分和肥分促进农作物、牧草或树木生长的工程设施。属于常年性污水处理工程，常用于中小城市污水二级污水处理之后代替高级处理。由污水的沉淀预处理、贮水塘湖、灌溉系统、地下排水等系统组成。污水土地处理系统是人工规划、设计与自然相结合，以及水处理与利用相结合的环境系统工程，处理方式一般为污水灌溉(通过喷洒或自流将污水排放到土地上以促进植物的生长)、渗滤(将污水排放到粗砂、土壤和砂壤土土地上经渗滤处理并补充地下水)和地表漫流。

① 灌溉

通过喷洒或自流将污水有控制地排放到土地上以促进植物的生长。污水被植物摄取，并被蒸发和渗滤。灌溉负荷量每年约为 0.3～1.5 m。灌溉方法取决于土壤的类型、作物的种类、气候和地理条件。通用的方法有喷灌、漫灌和垄沟灌溉。

喷灌：采用由泵、干渠、支渠、升降器、喷水器等组成的喷洒系统将污水喷洒在土地上。这种灌溉方法适用于各种地形的土地，布水均匀，水损耗少，但是费用昂贵，而且对水质要求较严,必须是经过二级处理的。

漫灌:土地间歇地被一定深度的污水淹没,水深取决于作物和土壤的类型。漫灌的土地要求平坦或比较平坦,以使地面的水深保持均匀,地上的作物必须能够经受得住周期性的淹没。

垄沟灌溉:靠重力流来完成。采用这种灌溉方式的土地必须相当平坦。将土地犁成交替排列的垄和沟。污水流入沟中并渗入土壤,垄上种植作物。垄和沟的宽度和深度取决于排放的污水量、土壤的类型和作物的种类。

上述三种灌溉方式都是间歇性的,可使土壤中充满空气,以便对污水中的污染物进行好氧生物降解。

② 地表漫流

用喷洒或其他方式将废水有控制地排放到土地上。土地的水力负荷每年为 1.5～7.5 m。适于地表漫流的土壤为透水性差的黏土和黏质土壤。地表漫流处理场的土地应平坦并有均匀而适宜的坡度(2～6 °),使污水能顺坡度成片地流动。地面上通常播种青草以供微生物栖息和防止土壤被冲刷流失。污水顺坡流下,一部分渗入土壤中,有少量蒸发掉,其余流入汇集沟。污水在流动过程中,悬浮固体被滤掉,有机物被草上和土壤表层中的微生物氧化降解。这种方法主要用于处理高浓度的有机废水,如罐头厂的废水和城市污水。

1.1.2 污水厌氧生物处理技术原理

厌氧生物处理又称为厌氧生物消化,是指在厌氧条件下,兼性厌氧和厌氧微生物群体将有机物转化为甲烷和二氧化碳的过程。该技术不仅用于有机污泥和高浓度有机废水的处理,而且能有效处理城市污水等低浓度污水。

在相当长的一段时间内,厌氧消化在理论、技术和应用上远远落后于好氧生物处理的发展。20 世纪 60 年代以来,世界能源短缺问题日益突出,这促使人们对厌氧消化工艺进行重新认识,对处理工艺和反应器结构的设计以及甲烷回收进行了大量研究,使得厌氧消化技术的理论和实践都有了很大进步,并得到广泛应用。污水厌氧生物处理工艺按微生物的凝聚形态可分为厌氧活性污泥法和厌氧生物膜法。近年来,相继开发的厌氧生物滤床、厌氧接触池、上流式厌氧污泥床、厌氧膨胀床、内循环厌氧反应器、厌氧折流板反应器和分段厌氧处理设备等,都属于新型的厌氧生物处理设备[5]。

与好氧生物处理技术相比,厌氧生物处理有以下优缺点:

(1) 优点:无需搅拌和供氧,动力消耗少;能产生大量含甲烷的沼气,是很好的能源物质,可用于发电和家庭燃气;可高浓度进水,保持高污泥浓度,所以其溶剂有机负荷达到国家标准仍需要进一步处理。

(2) 缺点:初次启动时间长;对温度要求较高;对毒物影响较敏感;遭破坏后,恢复期较长。

厌氧消化是一个极其复杂的过程。1979 年,J. G. Zeikus 在第一节国际厌氧消化会议上提出了四种群厌氧微生物参与消化作用,并将厌氧过程分为四个阶段:

(1) 水解阶段:高分子有机物由于其大分子体积,不能直接通过厌氧菌的细胞壁,需要在微生物体外通过胞外酶加以分解成小分子。废水中典型的有机物质比如纤维素被纤维素酶分解成纤维二糖和葡萄糖，淀粉被分解成麦芽糖和葡萄糖，蛋白质被分解成短肽和氨基酸。分解后的这些小分子能够通过细胞壁进入到细胞的体内进行下一步的分解。

(2) 酸化阶段：上述的小分子有机物进入到细胞体内转化成更为简单的化合物并被分配到细胞外，这一阶段的主要产物为挥发性脂肪酸(VFA)，同时还有部分的醇类、乳酸、二氧化碳、氢气、氨、硫化氢等产物产生。

(3) 产乙酸阶段：在此阶段，上一步的产物进一步被转化成乙酸、碳酸、氢气以及新的细胞物质。

(4) 产甲烷阶段：在这一阶段，乙酸、氢气、碳酸、甲酸和甲醇都被转化成甲烷、二氧化碳和新的细胞物质。这一阶段也是整个厌氧过程最为重要的阶段和整个厌氧反应过程的限速阶段。

在上述四个阶段中，有人认为第二个阶段和第三个阶段可以合为一个阶段，在这两个阶段的反应是在同一类细菌体内完成的。前三个阶段的反应速度很快，而第四个反应阶段通常很慢，同时也是最为重要的反应过程，在前面几个阶段中，污水中的污染物质只是形态上发生变化，COD 几乎没有什么去除，只是在第四个阶段中污染物质变成甲烷等气体，使废水中 COD 大幅度下降。同时在第四个阶段产生大量的碱度与前三个阶段产生的有机酸相平衡，维持废水中的 pH 稳定，保证反应的连续进行。

1.1.2.1 厌氧消化池[5]

厌氧消化池是一个完全混合厌氧污泥反应器，其工艺流程如图 1.5 所示。废水进入反应器，在搅拌作用下与厌氧污泥充分混合并进行消化反应，处理后的水与厌氧污泥混合液从上部流出进入沉淀池进行泥水分离，上部清液排除后，沉淀污泥回流至厌氧消化池，以补充消化池中的生物量。

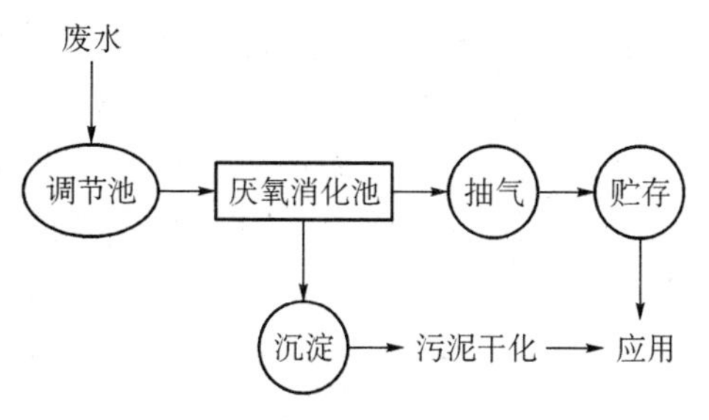

图 1.5 厌氧消化池工作流程

厌氧消化池适用于处理以溶解性有机物为主的高浓度有机废水，COD 浓度范围为2 000～10 000 mg/L，甚至 100 000 mg/L，COD 去除率达到 90%～95%。由于具有污泥回流及搅拌混合使消化池内混合均与，可降解部分难生物降解的有机化合物，处理效果好，便于人工控制。

优点：适于高浓度废水和好氧难降解的有机废水，能耗低，为活性污泥法(Activated Sludge Process, ASP)的 1/10；负荷高，好氧 2～4 kg BOD/(m^3 · d)，厌氧 2～10 kg BOD/(m^3 · d)，有时候可高达 50 kg BOD/(m^3 · d)；剩余污泥少：易浓缩、易脱水，污泥量为 ASP 的 5%～20%； N、P 需要少：好氧 BOD ∶ N ∶ P 为 100 ∶ 5 ∶ 1，厌氧 100 ∶ 2.5 ∶ 0.5，对 N、P 缺乏的工业废水需投加的营养盐少；有一定杀菌作用(废水、污泥中的寄生虫卵、细菌、病毒等）；生产灵活、适应性强；可季节性、间歇性运转，可产生有价值的副产物，如沼气。

缺点：厌氧微生物生长繁殖慢，设备启动、处理时间长；出水水质达不到排放标准，需进一步好氧处理；操作控制因素比较复杂；该工艺不适合处理含悬浮有机物为主的废水，悬浮有机物在反应器中积累，减少了厌氧微生物量，同时影响沉淀池分离厌氧污泥的效果。

1.1.2.2 升流式厌氧污泥床

升流式厌氧污泥床（Upflow Anaerobic Sludge Bed，UASB），由 Lettinga 等于 1974—1978 年研究成功的一项厌氧工艺，是世界上发展最快的消化器。由于该消化器结构简单、运行费用低、处理效率高而引起人们的普遍兴趣。该消化器适用于处理可溶性废水，要求较低的悬浮固体含量。北京环境科学院于 1983 年首先开展了利用 UASB 处理丙酮丁醇生产废水的工艺研究，至今已在多种工业废水领域使用。

1）反应器原理

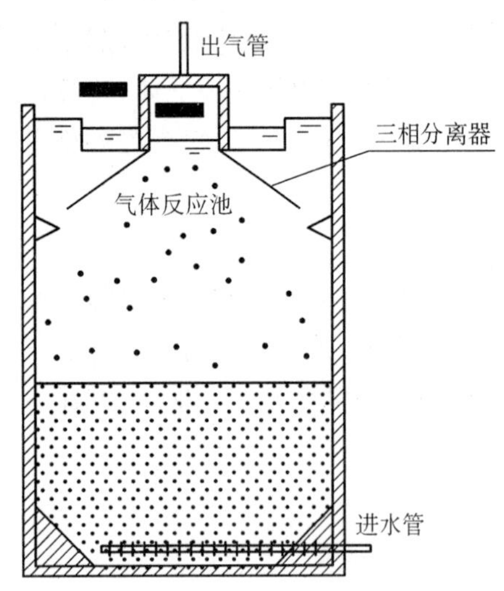

图 1.6　UASB 反应器原理图

图 1.6 为 UASB 反应器及其设备的示意图。废水被尽可能均匀的引入到 UASB 反应器的底部，污水向上通过包含颗粒污泥或絮状污泥的污泥床。厌氧反应发生在废水与污泥颗粒的接触过程，反应产生的沼气引起了内部的循环。附着和没有附着在污泥上的沼气向反应器顶部上升，碰击到三相分离器气体发射板，引起附着气泡的污泥絮体脱气。气泡释放后污泥颗粒将沉淀到污泥床的表面，气体被收集到反应器顶部的三相分离器的集气室。一些污泥颗粒会经过分离器缝隙进入沉淀区。UASB 反应器包括以下几个部分：进水和配水系统、反应器的池体和三相分离器。如果考虑整个厌氧系统还应该包括沼气收集和利用系统。在 UASB 反应器中最重要的设备是三相分离器，这一设备安装在反应器的顶部并将反应器分为下部的反应区和上部的沉淀区[6]。

2）反应器几何形状

第一个生产性的 UASB 反应器（200 m^3）和在圣保罗 CETESB 处理生活污水的中试厂（120 m^3）具有特殊的形状，即上部的（沉淀池的）截面积大于下部反应区的截面积（图 1.7a）。较大表面积的沉淀器的水力负荷较低，有利于保持反应器内的污泥，对于低浓度污水尤为重要。但是对于高浓度污水，有机负荷比水力负荷更重要，因此沉淀池截面没有必要设计为较大的表面积（图 1.7b）。但是实际上不论是在建的或已投入运转的大部分生产规模的 UASB 反应器，在反应器的反应和沉淀部分是等面积的（图 1.7c）。建筑直壁的反应器比斜壁的具有较大（或较小）沉淀池的反应器在结构上更加有利。

从反应器的形状有矩形和圆形这两种，已大量应用于实际中。圆形反应器具有结构较稳定的优点，同时对于圆形反应器，在同样的面积下，其周长比正方形的少 12%。所以圆形池子的建造费用比具有相同面积的矩形反应器至少要低 12%。但是圆形反应器的这一优点仅仅在采用单个池子时才成立，所以，单个或小的反应器可以建造成圆形的。

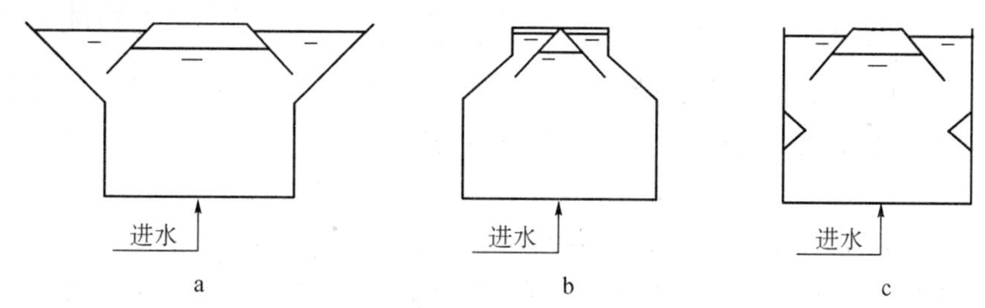

图 1.7 UASB 反应器几何形状和沉淀区关系

当建立两个或两个以上反应器时，矩形反应器可以采用共用壁。当建造多个矩形反应器时有其优越性。对于采用公共壁的矩形反应器，池型的长宽比对造价也有较大的影响。对于大型 UASB 反应器建造多个池子的系统是有益的，这可以增加处理系统的适应能力。如果有多个反应池的系统，则可能关闭一个进行维护和修理，而其他单元的反应器继续运行[6]。

3）主要特点

① 污泥的颗粒化使反应器内的平均污泥浓度达到 50 gVSS/L 以上，污泥龄可达到 30 天以上；② 水力停留时间较短；③容积负荷较高；④ 适合于处理高、中浓度的有机工业废水，也适合于处理低浓度的城市污水；⑤ 集生物反应和沉淀分离于一体，结构紧凑；⑥ 无需设置填料，节省了建设费用，提高了容积利用率。

4）组成

(1) 进水配水系统：

进水配水系统的主要功能是使废水进入并在过水断面布水均匀，避免产生涌流或死水区。一个有效的进水配水系统是保证 UASB 反应器高效运行的关键之一。

(2) 反应区：

反应区由生物颗粒污泥层及絮状污泥层组成，是 UASB 反应器中生化反应发生的主要场所。其中的生物颗粒污泥层主要集中了大部分高活性的颗粒污泥，是有机物的主要降解场所；而絮状污泥层则是絮状污泥集中的区域。

(3) 三相分离器：

三相分离器由沉淀区、回流缝和气封等组成；其主要功能有：① 将气体（沼气）、固体（污泥）、和液体（出水）分开；② 保证出水水质；③ 保证反应器内污泥量；④ 有利于污泥颗粒化。

(4) 出水系统：

出水系统的主要作用是将经过沉淀区后的出水均匀收集，并排出反应器。

(5) 气室：

气室也称集气罩，其主要作用是收集沼气。

(6) 浮渣收集系统：

浮渣收集系统的主要功能是清除沉淀区液面和气室液面的浮渣。

(7) 排泥系统：

排泥系统的主要功能是均匀地排除反应器内的剩余污泥。

5）UASB反应器中的颗粒污泥[7]

（1）颗粒污泥的性质与形成

能在反应器内形成沉降性能良好、活性高的颗粒污泥是UASB反应器的重要特征，颗粒污泥的形成与成熟，也是保证UASB反应器高效稳定运行的前提。

① 颗粒污泥的外观

呈卵形、球形、丝形等；其平均直径为1 mm，一般为0.1～2 mm，最大可达3～5 mm。反应区底部的颗粒污泥多以无机粒子作为核心，外包生物膜；颗粒的核心多为黑色，生物膜的表层则呈灰白色、淡黄色或暗绿色等。反应区上部的颗粒污泥的挥发性相对较高。颗粒污泥质软，有一定的韧性和粘性。

② 颗粒污泥的组成

各类微生物、无机矿物以及有机的胞外多聚物。微生物有水解发酵菌、产氢产乙酸菌和产甲烷菌。胞外多聚物是另一重要组成，在颗粒污泥的表面和内部，一般可见透明发亮的黏液状物质，主要是聚多糖、蛋白质和糖醛酸等，其存在有利于保持颗粒污泥的稳定性。

（2）颗粒污泥的类型

① A型颗粒污泥：

这种颗粒污泥中的产甲烷细菌以巴氏甲烷八叠球菌为主体，外层常有丝状产甲烷杆菌缠绕，比较密实，粒径很小，约为0.1～0.1 mm。

② B型颗粒污泥：

B型颗粒污泥则以丝状产甲烷杆菌为主体，也称杆菌颗粒；表面规则，外层绕着各种形态的产甲烷杆菌的丝状体，在各种UASB反应器中的出现频率极高，密度为1.033～1.054 g/cm^3，粒径约为1～3 mm。

③ C型颗粒污泥：

C型颗粒污泥由疏松的纤丝状细菌缠绕粘连在惰性微粒上所形成的球状团粒，也称丝菌颗粒。C型颗粒污泥大而重，粒径一般为1～5 mm，比重为1.01～1.05，沉降速度一般为5～10 mm/s。

当反应器中乙酸浓度高时，易形成A型颗粒污泥；当反应器中的乙酸浓度降低后，A型颗粒污泥将逐步转变为B型颗粒污泥；当存在适量的悬浮固体时，易形成C型颗粒污泥。

（3）颗粒污泥的生物活性

颗粒污泥中的细菌是成层分布的，即外层中占优势的细菌是水解发酵菌，而内层则是产甲烷菌。颗粒污泥实际上是一种生物与环境条件相互依存和优化的生态系统，各种细菌形成了一条很完整的食物链，有利于种间氢和种间乙酸的传递，因此其活性很高。

（4）颗粒污泥的培养条件

在UASB反应器种培养出高浓度高活性的颗粒污泥，一般需要1～3个月，可以分为三个阶段：启动期、颗粒污泥形成期、颗粒污泥成熟期。

1.1.2.3 厌氧塘[4]

1）厌氧塘的基本工作原理

厌氧塘对有机污染物的降解，与所有的厌氧生物处理设备相同，是由两类厌氧菌通过产酸发酵和甲烷发酵两阶段来完成的。即先由兼性厌氧产酸菌将复杂的有机物水解、转化为简单的有机物(如有机酸、醇、醛等),再由绝对厌氧菌(甲烷菌)将有机酸转化为甲烷和二氧化碳等。由于甲烷菌的世代时间长,增殖速度慢,且对溶解氧和 pH 敏感,因此厌氧塘的设计和运行必须以甲烷发酵阶段的要求作为控制条件,控制有机污染物的投配率,以保持产酸菌与甲烷菌之间的动态平衡。应控制塘内的有机酸浓度在 3 000 mg/L 以下,pH 为 6.5~7.5,进水的 BOD_5 ∶N∶P 为 100∶2.5∶1,硫酸盐浓度应小于 500 mg/L,以使厌氧塘能正常运行。

2) 厌氧塘的设计和应用

厌氧塘的设计通常是用经验数据,采用有机负荷进行设计的。设计的主要经验数据如下:

(1) 有机负荷的表示方法有三种:BOD_5 表面负荷[kgBOD_5/(ha·d)]、BOD_5 容积负荷[kgBOD_5/(m^3·d)]、VSS 容积负荷[kgVSS/(m^3·d)],我国采用 BOD_5 表面负荷。处理城市污水的建议负荷值为 200~600 kgBODs/(ha·d)。对于工业废水,设计负荷应通过试验确定。

VSS 容积负荷用于处理 VSS 很高的废水,如家禽粪尿废水、猪粪尿废水、菜牛屠宰废水等。

(2) 厌氧塘一般为矩形,长宽比为 2∶1~2.5∶1。单塘面积不大于 4 ha。塘的有效水深一般为 2.0~4.5 m,储泥深度大于 0.5 m,超高为 0.6~1.0 m。

(3) 厌氧塘的进水口离塘底 0.6~1.0 m,出水口离水面的深度应大于 0.6 m(图 1.8)。使塘的配水和出水较均匀,进口、出口的个数均应大于两个。

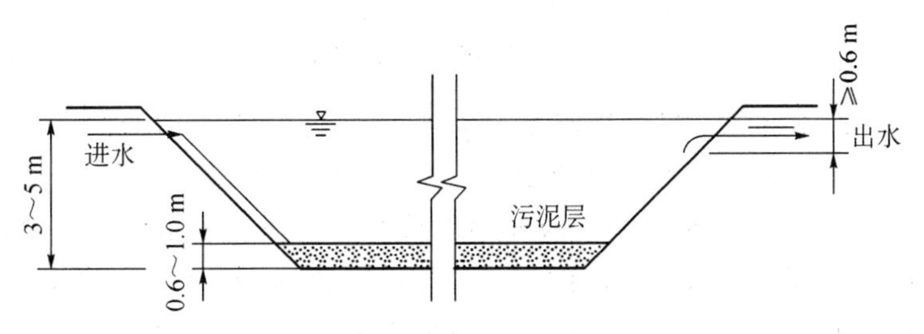

图 1.8 厌氧塘工作原理示意图

由于厌氧塘的处理效果不高,出水 BOD_5 浓度仍然较高,不能达到二级处理水平,因此,厌氧塘很少单独用于污水处理,而是作为其他处理设备的前处理单元。厌氧塘前应设置格栅、普通沉砂池,有时也设置初次沉淀池,其设计方法与传统二级处理方法相同。厌氧塘的主要问题是产生臭气,目前是利用厌氧塘表面的浮渣层或采取人工覆盖措施(如聚苯乙烯泡沫塑料板)防止臭气逸出。也有用回流好氧塘出水使其布满厌氧塘表层来减少臭气逸出。

厌氧塘宜用于处理高浓度有机废水,如制浆造纸、酿酒、农牧产品加工、农药等工业废水及家禽和家畜粪尿废水等,也可用于处理城镇污水。

1.2 膜生物反应器技术概述

膜生物反应器(Membrane Bioreactor,MBR)正是在上述背景下产生的,生物膜法是一种固定膜法,与活性污泥法并列组成废水的好氧生物处理技术,主要用于去除污水中溶解性的和胶体状的有机污染物。膜生物反应器是当今水处理领域研究的热点，国内外很多学者做了大量的研究工作[8-14]，比如废水的处理及循环再生使用等[15-18]。MBR 允许高污泥浓度(MLSS)和低剩余污泥产率，使得 BOD 和 COD 的去除效率高，出水可以回收利用。然而，膜堵塞问题和膜组件昂贵的价格是阻碍 MBR 广泛应用的主要原因，因此，MBR 的投资成本和运行成本都必须降低，才能提高其与传统活性污泥工艺相比的竞争力。

1.2.1 膜生物反应器基本原理

膜生物反应器(MBR)是将生物降解作用与膜的高效分离技术结合而成的一种新型高效的污水处理与回用工艺，见图 1.9。它利用膜分离设备将生化反应池中的活性污泥和大分子物质截留住，省掉二沉池。活性污泥浓度因此大大提高，水力停留时间(HRT)和污泥停留时间(SRT)可以分别控制，而难降解的物质在反应器中不断反应、降解。因此，膜生物反应器工艺通过膜分离技术大大强化了生物反应器的功能。

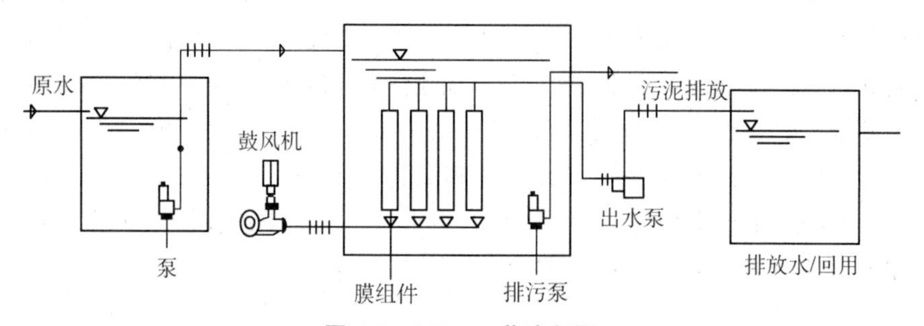

图 1.9 MBR 工艺流程图

膜生物反应器技术使得生物处理效率大幅度提高，生物处理后的污水再经膜分离后得到洁净的回用水。它是保护水环境、实现污水资源化的一项重要技术。

MBR 的实质是由膜组件和生物反应器两部分组成。根据膜组件与生物反应器的组合方式可分为分置式 MBR 和一体式 MBR 两类，如图 1.10 所示。分置式 MBR 是将生物反应器与膜组件串联布置，如图 1.10(a)。生物反应器中的混合液经循环泵增压后进入膜组件，在压力作用下透过膜成为系统处理水，而固形物、大分子物质等则被膜截留，随浓缩液回流至生物反应器内。

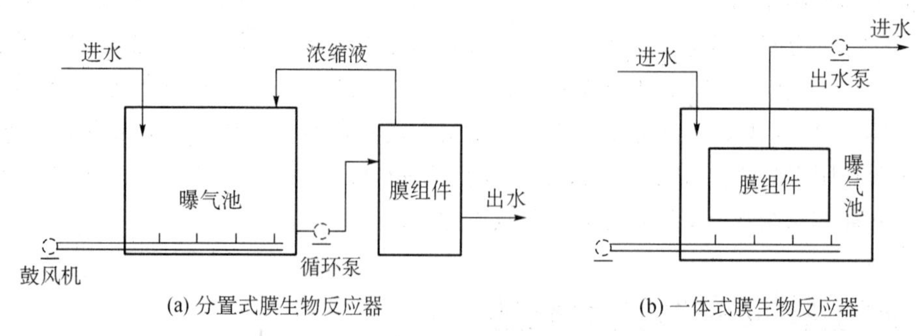

(a) 分置式膜生物反应器　　(b) 一体式膜生物反应器

图 1.10 膜生物反应器工艺的分类

分置式 MBR 的特点是生物反应器与膜组件独立设置，彼此干扰小，系统运行稳定可靠，易于清洗、更换及增设，膜组件一般可与各种不同的生物反应器结合，构成各种不同的分置式 MBR。但为减少污染物在膜表面的沉积、延长膜的清洗周期，需用循环泵提供较高的膜面错流流速，导致水流循环量增大、动力消耗升高[19]，同时泵的高速旋转产生的剪切力会导致部分微生物失活[20]。

一体式 MBR[如图 1.10(b)]将膜组件直接浸没于生物反应器内的活性污泥混合液中。原水进入生物反应器后，大部分污染物被混合液中的活性污泥降解，处理水通过负压抽吸或压差经膜表面流出。曝气系统设置在膜组件下方，一方面为微生物分解有机物提供必需的氧气，另一方面促使混合液在膜表面形成上升流速，通过由此产生的剪切力和气泡的冲刷阻碍污染物在膜表面发生沉积。一体式 MBR 的特点是体积小、结构紧凑、工作压力小、无水循环、节能。由于一体式 MBR 不使用循环泵，可避免微生物菌体因强烈的剪切力而失活，但一体式 MBR 也存在单位膜面积的处理能力稍低、易被污染、产水率较低等缺点。

1.2.2 膜生物反应器研究进展

膜生物反应器(MBR)是将高效膜分离技术和生物反应器的生物降解作用集于一体的生物化学反应系统。该工艺综合了膜分离技术和生物处理技术的优点，用超微滤膜组件取代传统的二级沉淀池作为分离单元，不仅可以完全去除水中悬浮固体以取得很好的出水水质，而且可以通过膜的分离作用，将二级沉淀池无法截留的游离细菌和大分子有机物完全阻隔于生物反应池内。特别是那些增殖速度慢的细菌，如硝化菌和亚硝化菌，由于膜的截留作用而在曝气池中得到富集，大大提高了反应器内的生物浓度，从而提高了有机物和氨、磷的去除率。因此使用 MBR 具有固液分离率高、出水水质好、处理效率高、占地空间小、自动化程度高、方便旧厂升级改造、运行管理简单等特点。由于膜生物反应器技术具有诸多传统污水处理工艺所无法比拟的优点，因此在世界范围内受到普遍关注。

MBR 于 1966 年最先在美国出现，主要用来处理城市污水[21]。美国的 Dorr Oliver 公司在 1966 年前后也开始了膜生物反应器的研究，开发了 MST(Membrane Sewage Treatment)工艺。在该系统中，污水先通过一个旋转的鼓形筛网，然后进入悬浮生长的生物反应器中，并通过对框板式超滤膜组件的抽吸作用而连续出水，膜通量为 16.9 L/(m^2 · h)[22]。1969 年 Smith 等将好氧活性污泥法与超滤膜相结合的 MBR 用于处理城市污水[23]。1970 年 Hardt 等[24]采用死端过滤的超滤膜与 10 L 的好氧反应器组合处理人工配制的污水，获得了 COD 去除率达 98%的处理效果，污泥浓度与传统活性污泥法相比，有大幅度增加，MLSS 浓度高达 30 000 mg/L，是常规好氧系统的 23 倍，膜通量为 7.5 L/(m^2 · h)。

这一时期，研究的重点在于开发适合高浓度活性污泥的膜分离装置。但由于受当时的膜生产技术所限，膜的使用寿命短、通量小，加之当时对处理排放出水水质要求不严，使这项技术在相当长一段时间仅停留在实验室研究规模，未能投入实际应用。

20 世纪 70 年代末期，日本由于污水再生利用的需要，膜生物反应器的研究工作有了较快的进展。Dorr Oliver 公司和 Sanki 工程有限责任公司达成协议，使得 MBR 工艺首次进入日本市场。1983 年至 1987 年日本有 13 家公司使用好氧 MBR 处理大楼废水，处理出水作为中水回用，处理规模达 50～250 m^3/d。1985 年，日本开始的“水综合再生利用系统 90 年代计划”把 MBR 的研究在处理对象、规模和深度上都大大推进了一步。日本在该项计划中对厌氧 MBR 作了较系统的研究，研制了酒精发酵废水、造纸厂废水、蛋白工厂废水、城市污水、粪尿废水、淀粉厂废水、酒店及工业油污废水等 7 类废水的 MBR 处理系统[25]。这一时期研究集中在 MBR 的处理效果与运行稳定性方面。许多研究证明了 MBR 能够获得良好的出水水质。

同样在 70 年代早期，美国密歇根州的 Thetford Systems 公司（现为 Zenon Environmental 公司的一部分）推出了外置式膜分离系统“Cycle-Let”工艺用于生活污水的好氧处理。1982 年，Dorr Oliver 公司将膜—厌氧反应器系统应用于高浓度食品废水的处理，该工艺采用分置式膜组件，容积负荷达 8 kg COD/(m^3 · d)，COD 去除率达 99%。与此同时，英国开发了两套分别采用微滤膜和超滤膜的污水处理系统，其概念在南非进一步发展为厌氧硝化超滤工艺[26]。从 80 年代后期到 90 年代初，Zenon 公司继续 Dorr Oliver 公司的早期研究，开发用于处理工业废水的系统并获得了成功。该公司的商业化产品 ZenonGem 于 1982 年投入使用[27]。

这一阶段 MBR 的型式主要是分置式。早期的分置式 MBR 均采用错流式膜组件，由错流产生剪切力或湍流流动以限制滤饼层的厚度；为维持稳定的透水率，错流速度一般大于 2 m/s，这就需要较高的循环水量，造成较高的单位产水能耗。

日本等(1989)将中空纤维膜直接浸没于普通曝气池中进行固液分离，通过负压抽吸出水，开创了一体式 MBR 的研究。随后，Chiemchaisri 等[28]对一体式 MBR 处理生活污水进行了深入的研究，包括有机物和氮的去除效果，以及温度对其的影响等。

Ueda 等(1999)[29]进行了重力淹没式 MBR 的试验，由膜组件上部混合液的水位差所产生的静压获得出水。

随着膜制造成本的降低和 MBR 专用膜组件的研究开发，MBR 技术研究的广度和深度也在不断加强，其中新型膜工艺的开发和膜污染的防治成为研究的焦点和难点，也是 MBR 大规模推广应用的理论基础。

有关 MBR 的研究在我国起步比较晚，始于 20 世纪 90 年代初。从 1993 年开始许多高校和科研单位先后开始了对 MBR 的研究和开发。研究的内容包括生物处理工艺与膜分离单元的组合形式、影响处理效果与膜污染的因素、机理和数学模型以及 MBR 应用范围的扩大等[30]。

1.2.3 膜生物反应器技术特点

MBR 用膜组件取代传统活性污泥法（CAS）中的二沉池，克服了 CAS 中出水水质不稳定、污泥易膨胀的不足，具有以下一系列优点。

1）出水水质优质稳定

由于膜的高效分离作用，分离效果远好于传统沉淀池，处理出水极其清澈，悬浮物和浊度接近于零，细菌和病毒被大幅去除，可以直接作为非饮用市政杂用水进行回用。同时，膜分离也使微生物被完全截流在生物反应器内，使得系统内能够维持较高的微生物浓度，不但提高了反应装置对污染物的整体去除效率，保证了良好的出水水质，同时反应器对进水负荷（水质及水量）的各种变化具有很好的适应性、耐冲击负荷，能够稳定获得优质的出水水质。

2）剩余污泥产量少

该工艺可以在高容积负荷、低污泥负荷下运行，剩余污泥产量低（理论上可以实现零污泥排放),降低了污泥处理费用。

3)占地面积小,不受设置场合限制

生物反应器内能维持高浓度的微生物量,处理装置容积负荷高,占地面积大大节省;该工艺流程简单、结构紧凑,不受设置场所限制,适合于任何场合,可做成地面式、半地下式和地下式。

4)可去除氨氮及难降解有机物

由于微生物被完全截流在生物反应器内,从而有利于增殖缓慢的微生物如硝化细菌的截留生长,系统硝化效率得以提高。同时,可增长一些难降解的有机物在系统中的水力停留时间,有利于难降解有机物降解效率的提高。

5)操作管理方便,易于实现自动控制

该工艺实现了水力停留时间(HRT)与污泥停留时间(SRT)的完全分离,运行控制更加灵活稳定,是污水处理中容易实现装备化的新技术,可实现微机自动控制,从而使操作管理更为方便。

6)易于从传统工艺进行改造

该工艺可以作为传统污水处理工艺的深度处理单元,在城市二级污水处理厂出水深度处理(从而实现城市污水的大量回用)等领域有着广阔的应用前景。

当然,膜生物反应器也存在以下不足:

(1)膜造价高、使用寿命短,使 MBR 的基建投资高于传统二级生物处理工艺。

(2)容易出现膜污染,膜的清洗(尤其离线的化学清洗)给操作管理带来不便,同时也增加了运行成本。

(3)能耗高:泥水分离的膜驱动力、高强度曝气以及为减轻膜污染需增大流速。

1.3 自生动态生物膜技术概述

动态膜反应器(Dynamic Membrane Bioreactor,DMBR)由 MBR 发展而来,是使用大孔径网膜代替 MBR 中的微滤膜或超滤膜,利用运行过程中在网膜表面形成的污泥层起到截留作用的一种新工艺。该工艺保留了 MBR 的优点,大幅降低了膜组件的造价,膜堵塞更容易得到有效控制。预涂膜基材的动态膜不仅可以减轻膜污染,而且还能改善出水水质,动态膜生物反应器中膜污染问题还可以通过改变滤材的表面粗糙度、亲水性、表面电荷等性质来解决。DMBR 的处理效果、影响因素、作用形式等方面得到了广泛的研究,并已得到了较为一致的结论。

1.3.1 自生动态生物膜技术基本原理

传统的 MBR 利用超滤膜或微滤膜截留污泥,其过滤材料即起到了主要的截留作用,因此其上的膜孔减小至微米级甚至于更小,以适应出水水质的要求,其出水固体悬浮物浓度 SS 接近于零。但同时,这也是其致命缺点之一,膜孔的减小导致其出水量比较小,难以满足大规模应用的要求。“动态膜”过滤的概念是由美国 Oak Ridge 国家原子能所实验室 Marcinkowsky 等人[31]于 1966 年首次发现，并提出了使用大孔径网膜代替传统的微滤膜，利用运行过程中在膜表面形成的污泥层起到截留作用的反应器模型，动态膜的形成过程本质上就是膜污染的过程。由于污泥层在运行过程中在线产生，并不断累积变化，故称为动态膜。动态膜是分离膜中比较特殊的一种，因其具有渗透通量大的优点而受到关注，动态膜的研究始于反渗透，之后扩展到超滤[32]，用于蛋白质的回收、果汁过滤及废物生物处理。因动态膜以固定膜材料作为支撑体而形成，因此也被称为二次膜(Second Membrane)。

动态膜生物反应器与 MBR 不尽相同。在膜滤的过程中，溶液中过滤物在动力作用下被截留或吸附在膜基材表面，造成膜通量的下降及过膜压力(TMP)的上升，这一现象称为膜污染。在膜分离工艺过程中，膜污染原是避免及减轻的，但有学者发现滤饼层虽然会使能耗增大，但它有助于对小粒子的截留，提高过滤分离性能，而且与相同孔径的非动态膜相比，它的渗透性也更好，动态膜的开发就是利用了这种现象。

动态膜生物反应器保留了膜生物反应器的所有优点，同时也解决了 MBR 膜组件造价昂贵、运行成本费用高、在运行过程中容易形成膜污染造成通量衰减等弊端。动态膜生物反应器对污染物的去除主要是通过反应器中的活性污泥、动态膜生物膜以及动态的精密过滤联合作用的。

很多学者通过电镜扫描观察动态膜形态(一般方法是对比未使用的和已经使用过的基网)，发现使用过的基网表面残留着一层凝胶层，利用电镜将凝胶层放大 3 000～10 000 倍，可以对凝胶层组成进行直观分析。张建等[33]通过电镜观察，认为动态膜主要由细菌及其分泌物组成。细菌主要是丝状菌，另外还有杆菌和球菌。动态膜通过这些附着在基材上的微生物的作用实现对污染物质的去除作用。

Bin Fan[34]通过对动态膜的形态观察得出，动态膜从外到内由滤饼层和凝胶层组成。滤饼层由污泥絮团组成，结构松散，与基网结合不紧密。凝胶层与基网结合比较紧密，由污泥颗粒丝状菌等菌类组成，对动态膜截留微小颗粒甚至溶解性的小分子有重要贡献。另外，凝胶层的存在对基网有改性作用，使滤网过滤阻力减小。

Hongbo Liu 等[35]通过实验分析得出，动态膜包括三个部分，从内到外分别是支撑层、分离层和污染层。支撑层由直径在 0.1 mm 的大颗粒和丝状物组成。分离层由从里到外粒径逐渐变小的污泥颗粒组成，该层的分离效果近似于微滤膜。污染层则是由污泥颗粒溶解物和胶体组成。

根据动态膜分离层形成方式的不同，可将动态膜分为两类：预涂动态膜(Pre-Coated Dynamic Membrane)和自生动态膜(Self-Forming Dynamic Membrane, SFDM)，如图 1.11。预涂动态膜是将膜基质浸入含有预涂剂的悬浮液或胶体溶液，利用其在错流过滤时的吸附、沉积和浓差极化作用，在基质表面形成动态膜。许多水合的氧化物、天然高分子电解质和人工合成聚合物可以用来制作预涂膜。张颖等人[36]以混凝剂(三价铁)涂膜剂预涂聚偏氟乙烯平板式微滤膜的研究结果表明，在稳定运行阶段，预涂膜生物反应器的出水水质优于未涂膜的生物反应器，并证明聚偏氟乙烯微滤膜抗絮凝剂的能力强于其抗有机物污染的能力，预涂层能有效减轻膜孔污染，此研究成果也为水处理预处理中药剂添加方式提供了一个新的思路。卓琳云等人[37]以管式陶瓷微滤膜管为基质，以高岭土为动态膜预涂材料，研究了高岭土动态膜的制备过程，分析了高岭土粒径、涂膜液浓度、跨膜压力、错流速度和涂膜时间对涂膜效果及清水通量的影响。实验表明，高岭土动态膜在10～20分钟即可达到稳定状态，其最佳成膜条件为涂膜液质量浓度0.3 g/L、跨膜压力0.2 MPa、错流速度0.5 m/s及涂膜时间10分钟。YiJiang Zhao等人[38]的研究成果表明，氢氧化镁预涂管式陶瓷微滤膜试验中，跨膜压力及料液浓度增加，动态膜膜厚会增加。压力100 kPa，错流速度1 m/s，料液浓度250 mg/L，成膜时间90分钟时，制备的动态膜是均匀致密的，其对含油废水有良好的分离作用，通量可达1 L/(m^2·kPa)，对总有机碳TOC的截留率超过98%。有关专家报道[39]称均匀聚乙烯醇PVA水凝胶层预涂的改性膜与不适当改性和未改性膜相比，显示出引人注目的高抗污染特性和良好的通量恢复性能。虽然这些研究是基于传统的膜分离，它们依然为动态膜在MBR中的应用提供了有价值的信息。Li等人[40]报道了预涂动态膜生物反应器，他们采用高岭石悬浮液循环通过陶瓷膜组件来形成动态膜以改善MBR的性能，这种预涂动态膜生物反应器的有机物和氮的去除效率令人满意。但是，预涂膜对于膜的污染或截留能力的影响以及能否稳定运行未见讨论。Ye等人[41]提出了一种用于市政污水处理的预涂动态膜生物反应器，以孔径56 mm的滤布作为膜基材，聚合氯化铝PAC作为载体和预涂剂。有关学者发现在长期运行下，有机碳和氨的去除效率同传统的中空纤维膜生物反应器一样良好，预涂膜滤布比未预涂和中空纤维膜具有更好的抗污染性[42]。另外，预涂膜在MBR的运行中产生较少的不可去除污染。这表明预涂膜有助于改善滤布、筛网滤材和无纺布滤材的过滤能力，因而使得这些廉价材料在MBR中有更大的应用潜力。

自生动态膜是在过滤溶液中成分的过程中形成的，这就意味着自生动态膜反应器内的粒子向膜表面流动的速率同反向运输速率平衡。自生动态膜可以改善渗透通量和溶液的截留率。自生动态膜的性能由所过滤的溶液成分的浓度、类型、形态和相对分子质量以及错流速度决定。自生动态膜可用于传统的膜分离工艺。目前，自生动态膜已经引进到MBR中用以解释膜表面生物—滤饼层的形成。自生生物动态膜制备较为简单，一般以大孔廉价过滤材料如无纺布、筛网等代替传统的膜组件做基膜，使微生物及其代谢产物在其上沉积成膜，实现其截留作用。林新斌和傅大放等人[43]采用无纺布动态膜生物反应器处理模拟城市生活污水，结果表明，无纺布的三维空间立体结构有利于动态膜的快速形成，反应器稳定运行期间，系统对SS、TOC的去除效果良好，去除率都达90%以上，但对NH_3—N、TN基本无去除作用。范斌等人[44]以涤纶(聚酯)材料网为支撑体，研究了自生动态膜生物反应器的过滤机理，并研究了生物动态膜的形态与组成、过滤阻力和截留性能等。研究表明，动态膜层由外向里可以分为滤饼层和凝胶层，滤饼层与下层结合力很弱，主要由污泥絮体组成，而凝胶层为生物质层，主要由丝状菌组成。研究还指出，凝胶层的存在是动态膜过滤的关键。Lee等人[45]的一项研究成果对MBR中的自生动态膜的性能作出了一些解释，随着膜过滤性能达到稳定状态，动态膜就已经形成，主要由大污泥絮体组成。有报道称膜基材表面形成的污染层作为一道屏障保护膜表面和孔道不受污染，因为胞外聚合物(Extracellular Polymeric Substances, EPS)、溶解性有机物和胶体粒子可以被由微生物菌团组成的动态膜截留或者降解掉。因此，污染物沉积到动态膜表面的机会较少。Fan和Huang等人[34]报道称100 mm粗糙筛网上形成的自生动态膜代替了微滤或超滤膜。筛网表面形成的凝胶层的结构类似于传统的膜，并在自生动态膜的形成过程中发挥了重要作用。从这些报道成果中可以看出自生动态膜不仅可以减轻 MBR 中的膜污染，而且提供了改善廉价滤材（如滤布、无纺布、粗筛网）性能的又一种选择。应该指出，动态膜的性能取决于多种因素，诸如滤饼密度，滤饼结构和滤饼成分。例如，当膜表面上形成的滤饼层变厚，反应器中的溶解氧无法传输到滤饼层内部区域[46]，那么微生物就将失去活性，释放出大量生物高聚物。这种情况下，所谓的动态膜将导致严重的膜污染。

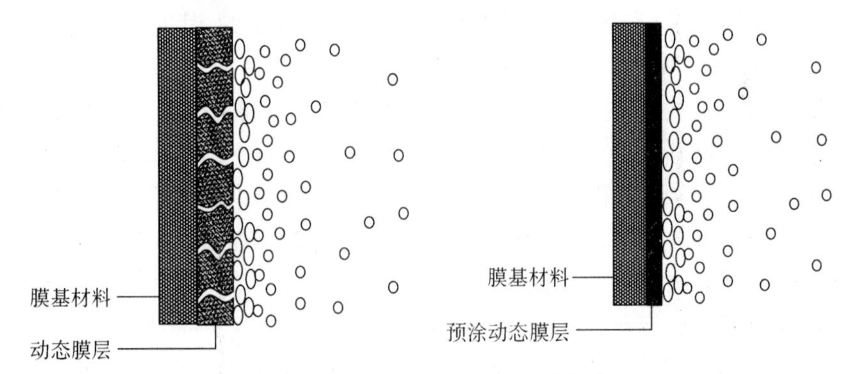

图 1.11 自生动态膜和预涂动态膜

1.3.2 自生动态生物膜技术研究进展

动态膜生物反应器技术具有出水水质好、结构紧凑、占地面积小、污泥负荷高、膜组件造价低、可依靠出水水头差而自流出水、清洗与再生非常容易等优点，具有良好的应用前景。然而作为一个新兴技术，DMBR 离实际应用还有相当的距离。目前该技术存在的主要问题是运行周期短、稳定通量低，这主要是严重的过水通道堵塞所致。

徐国良等学者[47]认为基于动态膜技术尚处于初级研究阶段，需要解决的问题主要有以下几方面：① 动态膜机理的进一步研究。DMBR 的除污机理并非单纯的高效过滤，对悬浮物、胶体与溶解性物质的去除机理及其影响因素还需进一步深入探讨。② 污染机理及控制研究。由于选用基材的多样性及其复杂性，尚没有成熟的理论能广泛用于解释复杂多样的膜污染现象及污染层的形成；另一方面，动态膜的膜材料及其结构不同于固定膜，其污染特征特别是阻力结构必不同于固定膜，有必要进一步研究动态膜的阻力结构、污染特征和清洗再生方法，发展动态膜相关理论。③ 提高 DMBR 系统高效性与稳定性的研究。要提高 DMBR 的处理效率，最大限度地延长稳定运行时间，就需要对膜及膜组件进行材质、结构上的优化选择，对各项参数进行优化，从而寻找最佳运行方式，并避免运行过程中因动态膜破坏而引起出水水质恶化。④ 与其他废水处理技术的结合应用研究。与 MBR 相似，虽然把膜引入活性污泥池，大大提高了处理效率，而其生物反应器部分仍然是活性污泥法，如将其与 A/O、A^2/O、SBR 等污水处理工艺相结合，将能进一步提高其脱氮除磷的效果。

DMBR 可以在对出水要求不高的场合代替 MBR 在分散式污水处理系统中发挥极大的作用。廉价的膜基材料与简易的维护方法能大大地节省基建费用与运行费用，在分散式处理领域极具发展和普及应用的潜力。目前，已有数座小规模的商业化 DMBR 应用于高速公路服务区的生活污水处理。其中 COD 和 SS 去除效率可达到 95%以上，对氨氮和磷酸盐也有较好的去除效果。在实验室阶段的 DMBR 可以达到更高的处理效果并且可以将出水浊度降至 1 NTU 以下。DMBR 廉价、结构简易紧凑、生化降解能力也毫不逊色于 MBR 的优势将有助于 DMBR 技术实现设备化，通过批量生产广泛应用在散点污水处理领域。

预涂动态膜生物反应器由于成膜物质消耗带来的经济成本增加以及预涂膜形成给再生过程带来的复杂操作，其研究与应用前景并不明朗。自生动态膜生物反应器不存在成膜物质消耗问题，动态膜脱落与再生可以在线实现，因此具有很好的潜在应用前景。特别针对我国现阶段膜—生物反应器的广泛应用受膜组件价格昂贵影响的情况，自生动态膜生物反应器成为一种良好的替代选择。现有的研究表明，自生动态膜生物反应器具有良好的泥水分离特性，但对于自生动态膜反应器的运行稳定性及其影响因素尚缺乏深入、系统的研究，且研究大多为实验室研究或处理模拟废水的研究，离实际应用还有一定的距离。这些问题有待于在以后的研究中加以解决。相信在不远的将来，随着动态膜过滤机理的一步步验证，动态膜生物反应器一定会更加经济、实用。

1.3.3 自生动态生物膜技术特点

动态膜生物反应器处理污水具有与 MBR 类似的特点：高效的截留作用，出水水质好，悬浮物浓度低；高效的固液分离，实现水力停留时间（HRT）与污泥龄（SRT）的完全分离；微生物浓度高，耐冲击负荷；硝化菌生长有利，硝化效率高；泥龄长，可实现无污泥排放[48]。

动态膜一般与其他处理工艺（如 A/O、A^2/O、SBR 等）相结合，被广泛地用于生活污水和其他废水的处理研究中。

动态膜生物反应器对生活污水的处理效果如表 1.1[49]所示。

表 1.1 动态膜生物反应器对生活污水的处理效果

DMBR 基质/类型	浊度		COD		NH_3—N		TP	
	进水浓度（NTU）	去除率（%）	进水浓度（mg/L）	去除率（%）	进水浓度（mg/L）	去除率（%）	进水浓度（mg/L）	去除率（%）
筛绢/自生	100～600	97	77～2 500	>90	—	85.4	0.8～2.8	74
无纺布/自生	—	100	200～500	90.1	45～77	89	1.5～5.2	29
工业滤布/自生	186～378	96.8	236～410	81	7.6～26.8	74	—	—
尼龙筛网/自生	—	100	BOD:200	97.5	50	80	5.7	38.6
无纺布/自生	—	93.5	320	91.65	TN:38～40	66	5	23
工业滤布/PAC 预涂	—	—	266.08～489.2	97.5	—	96.7	—	—
工业滤布/PAC 预涂	—	—	229～499	90.70	17～44	96.15	—	—

由于生活污水的可生化性较强，动态膜生物反应器对生活污水的 SS、COD 和 NH_3—N 均有较好的处理效果。但是起主要去除作用的是反应器里的活性污泥，单纯动态膜的截留作用仅在 10%左右。

1.3.3.1 处理效果

Yoshiaki Kiso、G. T. Seo 等[50]采用不同基材的动态膜生物反应器按连续曝气方式处理生活污水，研究结果表明动态膜生物反应器对城市污水的 SS、COD 和 NH_3—N 均有较好的处理效果，其中 SS 去除率均达到 93.5% 以上，氨氮去除率在 66%～91.5%，COD 去除率均在 90%以上。但 TN、TP 的去除率则有待提高，TN 平均去除率在 37.9%～66%，TP 去除率在 23%～38.6%。

但 Yoshiaki Kiso 等[51]后来采用 A/O 的 SBR 方式运行动态膜生物反应器处理生活污

水时发现，这样的运行方式在保证 SS、COD 和 NH_3—N 去除效率的同时，其 TN、NO_3^-—N 出水浓度从连续曝气时的 29.6～33.2 mg/L 和 19.1～31.6 mg/L 分别下降到 8.8～22.5 mg/L和 4.2～12.4 mg/L。傅大放等的研究[52]采用聚酯无纺布作为膜基材的 DMBR 按 A/O 的序批式运行来处理生活污水，发现其 COD、NH_3—N 和 TN 的去除率分别达到 91.8%、95.5%和 70.5%。这表明适宜的 SBR 运行方式可以有效地提高 DMBR 的脱氮性能。

1.3.3.2 操作参数

众多学者对包括曝气强度、出水水头、污泥龄等主要的操作参数进行了研究，各个参数对 DMBR 性能的影响较复杂。

(1) 曝气强度：在动态膜生物反应器中，曝气量和曝气位置的精确设计是影响膜污染的关键因素之一。曝气一方面为反应器内微生物提供生存及降解污染物的氧源，另一方面产生气水两相流，对动态膜产生影响进而对其出水水质产生影响。MinChao Chang 等[53]在研究中发现：低曝气强度不会破坏污泥絮体，却可以减小颗粒在膜表面的沉淀趋势，从而使过滤阻力随曝气强度的增大而减小；高曝气强度[大于 0.01 $m^3/(m^2 \cdot s)$]易使絮体破碎，从而使小颗粒絮体数量随曝气强度的增大而增加，造成过滤阻力增大。Yoshiaki Kiso 等研究发现，随着曝气强度从 2 mL/min 增大到 6 mL/min 和 10 mL/min，DMBR 的出水浊度也随之增大。但 Alavi Moghaddam MR 等[54]的研究表明，在一定范围内曝气强度的变化对 DMBR 出水的浊度几乎无影响。

不难发现，曝气强度越高，错流速度越大，但是过高的曝气强度会使动态膜难以形成，出水水质变差，还会导致污泥的解离；曝气强度越低，错流越小，不利于对动态膜的冲刷，膜易堵塞。曝气量的大小主要由活性污泥的浓度及污染物需要去除的浓度所决定，但仍然可以通过改变曝气的形式影响膜表面的错流速度。

(2) 出水水头(WHD)：WHD 在为出水提供动力源的同时，也在压缩着动态膜，引起出水阻力的增加。Alavi Moghaddam MR 等研究发现反应器的 WHD 越大，其初始通量就越大，引起污泥泄漏，使得出水的浊度上升、水质下降。清华大学范彬等人[55]研究了出水水头对筛绢自生动态膜过滤性能的影响：动态膜的稳定通量同 WHD 并不是正比的关系。随着 WHD 的增加，稳定通量的上升趋势变缓，并在 WHD＝6 cm 时出现最大值，即极限通量约为 35 $L/(m^2 \cdot h)$，继续增加 WHD，稳定通量有减小的趋势。另外，WHD 的提高不利于稳定运行时间的延长。因此，他们提出：动态膜操作应使每个新的运行周期都从 WHD＝0 开始，并以 WHD＝5 cm 作为一个过滤周期的终点。同济大学的董滨等人[56]考察了 200 目不锈钢丝网动态膜生物反应器分别在 WHD＝100 mm、200 mm、300 mm、400 mm 和 600 mm 的条件下，DMBR 出水通量和浊度变化的情况。结果表明，初始通量和初始浊度均随 WHD 的增大而增大，但最终稳定通量在 WHD＝300 mm 时最大，5 分钟内其出水浊度小于 5 NTU。故得出结论：该组件的最佳出水水头为 300 mm。鉴于 WHD 对动态膜出水通量的两方面影响，对于特定的动态膜生物反应器，存在一个最佳 WHD，使得出水通量和稳定运行时间之间达到一个平衡。

(3) 污泥龄(SRT)：DMBR 的活性污泥是多种微生物的共生体系，各种菌种的世代时间不尽相同，因此，适宜的污泥龄可以构建起较好的微生物体系，有利于反应器的性能提升。

Alavi Moghaddam MR 等的研究发现，在较短 SRT(10 天和 30 天)时 DMBR 的出水水质良好，且 10 天的系统的出水水质要好于 30 天的出水水质，但在较长 SRT(75 天)时其出水水质明显变差，且稳定运行时间显著缩短。

(4) 污泥浓度

污泥浓度对动态膜系统的影响是多方面的，主要表现在影响动态膜的出水通量、出水水质和运行周期，具有一定的复杂性，各国学者从各方面进行了研究。

Libing Chu 等[57]研究了工业滤布 DMBR 系统污泥浓度为 3 100 mg/L、5 500 mg/L、8 000 mg/L、10 000 mg/L 时系统出水浊度的变化，发现污泥浓度越高，初期出水的浊度越低，但稳定出水后出水浊度越高。这表明高浓度的污泥浓度可能有助于形成自生动态膜，但是大量的小颗粒会透过污泥层造成后期出水浊度的提高。

日本的 Yoshiaki Kiso 等人针对尼龙筛网 DMBR，做了三种不同 MLSS 浓度(3 000 mg/L，7 000 mg/L，10 000 mg/L)的实验，发现在相同的 WHD 下，混合液悬浮固体浓度 MLSS 越高，通量越小，出水浊度越高。

MinChao Chang 研究了不同进水通量下，MLSS 浓度对过滤阻力的影响：当进水通量为 0.4 $m^3/(m^2 \cdot d)$和 0.6 $m^3/(m^2 \cdot d)$时，过滤阻力与 MLSS 浓度无关。但是当进水通量增大时，过滤阻力随 MLSS 浓度增大而增大，当 MLSS 浓度为 7 600 mg/L 时，达到最大值。这种趋势在进水通量大于 0.8 $m^3/(m^2 \cdot d)$时更为明显。

以上可以看出，污泥浓度对 DMBR 系统的影响主要有两个方面：在相同的 WHD 下，随着污泥浓度的升高，出水通量减小，出水浊度升高。可能的原因是在高 MLSS 浓度下，絮状颗粒可以絮凝为更大颗粒，絮状颗粒的增大可以减少颗粒透过膜孔的可能性，并且在无纺布膜表面形成良好的滤饼层，使得通量减小，出水水质提高；高 MLSS 浓度亦使反应器内小颗粒絮体增多，穿过膜孔的可能性增大，可能使得出水通量减小，出水水质变差；污泥浓度的升高影响污泥的活性、黏性等性质，进而影响了动态膜的结构、透水性及过滤阻力。

(5) 通量

通量与出水水头(WHD)密切相关，WHD 为出水提供动力，WHD 越大，初始通量越大，对污水中颗粒的拖曳作用越大。大量颗粒在拖曳作用下被截留在基材上，引起动态膜堵塞，膜堵塞后通量下降。所以初始通量既是影响膜堵塞因素，也是被影响因素。

日本东京大学的 Alavi Moghaddam MR 等用非织造布动态膜组件分别进行了 SRT 不同的比较试验。试验中发现水头差越大，初始通量越大，会引起更多的污泥泄漏，从而导致初始阶段出水水质越差。

同济大学的高松[58]用 200 目、孔径为 80 μm 的不锈钢丝网为基材制成膜组件，在有效容积 400 L 的反应器内进行试验。在混合液悬浮固体浓度(MLSS)为(2 200±200) mg/L，在采用自流出水的情况下考察了不同水头及初始通量对出水流量和 SS 的影响。结果表明：水头和初始通量对动态膜的形成具有关键作用，但同时对膜堵塞也有相当大的影响；各个水头下流量均有迅速的衰减，但 30 分钟后的通量则差别不大；减小初始通量有助于流量的稳定，但流量减小有一边界值，初始通量过小则在短时间内无法有效形成动态膜。

由于这样的特性，Field 等[59]提出了临界流量的概念。临界流量是膜污染控制水动力学条件中一个具有重要意义的概念，当通量大于这个值时，膜污染急剧发展；当膜通量小于这个值时，膜污染不发生或者说发展非常缓慢。徐五英[60]采用压力阶梯法和工作曲线法，测得无纺布的临界流量为 32 L/(m^2 · h)。

目前，虽然各国研究人员对于膜通量的研究都非常重视，但是至今临界通量并没有明确的定论。另外，膜基材的不同也会影响临界通量的大小。在目前使用的动态膜生物反应器中，采用的透水通量大都集中在几十升每平方米每小时。

可以看出，曝气强度、出水水头、污泥龄等操作参数对 DMBR 的出水效果及稳定运行均有重要影响，调整参数可以在一定程度上提高 DMBR 的脱氮性能。但是，目前众多研究的结果却并不全都一致，各影响参数之间的相互关系，以及影响因素对反应器性能产生影响的作用机理的研究还较少。此外，如果 DMBR 采用序批式等运行方式，则相应的周期时间、间歇曝气时间及程序等参数对反应器性能的影响也仍需进一步研究。

1.3.3.3 膜基材料

膜基材料是 DMBR 中动态膜的承载基础，是 DMBR 的核心组成部分。从 DMBR 诞生以来，众多的学者就对膜基材料的选择产生了浓厚的兴趣。

G. T. Seo 等研究了重量分别为 35 g/m^2、50 g/m^2、70 g/m^2 的聚丙烯质地的非织造布作为膜基材料的 DMBR 的运行效果，发现 70 g/m^2 非织造布形成的动态膜出水通量的衰减速度最快，40 分钟后即衰减为初始通量的 70%，而 35 g/m^2 非织造布形成的动态膜则在 160 分钟后才衰减到同等程度。说明膜基材料的重量与反应器的出水通量之间有显著的相关关系，质量较小的膜基材料有利于动态膜较快达到稳定通量。

Yoshiaki Kiso 等研究了以孔径分别为 100 μm、200 μm、500 μm 的尼龙网作为膜基材料的 DMBR 的运行情况，发现孔径为 100 μm 的尼龙网在 5～10 mm 的 WHD 下运行 40 分钟即可使出水的 SS 降至 5 mg/L 以下，而 200 μm 和 500 μm 的尼龙网在整个过程中出水 SS 始终较高，1 小时后 SS 仍大于 80 mg/L。说明膜孔径与污泥粒径接近时其过滤性能较好。

Gander M. A. 等[61]研究了以聚丙烯无纺材料(孔径 5 μm)、疏水聚丙烯膜(0.5 μm)、聚砜膜(0.4 μm)作为膜基材料的 DMBR，发现在同样 WHD 下，疏水聚丙烯膜由于疏水性没有通量，而另两种材料的 DMBR 对有机物和浊度的去除率均达 92%以上。

林玉姣研究[62]了以聚酯无纺布、聚丙烯无纺布、聚酯筛网、聚酰胺筛网作为膜基材料的四种 DMBR 处理生活污水的运行特性，发现 4 种膜基材料受到污染的程度依次为聚酰胺筛网、聚酯筛网、聚丙烯无纺布、聚酯无纺布，且筛网比无纺布更易发生不可逆污染。

另外，不锈钢丝网、筛绢粗网、环保购物袋[63]等材料也均被作为膜基材料进行过研究。可以看出，动态膜膜基材料的适宜范围较广，基材材质、孔径、膜重量、疏水性等均对其所形成的动态膜性能有影响，可以尝试寻找更适宜的大孔径材料作为膜基材料，或者对现有材料进行改性来提高膜的性能。

1.3.3.4 作用机理

XiuFen Li 等[64]的研究指出，自生动态膜从结构上由外向内可以区分为滤饼层、凝胶层和膜基材料：凝胶层主要由有机质和微生物分泌物组成，与膜基材料结合紧密，使得动态膜具有较好的截留能力；滤饼层主要由污泥絮体组成，絮体间结构松散，与凝胶层的结合强度也较弱。傅大放等[65]研究动态膜的物质组成，发现滤饼层质量为 39.27 g/m^2，其中胶体、挥发性悬浮颗粒物、无机物含量分别为 5.75 g/m^2、26.5 g/m^2、7.02 g/m^2，O、K、Na、Ca、P、S、Cl、Mg、Si 等为其主要元素；扫描电镜观察到动态膜内层有明显的生物质层，丝状菌在其中起到骨架作用；动态膜为具有较高的孔隙率的多孔状结构，颗粒粒径以 70～130 μm 为主；动态膜的可逆污染层（滤饼层）的厚度和质量对膜阻力的贡献不大，不可逆污染层（凝胶层）对膜阻力起关键作用；可逆污染层微生物聚集体中的胞外聚合物 EPS 含量与膜阻力无明显相关性，蛋白质是 EPS 的主要成分，不可逆污染层蛋白质含量与膜阻力密切相关。

张建等[33]研究了动态膜生物反应器中动态膜的作用和结构，发现 DMBR 对 COD、氨氮和总氮的平均去除率分别为 78.4%、95.0%、40.0%，其中动态膜所起的作用分别为19.0%、8.5%、6.0%，说明污染物质的去除主要依靠混合液活性污泥，而动态膜的生物降解作用也起到部分强化去除的作用。生物动态膜主要由丝状菌、杆菌、球菌及其分泌物组成，但其活性远低于混合液活性污泥。林新斌、傅大放等的研究表明，以非织造布为基材的 DMBR 稳定运行时，系统对 COD、NH_3—N、TN 的平均去除率分别为 90.1%、89%、37.9%，其中动态膜对 COD 的去除平均贡献为 3.4%，而对 NH_3—N、TN 等则基本无去除作用，动态膜主要起到了泥水分离、提高 MLSS 的作用。

XiaoHong Zhou 等[66]利用微电极技术研究了动态膜内部的溶解氧（DO）分布及微生物活性，发现溶解氧在动态膜内的分布呈现 3 个阶段：在表层 0.3～0.5 mm 处的缓速下降阶段，在0.5～1.5 mm 处的快速下降阶段以及在 1.5～2.0 mm 处逐渐达到无氧环境的阶段。表明 DO 随着动态膜深度的增加而下降，动态膜内的微生物活性低于混合液活性污泥中的微生物活性，且随运行时间的延长，其活性先迅速下降而后逐渐稳定。这与吴盈禧等[67]之前的研究结果一致，说明动态膜的确可以形成外层好氧、内层缺氧厌氧的结构。

熊江磊等[49]采用自制的多组小膜片组件的动态膜生物反应器研究了动态膜的形成过程，认为动态膜的形成和发展可以分为 3 个阶段：①"镶嵌快滤"阶段——污泥絮体镶嵌于无纺布纤维丝之间，平均当量孔径为数十微米，膜阻力为 3.95×10^8～8.8×10^8 m^{-1}，出水浊度略高；②"网状覆盖"阶段——滤饼层表面呈网状分布，膜孔径在 2.78～6.49 μm 之间，孔隙率高达 36.1%～40.2%，阻力为 2.74×10^9～3.77×10^9 m^{-1}，出水水质较好，微生物增殖和小颗粒堵塞为孔径缩小的主要原因；③"膜孔堵塞"阶段——平均当量孔径缩小至 0.97 μm，孔隙率降为 21.7%，是造成膜阻力突变至 2.26×10^{10} m^{-1}的主要原因。

可以看出，DMBR 的处理效果、膜基材料、操作参数、物质组成、功能作用等方面均已有一些研究，一些学者还对动态膜污泥性质、膜污染问题[68-69]进行了研究。但是研究仍然集中在物理化学层面，对反应主体的微生物菌群的研究仍然很少见诸报道，并且 DMBR 的脱氮除磷研究尚不十分完善，脱氮除磷效果也尚不能得到令人满意的结果。

1.3.4 自生动态生物膜系统污水处理效果

徐五英[60]选用 25 μm 的 PE（聚乙烯）无纺布为基材制成平板式膜组件，在容积为 48 L 的反应器中采用 A/O 工艺进行小试试验处理城市生活污水。在合适的膜通量和错流速度下稳定运行了 45 天，没有出现膜阻力急剧上升的状况。当进水 COD 为 400 mg/L，NH_3—N 为 48 mg/L，TN 为 71.2 mg/L，TP 为 4 mg/L，硝化液回流比为 2∶1，好氧池水力停留时间为 8 小时时，对 COD 的去除率为 94.87%，NH_3—N 的去除率为 98%，TN 的去除率为

76.7%。活性污泥的浓度为3 000 mg/L,污泥龄为28 d时,TP的去除率在45%左右。活性污泥浓度为2 000 mg/L,污泥龄为14天时,TP的去除率为65%左右。缺氧池中,由于NO_3^-—N的存在,抑制了磷的释放,致使总体的除磷效果不佳。

林新斌[70]首先采用人工配水模拟服务区污水,试验分析了水力停留时间(HRT)、气水比对DMBR处理效果的影响以及非织造布在处理过程中所起的效用;其次,测量了DMBR在MLSS为4 000 mg/L、气水比为30∶1时的临界通量,通过次临界通量条件下的长期运行试验,考察了DMBR的运行稳定性和阻力变化情况;最后,通过DMBR对高速公路服务区污水的处理,考察实际处理效果。试验结果表明:采用人工配水,在试验工况下,DMBR对COD、NH_3—N、TN、TP的平均去除率分别为89.7%、90.5%、39.4%、18.4%;HRT从8小时增加到16小时时,TP的平均去除率从11.1%增加到22.3%,COD、NH_3—N和TN的去除率受HRT的影响不大;气水比的变化对COD和NH_3—N的去除率没有明显影响,但气水比从15∶1增加到60∶1使TN的平均去除率从42.5%下降到35.8%、TP的平均去除率从16.3%增加到22.7%;非织造布动态膜对COD、NH_3—N的去除可起到部分强化作用;在次临界通量条件下,起始通量分别为15 L/(m^2·h)、30 L/(m^2·h)、45 L/(m^2·h)、60 L/(m^2·h)的长期运行试验稳定运行的时间分别为>20天、>20天、13天、10天;长期运行试验中,膜污染的发展经历慢速和快速两个时期,滤速越小,慢速发展阶段的历时越长。

马强[48]在目前动态膜生物反应器(DMBR)和序批式反应器(SBR)基础上,提出用序批式动态膜生物反应器(SDMBR)处理生活污水,并通过工艺特性试验、长期运行试验和对比试验来考察其可行性以及阻力特性。首先,采用人工配水模拟生活污水,试验分析了水力停留时间(HRT)、气水比、工作周期对SDMBR处理效果的影响;其次,考察了SDMBR长期运行的处理效果、通量特性;再次,研究了SDMBR中膜组件的阻力特征;最后,通过SDMBR与SBR的对比试验,论证了SDMBR的优越性。试验结果表明:采用人工配水,当水力停留时间在18~36小时的范围内变动时,SDMBR对COD、氨氮和TN的去除率影响不大,而TP的平均去除率随着水力停留时间的增加从11.1%增至22.3%。气水比在30∶1~50∶1之间变动时,SDMBR对COD、氨氮去除率未有明显变化,而TN的平均去除率随着气水比的增加从47.8%提高到了70.5%,TP的平均去除率则随着气水比的增加从16.3%增至22.7%。工作周期为6小时,气水比为50∶1,周期内各阶段时长分配比(好氧/厌氧)分别为3/3、4/2、2/4时,COD、氨氮去除效果区别不大,但是在采用4/2的分配方式情况下更加稳定,总氮的去除效果也更好。长期运行试验表明,SDMBR对COD_{Cr}、氨氮、TN、TP的平均去除率分别达到90%、88.2%、47.19%、18.4%,出水无色无味,几乎无SS;在气水比50∶1、工作周期6小时、好氧/厌氧=4/2、好氧出水条件下,装置可以保持较高通量[大于或约等于45 L/(m^2·h)]稳定运行达55天。膜阻力试验表明,一直处于浸没状态的膜组件,阻力主要来自膜组件自身,间断暴露在空气中的部分,阻力主要来自凝胶层。当MLSS在4 700~9 400 mg/L范围内时,阻力随其变化不明显,但是随曝气量(错流速度)提高而显著降低。SDMBR与SRB装置对比试验表明,SDMBR反应过程类似于SBR,但是在相同运行条件下,前者可以在较高的处理量下取得略好的处理效果,处理能力提升约20%。此外,在高负荷情况下,SDMBR在处理能力和稳定性上都有更佳的表现

朱亚文[71]采用海绵动态膜生物反应器,投加多面空心球填料,构成复合式动态膜生物

反应器，并按照A/O的SBR运行方式，研究了该反应器处理模拟生活污水的脱氮效果，曝气量、厌氧好氧时间分配比、污泥龄三个操作参数对系统脱氮性能、混合液污泥性质的影响。结果表明，复合式动态膜生物反应器的最佳运行工况为曝气量100 L/h、厌氧好氧时间分配比2 h/4 h、不排泥，此时系统的氨氮去除率为97.71%，总氮去除率为86.91%。控制曝气量可以改变反应器内的DO浓度，在保证填料流态的同时局部形成缺氧、厌氧/好氧的微环境，2.0 mg/L的DO有利于同步硝化反硝化的发生；厌氧好氧时间分配比的改变会影响微生物的活性，从厌氧转变到好氧的环境时，微生物需要适应恢复的时间来调整生理状态，厌氧时间越长则恢复期需要的曝气时间越长；较长的SRT有利于同步反硝化。

徐晓光[72]试验比较分析了纤维滤网、活性炭纤维滤网、投加生物铁的活性炭纤维滤网三种不同条件下，动态膜生物反应器(DMBR)中溶解性有机物(DOM)的性质、去除效率和去除机理，结果如下：

三种条件下反应器对除总磷外的主要常规污染物均有很好的去除效果，COD去除率超过95%，NH_3—N去除率接近100%，TN去除率维持在70%以上，TP去除率为20%～50%。

投加生物铁的活性炭纤维滤网、活性炭纤维滤网、纤维滤网DMBR三种条件下，反应器内DOM的平均去除率分别为90.1%、84.8%、79.3%，生物铁的最佳投加量为MLSS的5%。

比较分析了进水、混合液、出水中DOM的可生物降解性、组分特征、亲疏水性、酸碱性及相对分子质量分布。与纤维滤网DMBR相比，活性炭纤维滤网DMBR对可生物降解的DOM去除效果基本相同，对类蛋白、类富里酸的去除率分别提高14.8%、14.7%，对亲水部分、疏水酸两种组分的去除率分别提高41.9%、35.5%，疏水碱、疏水中性、弱疏水酸的去除率相差不大，且对相对分子质量较小的DOM的去除效果更好。与活性炭纤维滤网DMBR相比，投加生物铁的活性炭纤维滤网DMBR混合液中可生物降解的DOM更低，对类蛋白的去除率提高了7.0%，对亲水部分、疏水中性两种组分的去除率分别提高了9.1%、19.8%，对疏水碱、疏水酸、弱疏水酸的去除率相差不大，且对相对分子质量较大的DOM去除效果更好。

与纤维滤网DMBR相比，活性炭纤维滤网DMBR中污泥层的面密度(77.16 mg/cm^2)虽然低321.86 mg/cm^2，但对DOM的去除效率却高5.9%，这是由于活性炭滤网基材动态膜上同时存在吸附、生物降解和它们的协同作用，基材上的微生物对被吸附的DOM起到生物降解作用，活性炭滤网的吸附能力得以再生，使得DOM的强化去除作用超出了直接吸附作用的效果。

投加生物铁后，DOM的降解速率提高，进出水DOM的荧光强度下降更显著，混合液中生物相更加丰富，出现大量形态各异的大型原、后生动物。相同MLSS条件下，投加生物铁后DOM去除率提高7.86%。生物铁的投加起到了强化DOM去除的作用。

李澄[73]利用酸碱改性后的聚氨酯海绵作为膜基材料，对海绵动态膜生物反应器(F-DMBR)的基本参数进行了界定，对海绵动态膜生物反应器的性能、结构及表征进行了深入研究，并对海绵动态膜生物反应器处理2,4-二氯酚(2,4-DCP)的效果进行了测定和分析，对2,4-二氯酚降解机理进行了探讨。

采用5%的HCl、1 mol/L的NaOH分别泡制海绵24小时，可以有效降低海绵的接触角，增加亲水性，提高海绵耐污染性能。厚度为8～10 mm、孔径为300 μm的海绵作为膜基材料时，动态膜的形成最好。海绵的清水过滤阻力仅为$R=4.75\times10^{8}\ m^{-1}$。海绵动态膜生物反应器虽存在"临界通量"，但可以高于临界通量运行，在200 L/(m^2·h)以下时，可以保证出水浊度稳定在2 NTU以下。海绵动态膜反应器中膜组件宽度小于20 cm，位置在曝气头上方30 cm之外、液面以下较深处，可以增强反应器的处理效果。海绵的用量应根据出水通量及反应器体积确定。

海绵动态膜生物反应器中，海绵表面及内部吸附大量的活性污泥形成动态膜，运行60天后，其吸附量分别为173.68 mg/cm^2、31.79 mg/cm^2。海绵外部的污泥层可达8 mm，又分为好氧层和厌氧层，其厚度分别为3.5 mm、4.5 mm。海绵动态膜生物反应器中，混合液、海绵内外动态膜平均粒径分别为101.06 μm、75.48 μm、141.54 μm，动态膜污泥主要集中在海绵的外部及外侧，中部及内侧活性污泥并未形成完整的污泥层。海绵内吸附了较多小颗粒活性污泥，海绵外截留反应器中较大颗粒污泥，存在孔径大小梯度，确保海绵动态膜不易堵塞。海绵动态膜生物反应器对COD、氨氮和TN的平均去除率分别达到93.8%、97.1%和72.3%，其中动态膜对COD、氨氮和TN的平均去除率分别为4.1%、4.8%和5.9%。

采用2,4-DCP废水与生活污水共代谢的方式培养污泥，35天后污泥可以适应浓度为30 mg/L的2,4-DCP。污泥经驯化后，海绵动态膜生物反应器处理2,4-DCP、生活污水的混合污水效果较好，COD、2,4-DCP的去除率分别在90%和85%以上。2,4-DCP在厌氧期、好氧期的降解都经历了由快趋缓的过程。通过GC/MS分析，4-CP和4-甲基苯酚为2,4-二氯酚的降解中间产物。2,4-DCP通过2,4-DCP ⟶ 4-CP ⟶ 4-甲基苯酚 ⟶ CH_4+CO_2的途径，好氧脱氯，厌氧开环，最终矿化为CH_4和CO_2，实现对其厌氧、好氧联合降解过程。

参考文献

[1] 中国大百科全书总编辑委员会. 中国大百科全书：环境科学[M]. 北京：中国大百科全书出版社，1998.

[2] Bruce E. Rittmann, Perry L. McCarty, Environmental Biotechnology: Principles and Applications [M]. The McGraw-Hill Companies, Inc, 2001.

[3] 张自杰，林荣忱，金儒霖. 排水工程(第四版)[M]. 北京：中国建筑工业出版社，2006.

[4] 高廷耀，顾国维，周琪. 水污染控制工程(第三版)[M]. 北京：高等教育出版社，2007.

[5] 龙腾锐，何强. 排水工程(第2册)[M]. 北京：中国建筑工业出版社，2011.

[6] 王凯军，贾立敏. 升流式厌氧污泥床(UASB)反应器的设备化研究[J]. 给水排水，2001，27(4)：85-89.

[7] 郑平. 厌氧活性污泥的颗粒化及其影响因素[J]. 环境污染与防治，1990，12(1)：12-15.

[8] HUANG Xia, GUI Ping, FAN XiaoJun, et al. Study on the progress of membrane bioreactor technology for wastewater treatment [J]. Research of Environmental Sciences, 1998, 11(1): 40-44.

[9] Ting Liu, ZhongLin Chen, WenZheng Yu, et al. Characterization of organic membrane foulants in a submerged membrane bioreactor with pre-ozonation using three-dimensional excitation-emission matrix fluorescence spectroscopy [J]. Water Research, 2011, 45(5):2111-2121.

[10] XiaoLi Yang, HaiLiang Song, JiLai Lu, et al. Influence of diatomite addition on membrane fouling and performance in a submerged membrane bioreactor [J]. Bioresource Technology, 2010,101(23): 9178-9184.

[11] W S Guo, Vigneswaran S, H H Ngo, et al. The role of a membrane performance enhancer in a membrane bioreactor: a comparison with other submerged membrane hybrid systems [J]. Desalination, 2008, 231(1-3):305-313.

[12] Ronan T, Romuald T, Annabelle C, et al. Ozonation effect on natural organic matter adsorption and biodegradation—Application to a membrane bioreactor containing activated carbon for drinking water production[J]. Water Research, 2010, 44(3): 781-788.

[13] Jia R Y, Jing D F, Li H X, et al. Membrane bioreactor process for removing selected antibiotics from waste water at different solids retention times[J]. Fresenius Environmental Bulletin, 2011, 20 (3a): 754-763.

[14] Seo G T, Moon B H, Lee T S, et al. Non-woven fabric filter separation activated sludge reactor for domestic wastewater reclamation [J]. Water Science and Technology, 2003, 47(1):133-138.

[15] Judd S. The status of membrane bioreactor technology[J]. Trends in Biotechnology, 2008, 26(2): 109-116.

[16] Liao B Q, Kraemer J T, Bagley D M. Anaerobic membrane bioreactors: applications and research directions[J]. Critical Reviews in Environmental Science and Technology, 2006, 36(6): 489-530.

[17] Yang W, Cicek N, Ilg J. State-of-the-art of membrane bioreactors: Worldwide research and commercial applications in North America[J]. Journal of Membrane Science, 2006, 270(1-2): 201-211.

[18] Wang Z W, Wu Z C, Mai S H, et al. Research and applications of membrane bioreactors in China: Progress and prospect[J]. Separation and Purification Technology, 2008, 62(2): 249-263.

[19] Kazuo Y, Masami H, Talat M, et al. Direct solid-liquid separation using hollow fiber membrane in an activated sludge aeration tank[J]. Water Science and Technology, 1989, 21(4-5): 43-54.

[20] Martin Brockmann, Carl F Seyfried. Sludge activity under the conditions of crossflow microfiltration [J]. Water Science and Technology, 1997, 35(10):173-181.

[21] 孟凡生，王业耀. 膜生物反应器在我国的研究发展展望[J]. 水资源保护，2005, 21(4):1-3.

[22] Stephenson T, Judd S, Jefferson B, et al. Membrane Bioreactors for Wastewater Treatment[M]. London: IWA publishing, 2000.

[23] Smith C V, Gregorio D, Talcott R M. The use of ultrafiltration membranes for activated sludge separation[C]. Ann Arbor: Purdue University, 1969:1300-1310.

[24] Hardt F W, Clesceri L S, Nemerow N L, et al. Solids separation by ultrafiltration for concentrated activated sludge [J]. Research Journal of Water Pollution Control Federation, 1970, 42 (12): 2135-2148.

[25] A D Bailey, G S Hansford, P L Dold. The use of crossflow microfiltration to enhance the performance of an activated sludge reactor[J]. Water Research, 1994, 28(2):297-301.

[26] E B Muller, A H Stouthamer, H W van Verseveld, et al. Aerobicdomestic waste water treatment in a pilot plant with complete sludge retention by cross-flow filtration [J]. Water Research, 1995, 29(4): 1179-1189.

[27] Botha G R, Sanderson R D, Buckley C A. Brief historical review of membrane development and membrane application in wastewater treatment in Southern Africa[J], Water Science and Technology, 1992, 25(10):1-4.

[28] C Chiemchaisri, Y K Wong, T Urase, et al. Organic stabilization and nitrogen removal in membrane separation bioreactor for domestic wastewater treatment[J]. Water Science and Technology, 1992, 25

(10):231 - 240.

[29] T Ueda, K Hata. Domestic wastewater treatment by a submerged membrane bioreactor with gravitational filtration[J]. Water Research, 1999, 33(12):2888 - 2892.

[30] 郑祥,魏源送,樊耀波,等.膜生物反应器在我国的研究进展[J].给水排水,2002,28(2):105 - 110.

[31] A E Marcinkowsky, K A Kraus, H O Phillips, et al. Hyperfiltration studies(Ⅳ) salt rejection by dynamically formed hydrous oxide membranes[J]. Journal of the American Chemical Society, 1966, 88 (24):5744 - 5746.

[32] Kishihara S, Tamaki H, Fujii S, et al. Clarification of technical sugar solution through a dynamic membrane formed on a porous ceramic tube[J]. Journal of Membrane Science, 1989, 41:103 - 114.

[33] 张建,邱宪锋,高宝玉,等.动态膜生物反应器中动态膜的作用和结构研究[J].环境科学,2007,28 (1):147 - 115

[34] Bin Fan, Xia Huang. Characteristics of a self-forming dynamic membrane coupled with a bioreactor for municipal wastewater treatment[J]. Environment Science and Technology, 2002, 36(23): 5245 -5251.

[35] HongBo Liu, ChangZhu Yang, WenHong Pu, et al. Formation mechanism and structure of dynamic membrane in the dynamic membrane bioreactor[J]. Chemical Engineering Journal, 2009, 148(2 - 3): 290 - 295.

[36] 张颖,顾平,王启山.预膜法用于控制膜生物反应器膜污染 [J].天津大学学报,2006, 39(S1): 316 -319.

[37] 卓琳云,李俊,陈季华,等.高岭土动态膜的制备 [J].膜科学与技术,2006,26(3):37 - 40.

[38] YiJiang Zhao, Yi Tan, Fook-Sin Wong, et al. Formation of dynamic membranes for oily water separation by crossflow filtration [J]. Separation and Purification Technology, 2005, 44(3): 212 -220.

[39] Na L, ZhongZhou L, ShuGuang X. Dynamically formed poly(vinyl alcohol) ultrafiltration membranes with good antifouling characteristics[J]. Journal of Membrane Science, 2000, 169(1): 17 -28.

[40] Li F, Chen J, Deng C. The kinetics of crossflow dynamic membrane bioreactor[J]. Water SA, 2006,32(2): 199 - 204.

[41] Ye M, Zhang H, Wei Q, et al. Study on the suitable thickness of a PAC-precoated dynamic membrane coupled with a bioreactor for municipal wastewater treatment[J]. Desalination, 2006, 194 (1 - 3): 108 - 120.

[42] Zhang H, Qiao S, Ye M, et al. Domestic wastewater treatment with precoating dynamic membrane bioreactor[J]. Acta Science Cirumstantiae, 2005, 25(2): 249 - 253.

[43] 林新斌,傅大放.非织造布动态膜生物反应器处理生活污水的研究 [J].中国给水排水,2007, 23 (13): 66 - 68.

[44] 范彬,黄霞,文湘华,等. 微网生物动态膜过滤性能的研究 [J]. 环境科学,2003,24(1): 91 - 97.

[45] Lee J, Ahn W Y, Lee C H. Comparison of the filtration characteristics between attached and suspended growth microorganisms in submerged membrane bioreactor[J]. Water Research, 2001, 35 (10): 2435 - 2445.

[46] Zhou X H, Shi H C, Cai Q, et al. Function of self-forming dynamic membrane and biokinetic parameters' determination by microelectrode[J]. Water Research, 2008, 42(10 - 11): 2369 - 2376.

[47] 徐国良,樊耀波,杨文静,等.动态膜生物反应器技术的研究现状及发展方向[J].中国给水排水,

2011,27(18):29－32.
[48] 马强.序批式动态膜生物反应器工艺特性试验研究[D].[硕士学位论文].南京:东南大学土木工程学院,2008.
[49] 熊江磊.自生动态膜的形成及其过滤性能研究[D].[硕士学位论文].南京:东南大学,2010.
[50] Yoshiaki Kiso,YongJun Jung,Takashi Ichinari,et al. Wastewater treatment performance of a filtration bio-reactor equipped with a mesh as a filter material[J]. Water Research,2000,34(17):4143－4150.
[51] Yoshiaki Kiso, YongJun Jung, MinSoo Park, et al. Coupling of sequencing batch reactor and mesh filtration:Operational parameters and wastewater treatment performance[J]. Water Research,2005,39(20):4887－4898.
[52] 傅大放,段文松,韩林辰,等.序批式生物反应器中自生动态膜的成分与结构分析[J].化工学报,2009, 60(6):1568－1572.
[53] MinChao Chang,RenYang Horng,Hsin Shao,et al. Performance and filtration characteristics of non-woven membranes used in a submerged membrane bioreactor for synthetic wastewater treatment[J]. Desalination,2006,191(1－3):8－15.
[54] Alavi Moghaddam M R,Satoh H,Mino T. Effect of important operational parameters on performance of coarse pore filtration activated sludge process[J]. Water Science and Technology, 2002, 46(9): 229－236.
[55] 范彬,黄霞,栾兆坤.出水水头对自生生物动态膜过滤性能的影响[J].环境科学,2003,24(5):65－69.
[56] 董滨,傅钢,余柯,等.水头差对动态膜组件出水通量及浊度的影响[J].净水技术,2006(5):9－11.
[57] LiBing Chu, ShuPing Li. Filtration capability and operational characteristics of dynamic membrane bioreactor for municipal wastewater treatment[J]. Separation and Purification Technology,2006,51(2):173－179.
[58] 高松.动态膜生物反应器工艺研究[D].[硕士学位论文].上海:同济大学环境科学与工程学院,2005.
[59] Field R W,Wu D,Howell J A,et al. Critical flux concept for microfiltration fouling[J]. Journal of Membrane Science,1995,100(3):259－272.
[60] 徐五英.A/O—动态膜生物反应器处理城市生活污水的试验研究[D].[硕士学位论文].南京:东南大学市政工程系,2008.
[61] Gander M A,B Jefferson,Judd S J. Membrane bioreactor for use in small wastewater treatment plants: membrane materials and effluent quality[J]. Water Science and Technology, 2000, 41(1): 205－211.
[62] 林玉姣.膜基材料对动态膜生物反应器运行特性的影响[D].[硕士学位论文].南京:东南大学市政工程系,2008.
[63] XiangHao Ren, H K Shon, NamJung Jang, et al. Novel membrane bioreactor (MBR) coupled with a nonwoven fabric filter for household wastewater treatment[J]. Water Research, 2010,44(3): 751－760.
[64] XiuFen Li,FangShu Gao,ZhaoZhe Hua,et al. Treatment of synthetic wastewater by a novel MBR with granular sludge developed for controlling membrane fouling[J]. Separation and Purification Technology,2005,46(1－2):19－25.
[65] 傅大放,林玉姣.几种不同基材动态膜生物反应器污泥层性质分析[J].化工学报,2008,59(10):2596－2600.
[66] XiaoHong Zhou, HanChang Shi, Qiang Cai,et al. Function of self-forming dynamic membrane and

biokinetic parameters' determination by microelectrode[J]. Water Research, 2008,42(10－11):2369－2376.

[67] 吴盈禧,蔡强,周小红,等. 基于溶解氧微电极的动态膜特性的在线研究方法[J]. 环境科学,2005,26(2):113－117.

[68] Wu J, Chen F, Huang X, et al. Using inorganic coagulants to control membrane fouling in a submerged membrane bioreactor[J]. Desalination,2006,197(1－3):124－136.

[69] Koseoglu H, Yigit N O, Iversen V, et al. Effects of several different flux enhancing chemicals on filterability and fouling reduction of membrane bioreactors (MBR) mixed liquors[J]. Journal of Membrane Science, 2008, 320(1－2):57－64.

[70] 林新斌. 动态膜生物反应器处理高速公路服务区污水 [D]. [硕士学位论文]. 南京:东南大学土木工程学院,2007.

[71] 朱亚文. 复合式动态膜生物反应器强化脱氮的性能研究[D]. [硕士学位论文]. 南京:东南大学市政工程系,2011.

[72] 徐晓光. 动态膜生物反应器中溶解性有机物的强化去除[D]. [硕士学位论文]. 南京:东南大学市政工程系,2011.

[73] 李澄. 海绵基材动态膜生物反应器及其对二氯酚降解性能[D]. [硕士学位论文]. 南京:东南大学市政工程系,2011.

第二章　自生动态生物膜系统的影响因素

由于动态膜在线生成，不断变化，动态膜生物反应器（Dynamic Membrane Bioreactor，DMBR）的运行受到诸多因素的影响，绪论中总结了部分学者的研究成果。下面主要讨论停留时间、气水比、临界通量和膜基材料对自生动态膜生物反应器运行的影响。

2.1　水力停留时间对系统处理效果的影响

在污水处理系统的设计中，水力停留时间（HRT）是一个重要的参数。合适的水力停留时间，应是在确保污染物得到有效去除的基础上，尽可能减小反应器容积，节省占地和投资。曝气量（气水比）是另一个重要参数。在 DMBR 中曝气除了给污泥混合液供氧外，还起到形成错流冲刷膜表面以延缓膜污染的作用。适宜的气水比应在提供充足的氧源和有效的膜面剪切力的同时尽可能减小动力消耗。

根据以往的研究[1]，DMBR 具有通量大的优势，稳定运行时膜通量可达 40 L/(m^2 · h)。试验中当通量范围选为 20～50 L/(m^2 · h)时，相应的 HRT 范围为 8.3～20.8 小时。

因此试验中 HRT 分别选取 8 小时、12 小时、16 小时。试验采用非织造布为动态膜基材，考察不同 HRT 下动态膜生物反应器对生活污水 COD、NH_3—N、TN 和 TP 的去除效果。

2.1.1　水力停留时间对 COD 去除效果的影响

图 2.1(A)反映了气水比为 30∶1，不同 HRT 时 DMBR 对 COD 的去除效果。当 HRT 分别为 8 小时、12 小时、16 小时时，相应的出水 COD 平均去除率为 88.2%、89%、90.8%。由此可见，水力停留时间在 8～16 小时之间变动时，对 COD 去除效果的影响不大。这是因为：

(1) DMBR 反应器可以达到较高的污泥浓度，具有高体积负荷、低污泥负荷的特点，能够适应不同水力停留时间下的 COD 负荷。

(2) DMBR 膜组件表面凝胶层对大分子有机物的截留作用也保证了出水水质。

因此在实际工程应用中水力停留时间可适当缩短以节省投资。但需要注意的是，水力停留时间过短则意味着 DMBR 的通量过大，极易加速膜污染过程，不利于系统的长期运行。另外在 DMBR 的长期运行中，反应器中会积累可溶性微生物代谢产物（SMP），SMP 的降解速率很低，需要很长的适应期，如果水力停留时间过短，SMP 得不到有效降解，由于浓差极化等原因将成为膜污染因素的一部分，造成膜通量下降，系统不能正常运行[2-3]。

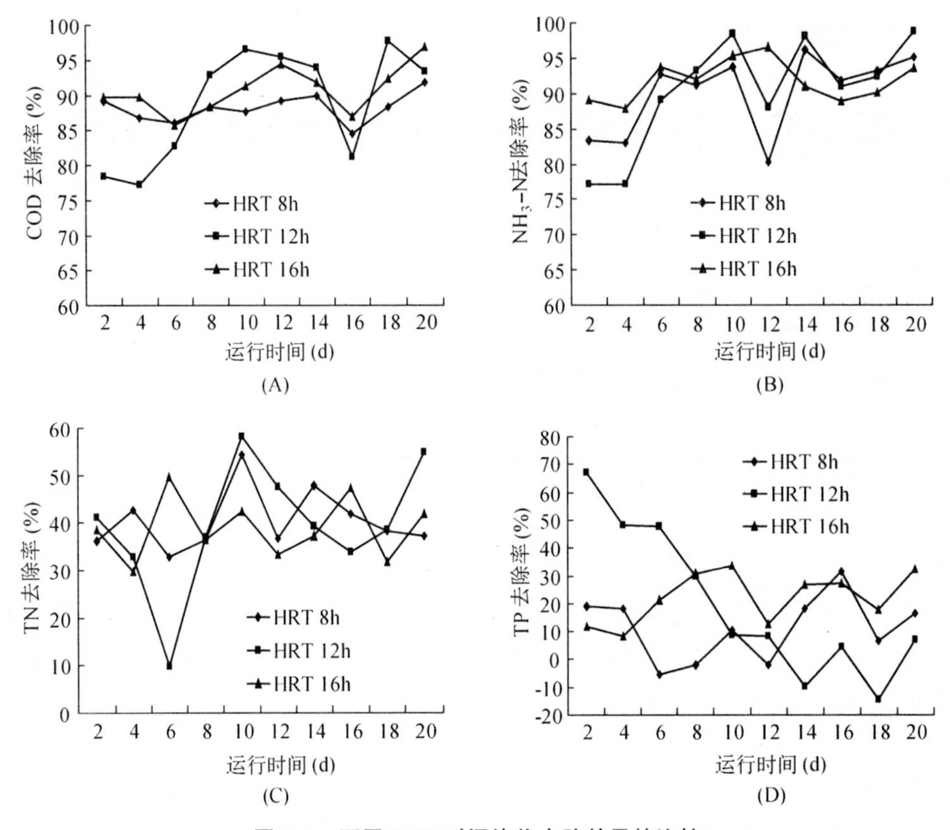

图 2.1　不同 HRT 时污染物去除效果的比较

2.1.2　水力停留时间对 NH_3—N 去除效果的影响

图 2.1(B)反映了气水比为 30∶1,不同 HRT 时 DMBR 对 NH_3—N 的去除效果。当 HRT 分别为 8 小时、12 小时、16 小时时,相应的出水 NH_3—N 平均去除率为 90.1%、90.3%、91.8%。和 COD 的去除情况类似,水力停留时间在 8～16 小时之间变动时,对 NH_3—N 去除效果的影响也不大。

这可以归结为由于动态膜对活性污泥的截留使 DMBR 系统中水力停留时间和生物固体平均停留时间(SRT)的分离,世代时间较长的硝化菌可以在反应器内充分生长积累,不受水力停留时间的影响。因此系统在不同的 HRT 时,对 NH_3—N 始终有着较高的去除率。

2.1.3　水力停留时间对 TN 去除效果的影响

图 2.1(C)反映了气水比为 30∶1,不同 HRT 时 DMBR 对 TN 的去除效果。当 HRT 分别为 8 小时、12 小时、16 小时时,相应的出水 TN 平均去除率为 40.5%、39.3%、38.8%。可以看出,水力停留时间在 8～16 小时之间变动时,对 TN 去除效果的影响不大。

分析认为试验中 TN 去除率主要受制于反硝化过程,而影响反硝化反应的因素 BOD_5、TN、pH、DO、温度均不受水力停留时间的影响,所以水力停留时间(≥8 h)对 TN 去除率的影响不大。

2.1.4　水力停留时间对 TP 去除效果的影响

图 2.1(D)反映了气水比为 30∶1,不同 HRT 时 DMBR 对 TP 的去除效果。比较各工况下的 TP 去除效果,发现水力停留时间的延长有助于 TP 去除率的提高,试验中当 HRT 从 8 小时增加到 16 小时时,TP 的平均去除率从 11.1%增加到 22.3%,分析认为是 TP 的负荷减小的缘故。

2.2　气水比对系统处理效果的影响

在 MBR 中气水比一般取为 20∶1～30∶1,在此基础上试验中气水比分别选取 15∶1、30∶1、60∶1。

以 HRT、气水比为变化因子,选取了以下五种工况进行试验(见表 2.1):

表 2.1　试验工况

序号变量	HRT(h)	气水比
1	12	30∶1
2	8	30∶1
3	16	30∶1
4	12	15∶1
5	12	60∶1

工况 1、4、5 控制 HRT 为 12 小时,气水比分别为 30∶1、15∶1、60∶1,考察不同气水比时的处理效果。

2.2.1　气水比对 COD 去除效果的影响

图 2.2(A)反映了 HRT 为 12 小时,不同气水比时 DMBR 对 COD 的去除效果。当气水比分别为 15∶1、30∶1、60∶1 时,相应的出水 COD 平均去除率为 88.7%、89%、92%。可以看出,当气水比在 15∶1～60∶1 之间变化时,COD 去除效果受气水比的影响不大。

这是因为 DMBR 中为了形成错流冲刷膜表面,气水比要大于活性污泥法中的要求(活性污泥法中气水比为 8∶1 左右)。根据测量结果,在试验所选取的气水比条件下,混合液中 DO 平均浓度介于 2～4 mg/L 之间,DO 已不再是影响有机物去除效果的限制因素。

2.2.2　气水比对 NH_3—N 去除效果的影响

图 2.2(B)反映了 HRT 为 12 小时,不同气水比时 DMBR 对 NH_3—N 的去除效果。当气水比分别为 15∶1、30∶1、60∶1 时,相应的出水 NH_3—N 平均去除率为 88.4%、90.3%、91.9%。可以看出,当气水比在 15∶1～60∶1 之间变化时,其对 NH_3—N 去除效果的影响不大。

有研究表明[4],NH_3—N 去除率的高低和混合液 DO 浓度的高低有着直接的关系。氧是硝化反应过程中的电子受体,反应器内较低的 DO 必将影响硝化反应的进程,据试验结果证实,DO 低于 1 mg/L 时 NH_3—N 的去除率就有显著下降[5]。但在上述气水比下测得的混合液中DO平均浓度均大于2 mg/L,此时DO对NH_3—N去除率的影响已经可以忽略。

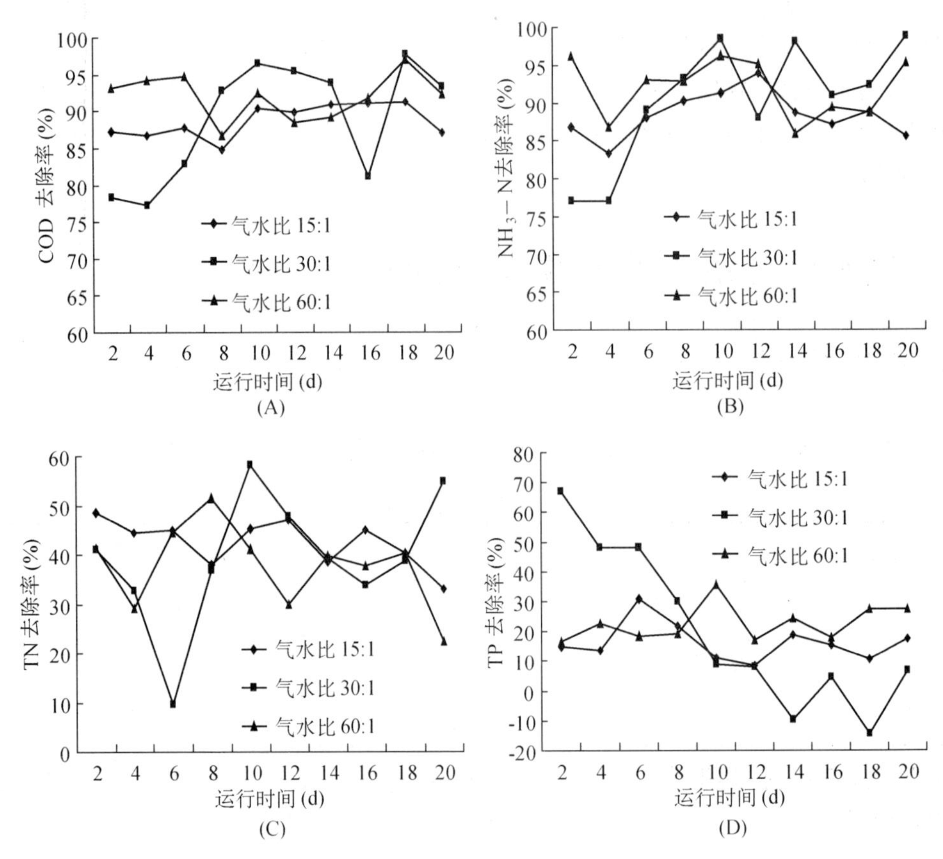

图 2.2　不同气水比时污染物去除效果的比较

2.2.3　气水比对TN去除效果的影响

图2.2(C)反映了HRT为12小时,气水比分别为15∶1、30∶1、60∶1时DMBR对TN的去除效果。试验数据表明,随着气水比从15∶1增加到60∶1,TN的平均去除率有所下降,从42.5%降至35.8%。

分析认为虽然在上述气水比条件下混合液中DO平均浓度均在2 mg/L以上,但反应器中由于水力循环短路出现局部厌氧,污泥颗粒内部也存在厌氧环境,正是这些厌氧环境提供了反硝化反应的空间。随着气水比的增加,水力搅拌强度增强,污泥颗粒粒径变小,颗粒内部的厌氧区域也变小,压缩了反硝化反应的空间,造成TN平均去除率的下降。

2.2.4　气水比对TP去除效果的影响

图2.2(D)反映了HRT为12小时,气水比分别为15∶1、30∶1、60∶1时DMBR对TP的去除效果。当气水比分别为15∶1、30∶1、60∶1时,相应的出水TP平均去除率为16.3%、19.8%、22.7%。可以看出,随着气水比的增加,TP的平均去除率有所增加。分析认为,气水比的增加改善了水力循环条件,更多的氧进入厌氧区域,减少了磷的释放。

2.3　膜基材对系统处理效果的影响

构成动态膜分离层的物质通常是分散在混合液中的各类胶体物质，可以是有机胶体，也可以是无机胶体。在以往的文献中，各种金属的水合氧化物是常见的动态膜成膜材料，其中尤以水合氧化锆为主，辅以有机胶体材料（聚丙烯酸）对形成的无机胶体层进行改性。油酸钙、硫酸钙和聚乙烯吡啶也可以形成动态膜[6]。

廉价的粗网材料如筛网、无纺布、工业滤布、金属筛网等，是较为常见的膜基材。

2.3.1　单层基材的性能及对系统的影响

2.3.1.1　膜基材料的物理性能

污染物在膜表面的吸附与膜材料的性质密切相关，选取不同亲水性聚合物膜材料，膜的耐污染性能不同，膜的渗透分离性能也有所不同。对膜生物反应器工艺来说，影响膜基材料吸附性质和渗透性能的参数包括膜材质、膜孔径大小、孔隙率、亲疏水性、垂直渗透系数和粗糙度等，膜材料单位面积质量也会影响到膜的耐污染性[5]。

在本研究中，选择材料的物理性能有如下几个方面：吸水率、孔隙率、单位面积质量、垂直渗透系数等。具体数据如表 2.2 所示。

表 2.2　材料的物理性能

材料种类	单位面积质量（g/m^2）	原材料密度（g/cm^3）	织物厚度（mm）	孔隙率（%）	孔径（μm）	吸水率（%）	垂直渗透系数（cm/s）
聚酯无纺布	400	0.91	1.6	80.77	100	85.56	2.4
聚丙烯无纺布	400	1.3	1.6	72.53	100	81.26	2.9
聚酯筛网	45	1.3	0.11	68.53	150	48.5	2.9
尼龙筛网	52	1.09	0.11	26.26	150	40.84	3.6

材料的吸水率反映包括材料表面和内部主体在较长时间内的亲/疏水性，最大的吸水率表现出最好的亲水性。普遍认为膜的亲水化程度越高（即水的接触角越小）越耐污染。各膜基材料吸水率对比与理论计算结果一致。

可见虽然孔径相同，无纺布材料的克重、织物厚度、孔隙率均要高于筛网，亲水性也要好于筛网。图 2.3 为四种过滤材料的电镜扫描图，由图可以看出无纺布属于非织造布，孔径分布不均匀，且表面粗糙，而筛网属于织造布，孔径均匀，表面光滑。

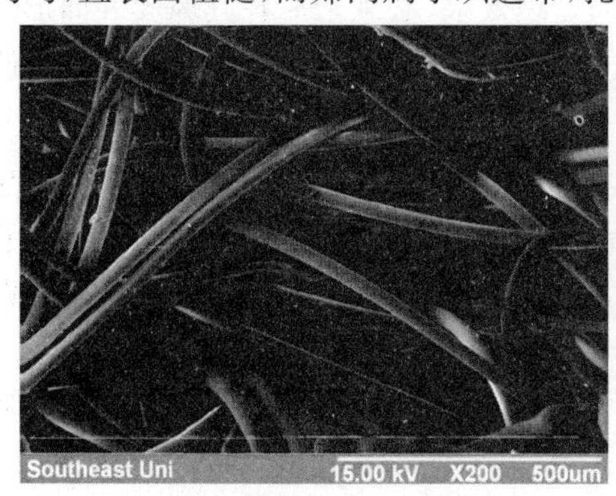

(a) 涤纶（聚酯）无纺布电镜图

(b) 丙纶（聚丙烯）无纺布电镜图

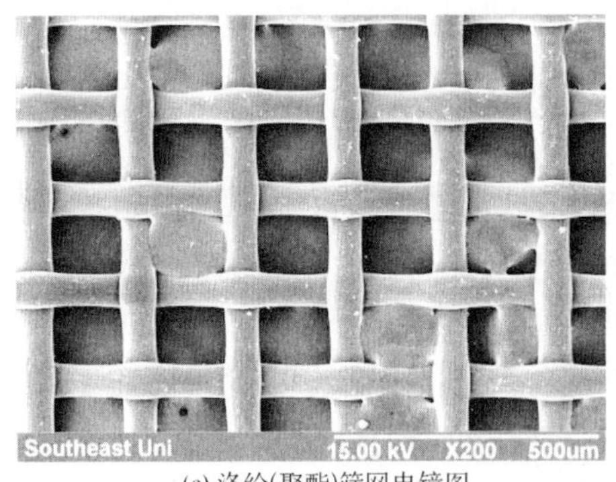

(c) 涤纶(聚酯)筛网电镜图

(d) 尼龙筛网电镜图

图 2.3 四种材料新膜电镜扫描图

2.3.1.2 挂膜特性与过滤性能

1）前期挂膜特性

在反应器的启动阶段，采用间歇培养，闷曝 24 小时，停曝，静置 1 小时，然后排出 1/2 废水，并注入相同量的新鲜污水。如此反复进行闷曝、静沉和进水三个过程，直到膜面形成稳定生物膜，见图 2.4。

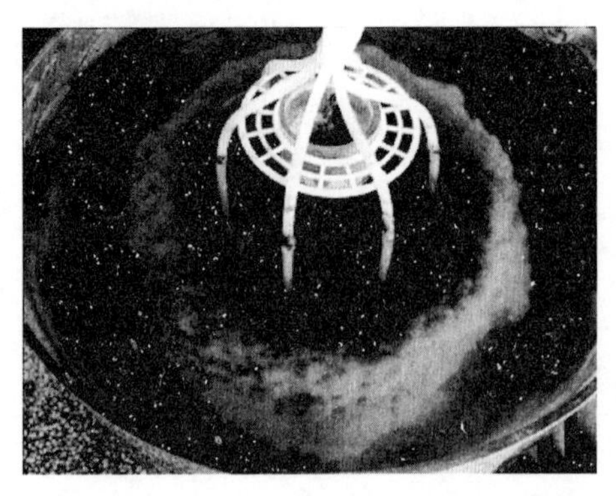

图 2.4 膜组件运行挂膜情况

能够有效地进行泥水分离，截留微生物，提高出水水质是膜生物反应器的突出优点。自生生物动态膜反应器膜采用 100 μm 孔径膜基材料，而传统活性污泥工艺污泥平均粒径为 104 μm，膜生物反应器工艺平均粒径略小，为 85 μm[7]，显然，仅靠膜组件本身无法有效地截留 SS。而自生生物动态膜反应器要达到良好的处理效果，必须依靠在其原膜表面形成的生物质层——自生生物动态膜。能否对 SS 形成良好的截留效果是判断自生生物动态膜形成的关键，也是自生生物动态膜反应器能够正常运行的前提。自形成动态膜的生成是一个基本连续的过程。因此，对于自生生物动态膜来说，其形成的过程本质上就是分离过程中的浓差极化和膜污染引起的通量下降和截留能力提高的过程。自生生物动态膜的形成过程就是从过滤开始到原膜表面的膜污染层形成过程，该污染层增加的膜的截留能力即是使膜对 SS 形成截留能力的过程。

在正常运行的过程中，无纺布材料的聚酯和聚丙烯膜表面粗糙，挂膜容易且不易脱落，2 天形成生物膜，7 天形成稳定的生物膜。停止曝气一段时间，将污泥沉降到膜面以下后，可以发现动态膜组件表面有明显的厚度为 0.5～1 cm 的生物质层，从外观结构来看，生物基质由外向里分别为可逆污染层和不可逆污染层。可逆污染层和不可逆污染层的结合较为松散，在把膜组件从反应器中取出的过程中发现可逆层的污泥絮团大量脱落，将取出的膜片浸于清水中并缓慢地上下抖动数次，残留的可逆层几乎完全脱落。可逆层脱落后残留一层与膜面紧密结合的生物质层，称为不可逆污染层。不可逆层表面呈胶状，比较光滑。筛网材料的聚酯和尼龙膜由于表面较为光滑，挂膜易脱落，膜生长阶段应采用适宜曝气强度，约 2 周左右形成稳定的生物膜。

2）动态膜对 SS 的截留效果及通量变化

与传统的活性污泥法污水处理工艺比较，膜生物反应器工艺的最大优点是通过膜的高效截留作用获得良好的固液分离效果，使出水中的 SS 大大降低。这样，一方面可以获得较高的出水水质，另一方面也可以使反应器内保持较高的污泥浓度，使反应器在高容积负荷、低污泥负荷下运行。动态膜生物反应器内污泥粒径较小，绝大部分物料的粒径小于 85 μm，从图 2.5 可以看出，反应器运行初期，膜表面尚未形成动态膜，污泥透过膜流出反应器，导致出水 SS 及浊度较高。随着运行时间的延长，反应器内混合液在膜表面形成动态膜，浊度降低较快，表明动态膜在较短时间内形成并能够达到良好的过滤效果。

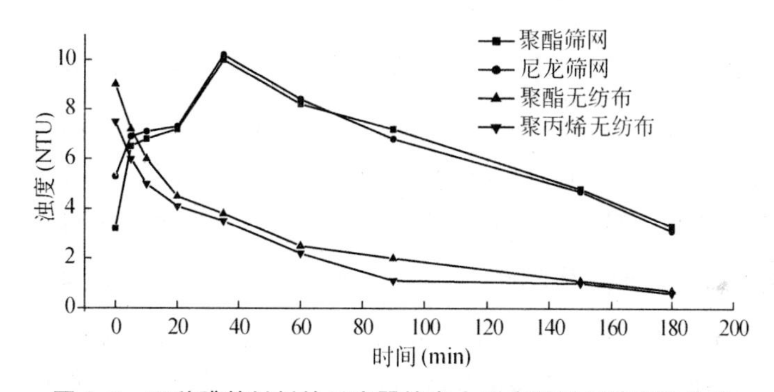

图 2.5　四种膜基材料的反应器的出水浊度随时间的变化曲线

将新膜组件置于反应器中开始运行，从浊度变化曲线观察：从反应器开始出水计时，无纺布随运行时间的延长，浊度迅速下降，至 120 分钟时，浊度降到了 2 NTU 左右；而筛网浊度变化曲线是先上升后下降，至 150 分钟时，浊度降到了 5 NTU 左右，能够满足中水洗车和环卫用水的要求。出现浊度这种先上升后下降的现象，可能是由于未使用的新膜基材料与使用的材料表面存在疏水性的差异。将新膜片浸没在水中一段时间，可以发现膜片上附着很多细小的气泡，这说明新鲜的膜片表面具有一定的疏水性，水从网孔中通过时产生额外阻力，致使大量的细小污泥被阻拦；而膜片使用一段时间后，由于大量的微生物产物吸附或黏附，表面变得更亲水，水透过的阻力反而变小，但是未形成成熟的动态膜，造成部分小颗粒污泥透过膜致使出水浊度上升。将膜件取出清洗时，导致部分污泥流失，但生物膜可迅速恢复，浊度迅速降低至 5 NTU 以下。

在 DMBR 系统性能的研究和工程应用中，膜通量(定义为单位时间内单位面积上通过的流体体积)是一个十分重要的概念。实际工程中，在确保处理效果的前提下，希望膜通量越大越好以便减小反应器体积、节省投资，但过大的膜通量极易引起严重的膜污染而导致无法正常出水。因此,寻找一个合适的满足工程需要的膜通量就显得尤为重要。

前人的研究[8]中认为出水水头 5 cm,可以稳定出水。部分学者[4]认为在低于 10 mm 的水头下可以稳定运行 2～5 个月而不发生膜污染。在本研究中采用恒压过滤,考虑到动态膜生物反应器采用膜孔径较大的膜材料,具有小水头自流出水、通量大的优点,采用出水水头压差为 16 mm。出水通量变化如图 2.6 所示,可以看出在出水水头压差为 16 mm 时,动态膜生物反应器处理模拟生活污水可以稳定运行 1 个月,1 个月后通量迅速下降,膜污染严重。但进行水力清洗后,通量几乎完全恢复。

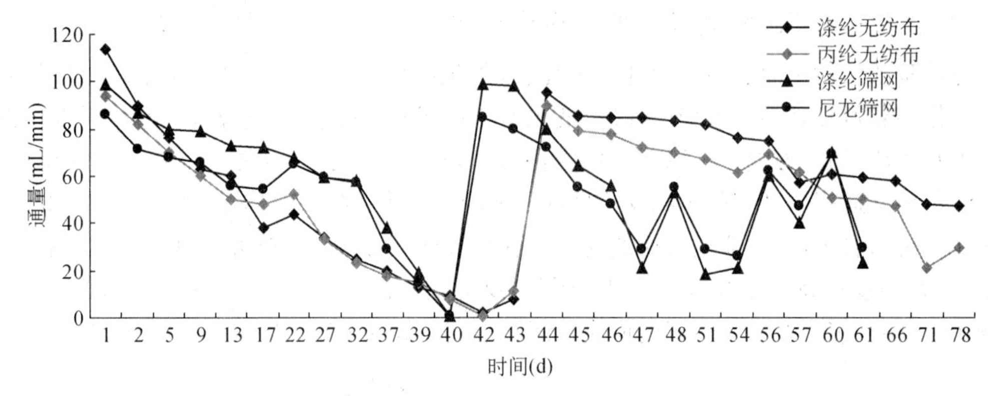

图 2.6 四种膜基材料的反应器的运行通量随时间变化曲线

由图可以看出,无纺布膜材料在进行物理冲洗通量恢复后,可以稳定运行 1 个月而通量下降缓慢,但是筛网在冲洗后,通量下降速率加快,半个月后出水下降至 20 mL/min。自此以后,物理冲洗只能维持通量稳定一天,筛网的不可逆污染较无纺布严重。

3) DMBR 中微型动物种群特征

微生物是污水生物处理中的作用主体,微型动物是其中的重要组成部分,它们可以维持微生态的稳定,通过捕食作用与细菌相互制约,相互依存[2],保证污水处理的正常进行,提高出水水质。但目前有关膜生物反应器系统内微生物学变化及其对系统的影响研究大多表明,由于膜生物反应器污泥龄长且污泥浓度高,其混合液的微生物多样性通常低于活性污泥系统,微型动物的功能不能充分发挥[3]。动态膜生物反应器因过滤膜具有动态性特点,使得 DMBR 中的生物形态与 MBR 略有不同,强化了微型动物的功能和作用。

实验过程中,对 DMBR 膜面和混合液中的生物相进行了跟踪观察,部分生物相如图 2.7 所示,总结生物相有如下特点:

(1) 在挂膜培养初期,生物相丰富且数量较多,镜检观察到的生物有钟虫属、累枝虫属、盖虫属、独缩虫属及各种轮虫类、寡毛类等固着型种属,都是较为典型的活性污泥生物相。

(2) 随着反应器的运行,钟虫、累枝虫、轮虫类显著增加,逐渐发展为优势生物,主要固着在生物膜周围。并且生物群落得以演替到较高等级,具体表现为瓢体虫、寡毛虫数量增加。这主要因为生物膜有效地改善了混合液中污泥细碎的问题,为此类固着型纤毛虫大量繁殖提供了良好的生存环境[图 2.7(a)、(b)]。

(3) 随着膜基材料上动态膜的形成,膜面污泥层增厚,膜面污泥表面存在大量附着性微生物,如豆形虫类,少量的丝状菌和轮虫类[图 2.7(c)、(d)]。如此庞大的生物聚集体起到了去除上清液中有机物及氨氮的主要作用。

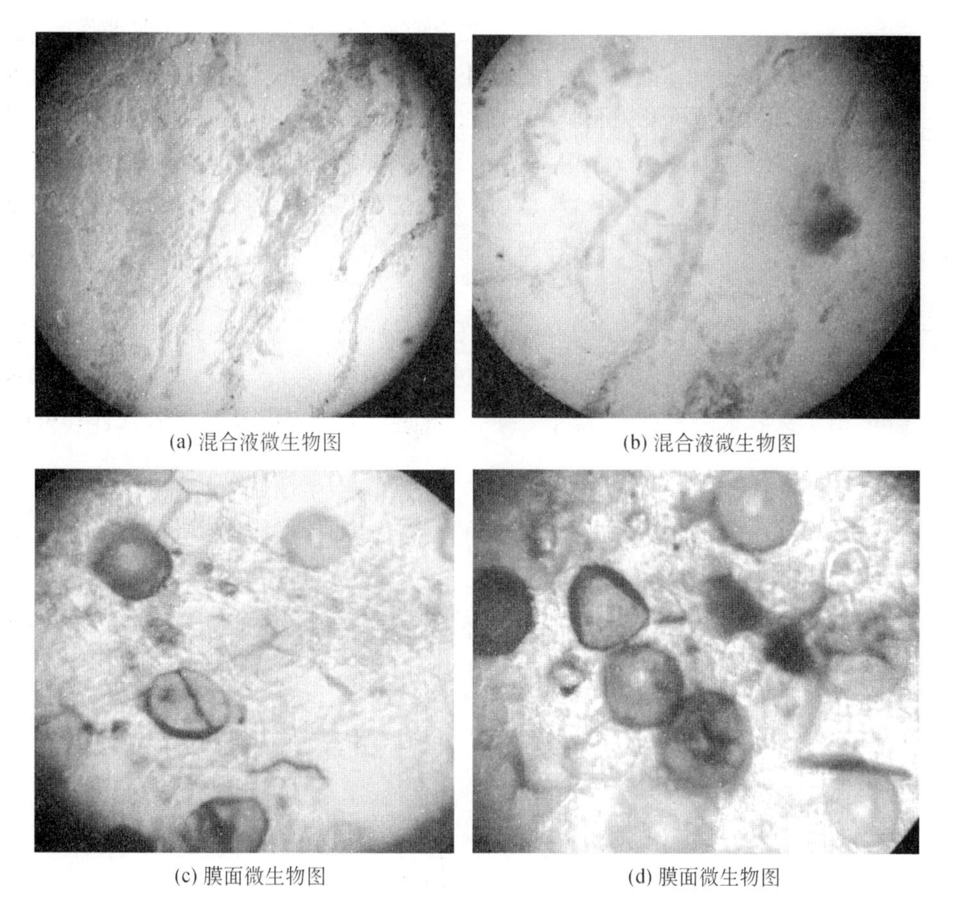

(a) 混合液微生物图　　(b) 混合液微生物图

(c) 膜面微生物图　　(d) 膜面微生物图

图 2.7　混合液及膜面微生物镜检

(4) 反应器运行后期，生物膜发展成熟，出现了累枝虫、钟虫类、轮虫类等典型动物占优势的现象。当反应器发生污泥膨胀时，丝状菌占主要优势，有少量的栉毛虫和漫游虫。对照混合液沉降性和上清液有机物的去除效果发现，当轮虫类、钟虫类占优势时，上清液有机物去除率升高；反之上清液有机物去除率下降。分析认为：轮虫类后生动物对水中细菌和细小颗粒悬浮物的大量捕食作用是混合液沉降性能提高的主要原因。

2.3.1.3　阻力特征

膜过滤有两种方式：终端过滤和错流过滤。在终端过滤的情形下，进料液正交地流过膜表面，所有被截留的微粒都沉积在膜表面，形成不断增厚的滤饼层。滤饼层同时也起到筛分的作用，所以随着膜过滤的进行，膜的渗透阻力会随着滤饼层的增厚而不断增加，膜的水通量则不断地衰减。由于滤饼层的形成引起水通量衰减的现象称为膜污染。在错流过滤的情形下，进料液流动的方向平行于膜表面。膜表面的一部分截留物被进料液的剪切作用(1～6 m/s)带走成为浓缩液。错流过滤有效地减轻了形成滤饼层带来的渗透阻力，有利于膜维持在较高的水通量下运行，因此成为目前膜生物反应器工艺普遍采用的方式。

1）DMBR的阻力分析

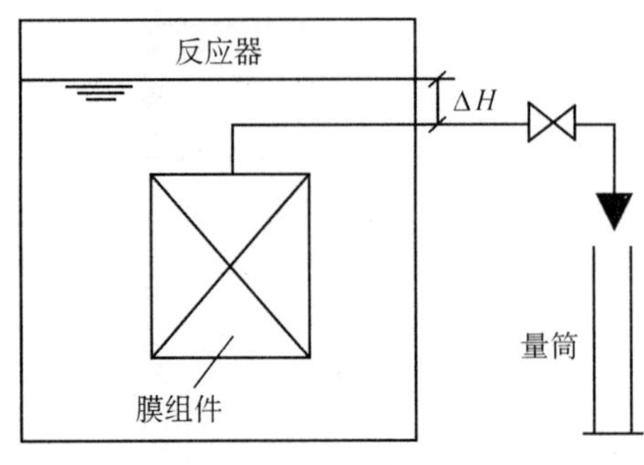

图 2.8　清水通量装置

在反应器装填污泥前，用自来水作滤液，测定不同压差下的清水通量，动态膜的清水通量的试验装置如图 2.8 所示，所用的清水为自来水。其清水通量实验时每次出水的体积为 100 mL。在出水的同时，为保持出水水头高度，小心地沿槽壁以相同的流速加入自来水，目的是在试验过程中减少实验误差。

以聚酯无纺布为例，测定清水通量起始运行时，清水通量为 29.7 L/(m^2·h)，实验出水水头压差为 16 mm，由于实验水温为 20 ℃，$\mu=1.008\,7\times10^{-3}$ Pa·s，根据达西公式计算可得：

$$R=1.87\times10^{10}\ \text{m}^{-1}$$

自生生物动态膜的过滤阻力较小，比传统的膜生物反应器过滤阻力小 2～3 个数量级。

2）不同膜材料阻力变化

测定试验的污泥黏度和出水通量，通过达西公式计算得到四种膜基材料在反应器运行过程中的阻力变化，如图 2.9 所示：

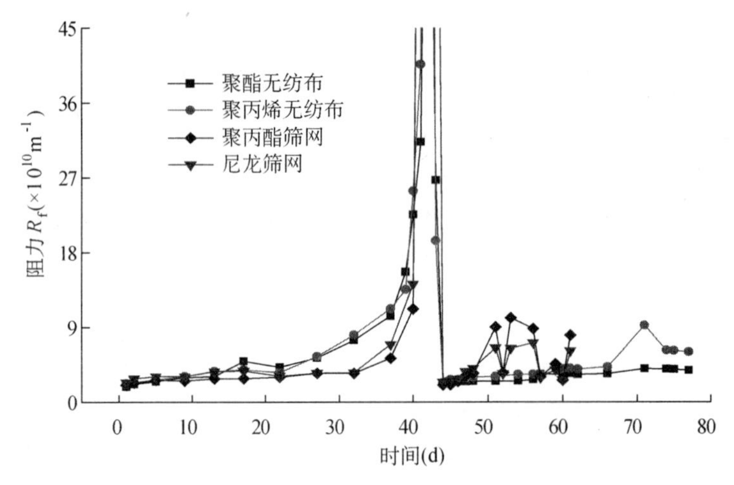

图 2.9　四种膜基材料的反应器的运行阻力随时间的变化曲线

由图 2.9 可知，整个动态膜反应器运行过程中，采用恒压操作，固定压差 16 mm。随着装置的运行，膜阻力缓慢上升。在近一个月的稳定运行后，阻力上升速率加快，在第 40 天左右，膜阻力突然上升，膜堵塞严重。经过水力清洗后，从图可以看出，无纺布的装置运行稳定，阻力恢复上升缓慢。而筛网在运行半个月后，阻力上升速率突然加快，之后每两天需要进行水力清洗才可保证其稳定运行，同时每次水力清洗后的不可逆阻力依然在不断增加。

由于水力原因，微生物絮凝物在膜表面形成临时性的滤饼层，胞外聚合物吸附在膜表面或孔道内壁而形成永久性覆盖。微生物絮凝物和胶体物质由于分离膜的截留作用在进料侧浓缩、聚集甚至结块成为滤饼层，这样由于水力作用形成的滤饼层有可能被错流过滤在膜表面形成的剪切力带走，所以它带来的渗透阻力具有临时性，属于可逆阻力。

从阻力分析角度来看，水力清洗后的阻力是对膜的渗透阻力产生永久性影响的不可逆阻力，包括小于膜孔的物质和胶体物质及溶解性大分子在膜孔中的堵塞和吸附，它们给膜带来的污染是永久性的。这些污染物的主体主要是胞外聚合物和溶解性微生物产物[9]，其中蛋白质和长链脂肪被认为是最主要的污染源。

从四种材料比较来看，筛网较无纺布更易发生膜面物质的堵塞和吸附。污染物在膜表面的吸附进一步促进滤饼层的增厚并最终导致膜通量急剧衰减。

2.3.1.4　去除效果

试验分为两组：聚酯无纺布和聚丙烯无纺布为一组，运行时间 60 天。聚酯筛网和尼龙筛网为一组，运行 60 天。定期测定进水、出水、上清液中的有机物、氨氮和总磷的浓度，考察动态膜生物反应器的去除效果，比较不同膜基材料构成的动态膜泥水分离的差异。

1）有机物的去除

由图 2.10 观察到，各膜基材料的 COD 去除率稳定在 94%左右，在运行的后期无纺布膜基材料出水效果要好于筛网。运行过程中，由出水与上清液的有机物含量来看，筛网形成的动态膜发挥了良好的生物去除效果，然而在运行的后期无纺布基材形成的动态膜发挥了良好的生物净化作用，使得后期无纺布的去除效果显著增强，出水有机物含量下降，去除率升高。

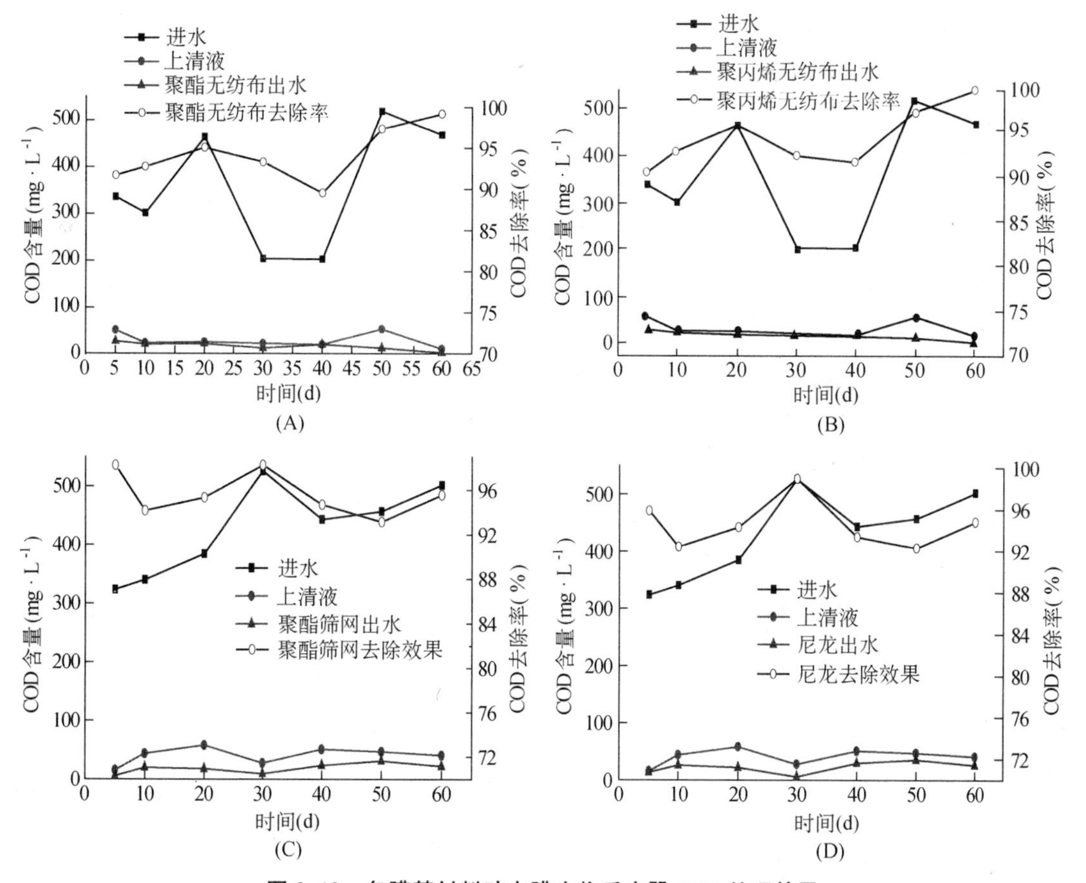

图 2.10　各膜基材料动态膜生物反应器 COD 处理效果

动态膜反应器长期运行下定期测定各膜基材料的出水有机物含量和去除效果，从图 2.12 可以看出，无纺布动态膜反应器随着运行时间延长，出水中的有机物含量逐渐减少，时间越长，出水效果越好，反应器停止运行时，出水的有机物含量低于 5 mg/L。而筛网的情况有所不同，随着运行时间延长，出水效果变差，反应器停止运行时出水有机物含量在 20 mg/L 以上。

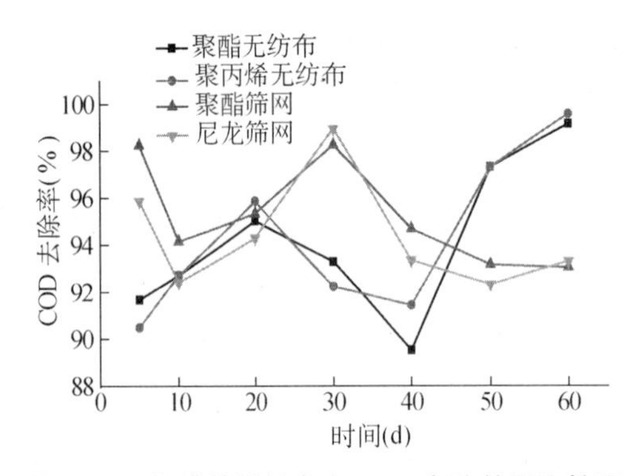

图 2.11　各膜基材料出水 COD 去除效果比较图

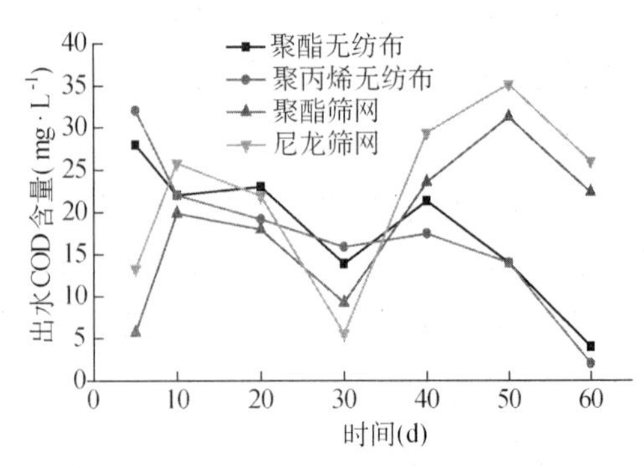

图 2.12　各膜基材料出水 COD 含量

由图 2.11 可以看出，出水的有机物去除率在 85%～99%波动，有机物去除效果良好，能够达到与微滤膜相当的去除效果，并且动态膜的去除效果比较稳定。但是在反应器运行后期，无纺布材料的有机物去除效果增强而筛网处于下降趋势。

有学者考察了 MBR 中膜对溶解性有机物的去除机理，研究认为膜去除溶解性有机物的作用主要表现在三个方面[10]。第一，通过膜孔本身的截留作用，也就是膜孔的筛滤作用；第二，通过膜孔和膜表面的吸附作用达到对溶解性有机物的去除；第三，通过膜表面形成的沉积层的筛滤和吸附作用去除溶解性有机物[11]。在 DMBR 中，选用的膜基材料的孔径远大于 MBR 中微滤/超滤膜的孔径，因此基质膜膜孔的直接筛滤只能起到次要作用，主要还得依靠膜表面形成的沉积层即动态膜。

综上所述，动态膜对上清液 COD 的去除作用可归结为其对大颗粒和部分大分子有机物的截留，这种截留以膜面沉积层/动态膜的筛滤和吸附作用为主，以膜基材料的膜孔、膜表面的吸附作用为辅。在系统运行初期，由于 MLSS 较低，微生物作用相对而言不很突出，动态膜的截留能力对 COD 的去除作用表现最为明显，随着反应器的运行，微生物对有机物去除起到主要的作用。同时可以看到动态膜的去除效果较为明显，由表 2.3 可以看出动态膜对上清液有机物的去除率可达到近 50%。

表 2.3　各膜基材料出水、上清液 COD 去除率及动态膜贡献去除率

膜基材料	COD 平均去除率			
	上清液(%)	出水(%)	动态膜去除率(%)	上清液去除率(%)
聚酯无纺布	90.8	94.1	3.3	36.2
聚丙烯无纺布	90.8	94.2	3.4	40.9
聚酯筛网	90.3	95.6	5.3	55
尼龙筛网	90.3	94.6	4.3	42.7

注：动态膜去除率＝出水 COD 去除率－上清液 COD 去除率；动态膜对上清液 COD 去除率＝[(上清液 COD 浓度－出水 COD 浓度)/上清液 COD 浓度]×100%。

2）氨氮的去除

各膜基材料的 DMBR 氨氮去除效果见图 2.13。

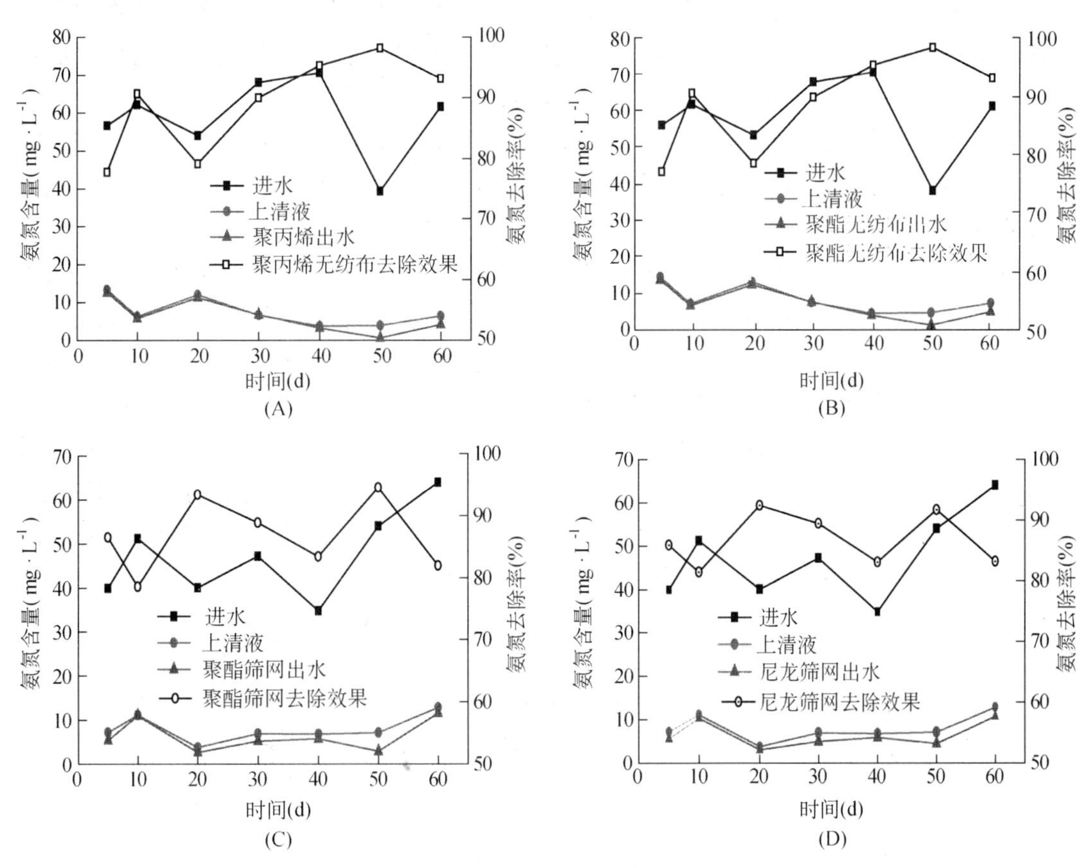

图 2.13　各膜基材料的 DMBR 氨氮处理效果

由图 2.13 可知，各膜基材料的出水氨氮基本在 10 mg/L 以下，并且随着反应器运行时间的延长，膜基材料上形成的动态膜的生物硝化反硝化除氮的效果越来越明显。各膜基材料的氨氮去除效果均在 85%以上，见表 2.4。

表 2.4　膜基材料出水、上清液 NH_3—N 去除率及动态膜去除率

材料	NH_3—N 平均去除率			
	上清液(%)	出水(%)	动态膜去除率(%)	上清液去除率(%)
聚酯无纺布	86.9	89.6	2.7	25
聚丙烯无纺布	86.9	89.2	2.3	21.3
聚酯筛网	83.3	86.8	3.5	23.6
尼龙筛网	83.3	86.7	3.4	20.5

注：动态膜去除率＝出水 NH_3—N 去除率－上清液 NH_3—N 去除率；动态膜对上清液 NH_3—N 去除率＝[(上清液 NH_3—N 浓度－出水 NH_3—N 浓度)/上清液 NH_3—N 浓度]×100%。

由上图和上表可见，整个试验期间，出水 NH_3—N 的平均去除率在 85%以上，活性污泥的平均贡献率占 85%左右，动态膜的平均贡献率仅为 2%～3%，动态膜对上清液中 NH_3—N 的平均去除率在 20%以上。动态膜本身直接去除的 NH_3—N 有限，不如其对 COD 的去除效果明显，这主要是由于混合液中含 NH_3—N 类物质的相对分子质量较小，分子直径也比有机物分子直径小很多，易透过动态膜进入出水。对去除 NH_3—N 而言，动态膜的作用主要体现在截留硝化污泥，以及截留含 NH_3—N 颗粒物使其获得更多的与硝化污泥接触的机会，从而提高 NH_3—N 的最终去除率。需要注意的是，试验初期还出现过上清液 NH_3—N 低于最终出水 NH_3—N 的情况，分析认为试验过程中，动态膜在线产生，并不断累积、脱落，在脱落的瞬间，膜表面孔径较大的膜基裸露出现“漏洞”[12]，导致最终出水 NH_3—N 较高，而上清液是通过中速定量滤纸过滤所得，因此测得的上清液 NH_3—N 比最终出水 NH_3—N 要低。

由表 2.4 可知动态膜生物反应器中，活性污泥对氨氮的去除起主要的作用。平均去除效果中动态膜仅占总的去除效果的 2%～3%。但是我们通过动态膜对上清液氨氮的去除效果来看，在 DMBR 中，动态膜仍然可以起重要的去除作用。其中各基材形成的动态膜的去除效果依次为聚酯无纺布、聚酯筛网、聚丙烯无纺布、尼龙筛网。

由图 2.14 和图 2.15 四种基材的出水氨氮含量和去除率对比曲线可以看出，各种材料的出水氨氮含量为 6 mg/L 左右，变化范围在 0～13 mg/L 之间，达到了污水排放一级标准。同时可以看出筛网的出水氨氮的含量波动较无纺布明显。在反应器运行 1 个月后，筛网的氨氮去除效果不稳定，并且出水氨氮含量有升高的趋势。

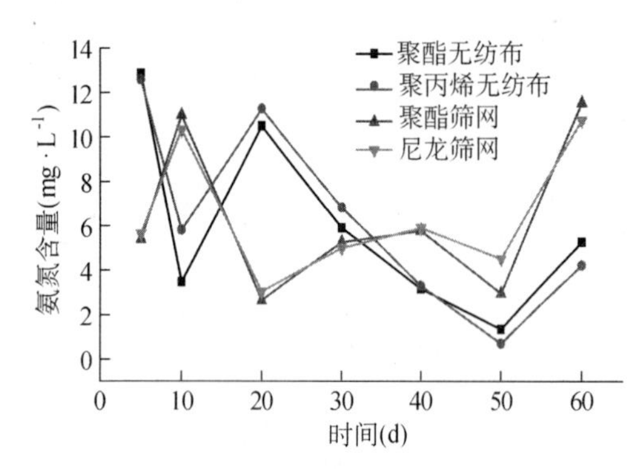

图 2.14　各膜基材料出水氨氮含量比较

图 2.15　各膜基材料出水氨氮去除率的比较

3）TP 的去除

各基材在反应器运行过程中，出水、上清液总磷含量及总磷的去除效果如下：

由图 2.16 可以看出，动态膜生物反应器进水总磷在 4～8 mg/L 范围内，聚丙烯和聚酯膜基材料出水略有下降，总磷的去除率在 15%左右。

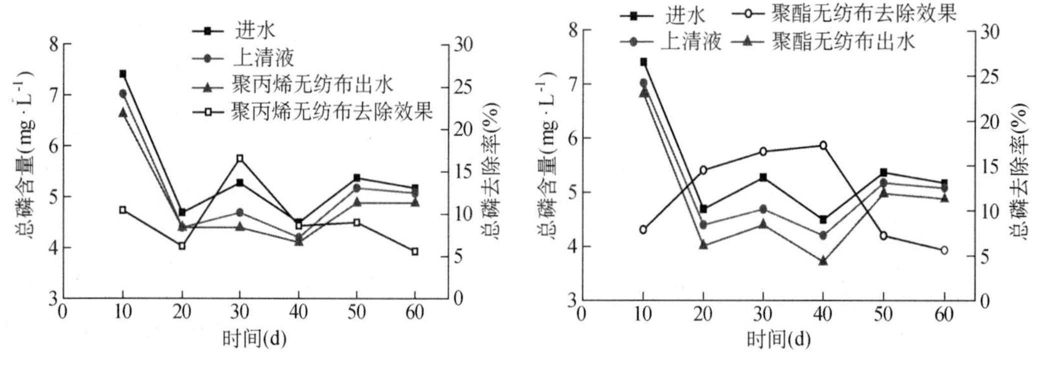

图 2.16　聚丙烯和聚酯无纺布膜基材料的 DMBR 总磷处理效果

由图 2.17 可以看出，动态膜生物反应器进水总磷在 5～12 mg/L 范围内，聚酯和尼龙筛网膜基材料出水略有下降，总磷的去除率在 15%左右。

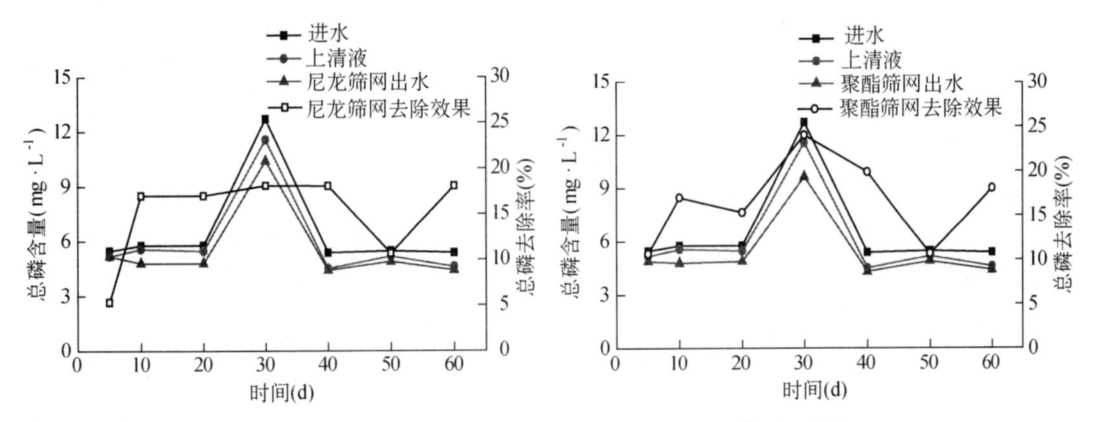

图 2.17　聚酯和尼龙筛网膜基材料的 DMBR 总磷处理效果

由图 2.18 可以看出，在反应器运行的过程中，不同膜基材料的总磷去除效果波动较大，但总的来说，筛网的总磷去除率(范围在 5%～20%)要好于无纺布(范围在 1%～11%)。通过对反应器运行情况观察，筛网表面形成的生物膜比无纺布表面附着的生物膜厚度大且比较松散。分析认为，筛网表面较无纺布表面具有更好的好/兼氧生物生存环境。

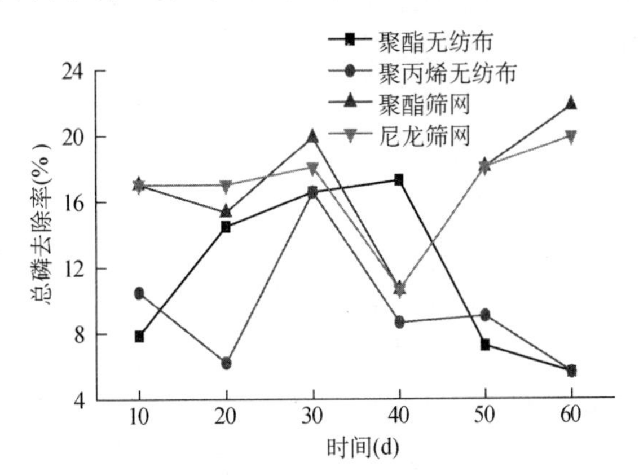

图 2.18　不同膜基材料的总磷去除效果的比较图

膜基材料出水、上清液总磷去除率及动态膜去除率见表 2.5。

表 2.5　膜基材料出水、上清液总磷去除率及动态膜去除率

材料	TP 平均去除率			
	上清液(%)	出水(%)	动态膜去除率(%)	上清液去除率(%)
聚酯无纺布	5.7	11.5	5.8	6.1
聚丙烯无纺布	5.7	9.4	3.7	3.9
聚酯筛网	8.5	16.5	8	8.7
尼龙筛网	8.5	14.5	6.4	6.9

注：动态膜去除率＝出水 TP 去除率－上清液 TP 去除率；动态膜对上清液 TP 去除率＝[(上清液 TP 浓度－出水 TP 浓度)/上清液 TP 浓度]×100%。

由图表可以看出，四种不同膜基材料形成的动态膜对总磷去除效果均不理想，同时四种材料总磷的去除效果高低依次为聚酯筛网、尼龙筛网、聚酯无纺布、聚丙烯无纺布。这可能是因为在无纺布试验时，反应器的曝气不足，导致反应器中厌氧区域过多，导致磷的释放。动态膜对总磷去除的贡献占总反应器总磷去除的一半。

试验结果表明 DMBR 系统对 TP 的去除效果并不理想，和吴季勇等人[13]的研究结果类似。分析认为主要原因是：

(1) 反应器内局部厌氧造成磷的释放。在系统运行初期，MLSS 较低(1 200～1 500 mg/L)，混合液供氧充分，微生物大量增殖，需要吸收磷以合成细胞，因此 TP 去除率较高。随着 MLSS 的增加，虽然整个装置内 DO 浓度并不低(反硝化反应受到抑制)，但由于反应器内水力循环短路，出现了死角，导致反应器底部有黑色污泥沉积，局部范围内出现了厌氧环境。底部污泥中所含的磷被释放，导致 TP 去除率偏低。

(2) 泥龄过长。生物除磷主要依靠聚磷菌在有氧环境下过量吸收磷形成含磷污泥后排出反应器，然后在厌氧环境下通过聚磷菌释放磷来实现的。试验中未专门排泥导致泥龄(SRT)过长，对 TP 去除极为不利。研究[14]表明：当 SRT 从 5 天增加到 30 天时，TP 去除率从 87%降至 40%，分析认为这是由于 SRT 过长导致污泥发生“自溶”，使聚磷菌已吸收的磷又重新进入液相的缘故，因此以脱磷为主要目的的系统 SRT 宜控制在 3.5～7 天。

(3) 较高的 NO_3^-—N 浓度也不利于 TP 的去除[14]。聚磷菌中的气单胞菌属也是一类能利用 NO_3^-—N 作为最终电子受体的兼性反硝化菌，只要存在 NO_3^-—N，气单胞菌属对有机底物的发酵产酸作用就会受到抑制，从而影响聚磷菌的释磷和聚 β-羟基丁酸(PHB)的合成，抑制了聚磷菌在后续好氧条件下的摄磷能力，使脱磷系统的除磷效果下降甚至遭到破坏。

4) 小结

(1) 出水的有机物去除率在 85%～99%范围内波动，有机物去除效果良好，能够达到与微滤膜相当的去除效果，并且动态膜的去除效果比较稳定。但是在反应器运行后期，无纺布材料的有机物去除增强而筛网处于下降趋势。整个反应器动态膜对有机物去除贡献占 3.3%～5.3%，其中动态膜对上清液有机物的去除效果可达 50%。这说明对于有机物，动态膜起到了良好的生物去除效果。同时，筛网膜基动态膜对有机物去除效果的贡献要较无纺布高 1%，对上清液有机物的去除效果要高 10%。

(2) 各膜基材料的出水氨氮均在 10 mg/L 以下，并且随着反应器运行时间的延长，膜基材料上形成的动态膜的生物硝化反硝化除氮的效果越来越明显。各膜材料的氨氮去除效果均在 75%以上。在 DMBR 中，动态膜仍然可以起重要的去除作用，对上清液氨氮去除的贡献率可达 20%以上。其中各基材形成的动态膜对上清液氨氮去除效果依次为聚酯无纺布、聚酯筛网、聚丙烯无纺布、尼龙筛网。

(3) 动态膜生物反应器进水总磷在 4～8 mg/L 范围内，出水略有下降，总磷的去除率在 15%左右。DMBR 系统对 TP 的去除效果并不理想。动态膜对总磷的去除贡献率较高，达到了 6%～8%。贡献率由高到低依次为聚酯筛网、尼龙筛网、聚酯无纺布、聚丙烯无纺布。

(4) 通过有机物、氨氮、总磷的去除效果比较发现，筛网膜基上形成的动态膜比无纺布有更好的生物去除效果，分析认为这与不同材料形成动态膜的厚度和松散程度有关。

2.3.2　多孔基材的性能及对系统的影响

2.3.2.1　海绵动态膜生物反应器基本参数的确定

海绵用于环保技术并非首次，如污水处理、除尘。前人有运用海绵作为膜法的填料，进行厌氧处理污水，此外还运用海绵作为除尘和过滤的滤料。但是相关的文献较少，而利用海绵作为动态膜基材的报道较少。运用海绵作为动态膜膜基材料，不同于无纺布、筛网等基材，由于其自身具有很多特殊性质，在运行过程中，海绵自身的特性和参数会对动态膜形成状况、反应器的运行性能产生影响。

试验中发现，海绵是疏水性材料，不利于动态膜抗污染性能，所以试验初期致力于用酸碱改性海绵以使其达到亲水的目的。海绵孔径大小、厚薄与动态膜的形成密切相关，海绵的厚度直接影响反应器出水通量。研究还发现，由于海绵的特殊结构会使动态膜形成由内到外的厌氧—好氧交替层，能否合理利用这种特殊形态达到增强反应器运行的效果，也是海绵动态膜参数确定的重要一环，所以试验中验证了海绵动态膜生物反应器内是否存在围绕海绵的内外旋流。此外，过量的海绵投加量会导致活性污泥过多被吸附在海绵内，使得 MLSS 迅速下降，出水水质恶化，所以需要确定海绵用量与反应器体积之间的关系。

1）海绵的酸碱改性

接触角（见图 2.19）与材料的亲水性相关，接触角小于 90°，材料亲水；接触角大于 90°，材料疏水；接触角等于 0°为完全亲水，接触角等于 180°为理想状态。接触角越小亲水性越强；反之，接触角越大亲水性越弱。而亲疏水性又与材料的耐污染性能密切相关，亲水性越强，材料抗污染性越强。

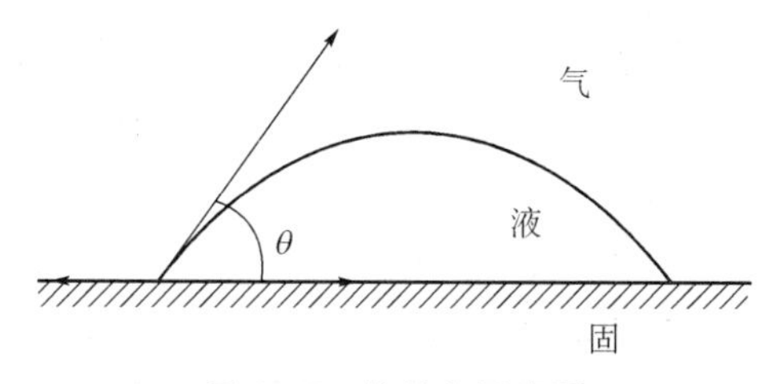

图 2.19　接触角示意图

在动态膜膜基材中，绝大部分材质都是疏水性的，如醋酸纤维素、聚丙烯、聚砜等，海绵材质也不例外，制成的滤膜表面也呈现较强的疏水性。在实际动态膜生物反应器运行中，由于疏水膜表面与水无氢键作用，导致活性污泥产生的胞外聚合物（EPS）等疏水溶质接近膜表面，这个过程是熵自发过程，即活性污泥易在膜表面产生吸附和积累，使膜过滤压力（TMP）上升、运行周期缩短[15]，因此有大量研究对膜材料进行了改性，以此提高膜性能来推广该工艺的实际应用。

目前改性的方法多采用预涂的方式，以普通的微滤膜或大孔材料为基材，将预涂剂涂覆在基材的表面或内部而达到改性的目的，预涂剂可以是无机或有机的。近几年预涂膜技术在水处理各个方面得到广泛的研究和应用。有研究表明[16]，单纯地利用亲水高分子在微滤基材表面进行化学交联虽然能够提高其亲水性，但是其截留性能的相对提高使改性厚膜的过滤阻力变得更高，大大改变了微滤膜过滤性能的本质。而利用无机物颗粒形成的预涂动态膜，其截留性能虽然能维持在微滤水平，也对基膜起到保护的作用，但是对整个膜系统来说却没有得到抗污染方面的改性，所以很难有改性剂可以既提高基材抗污染性能又维持原先过滤性能的效果。

海绵是生活中常见的材料，经测定，接触角为 132.7°，属于疏水性材料。海绵用在污水处理上，大都作为膜法的填料，不需要考虑材料的亲疏水性和抗污染能力。但作为动态膜基材，根据动态膜亲疏水性与膜污染的关系，可见普通海绵的应用不利于动态膜的抗污染和反应器的长期运行，所以需要对海绵进行一定的改性，提高其亲水性，增强抗污染性能。

如前所述，大量无机和有机材料已被用于动态膜材料的改性，但大部分改性剂不能达到提升抗污染性能与维持过滤性能两全的效果，所以在改性剂选择上以创新、材料易于选取及不增加膜过滤阻力为原则，选取常见的 3 种碱、4 种酸溶液进行浸泡改性。已有研究者采用碱性溶液改性活性炭无纺布，来延长活性炭无纺布的吸附饱和时间。试验表明，溶液浓度越高，改性效果越好，该结果为本书改性实验提供了很好的借鉴。

(1) 改性工艺确定

试验首先采用不同的酸碱以同样的浓度浸泡海绵 24 小时对其进行改性，改性后洗净自然晾干，用接触角分析仪测定其接触角，并分析其亲疏水性变化，得出最佳的改性酸碱剂和改性步骤。再用最佳的酸碱剂以不同的浓度浸泡海绵，方法同上，得出最佳的改性剂酸碱浓度，结果如表 2.6 所示。

表 2.6　不同酸碱改性后海绵接触角的变化关系表

酸碱类型	浓度	浸泡时间	接触角	再浸泡酸碱	再浸泡时间	接触角
NaOH	1 mol/L	24 h	92.3°	HCl	24 h	87.3°
$Ca(OH)_2$	1 mol/L	24 h	117.2°		24 h	
KOH	1 mol/L	24 h	101.5°	HCl	24 h	88.7°
HCl	5%	24 h	88.4°	NaOH	24 h	72.6°
HNO_3	5%	24 h	90.3°		24 h	
醋酸	5%	24 h	126.9°		24 h	
乙醇	5%	24 h	127.1°		24 h	

普通海绵的接触角为 132.7°，试验发现酸碱浸泡后海绵的接触角均有下降，其中用 NaOH、KOH、HCl、HNO_3 浸泡的海绵接触角降低较多，但是用 HNO_3 浸泡的海绵颜色呈暗黄色，与原先颜色差别较大，而且海绵的硬度增加，不适宜用作动态膜基材。所以在第二次浸泡中选用已被 NaOH、KOH、HCl 浸泡过的海绵再次进行酸或碱浸泡，结果显示，先用 HCl 再用 NaOH 浸泡后的海绵接触角最小。

在下一步的试验中，采用先 HCl 浸泡再用 NaOH 浸泡的方式，选取不同浓度的 HCl、NaOH 分别浸泡海绵，比较得出最佳的变性酸碱浓度，实验结果如表 2.7 所示。

表 2.7　不同浓度 HCl、NaOH 改性后海绵接触角变化情况

HCl 浓度	NaOH 浓度	接触角
1%	0.2 mol/L	108.3°
4%	0.8 mol/L	83.7°
5%	1 mol/L	72.6°
10%	2 mol/L	72.3°

可以看出，HCl、NaOH 浓度越大，接触角减小越明显，但是浓度达到一定范围后，接触角下降较小，另外由于浓度越大，酸碱用量越多，越不经济。所以根据上述分析采用的最适 HCl 浓度为 5%，NaOH 浓度为 1 mol/L，并得出以下工艺（见图 2.20）：

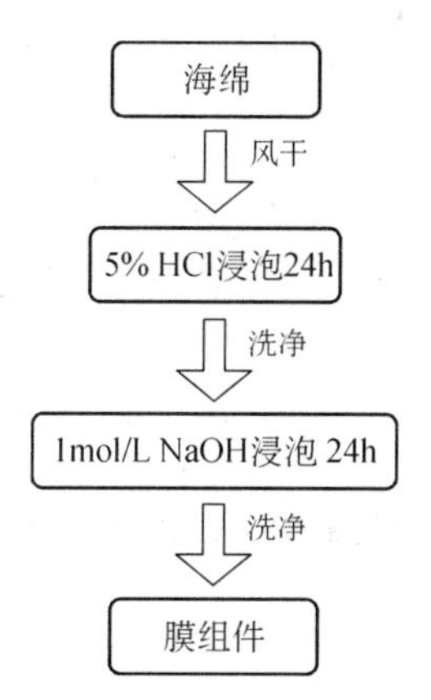

图 2.20　海绵改性步骤图

海绵改性前接触角高达 132.7°，经以上步骤改性后，接触角下降至 72.6°，海绵由疏水性材料转变为亲水性材料，如图 2.21 所示。值得一提的是，在改性后海绵接触角测定过程中，海绵上有两处，液滴滴上后几乎没有弯曲界面，像一汪水快速被海绵吸入消失，接触角几乎为 0°，在求接触角平均值时被舍去，但是由此可见海绵经酸碱泡制可以达到很好的亲水效果。

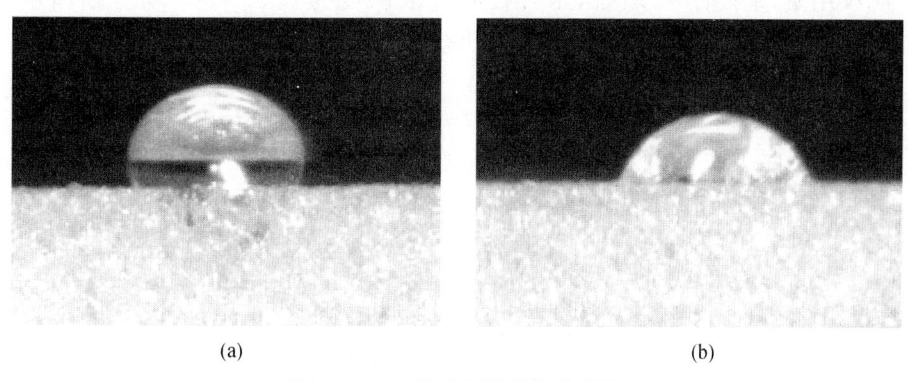

(a)　　(b)

图 2.21　改性前后接触角变化图

（2）改性海绵效果分析

为了检验改性后海绵耐污染的实际效果，采用未改性海绵与改性海绵为基材的两片膜组件放置于序批式生物反应器中，以同样的出水通量[80 L/(m^2 · h)]、周期和操作方式运行，通过测定每天跨膜压差的变化来反映改性前后海绵受污染程度的变化。

图 2.22 为改性海绵与改性海绵跨膜压差上升的趋势图。从图中可以看出，经 60 d 的运行，改性海绵的跨膜压差仅上升了 2.8 cm H_2O，阻力上升了 $8.8\times10^9\ m^{-1}$，而未改性海绵的跨膜压差上升了 8.2 cm H_2O，阻力上升了 $2.55\times10^{10}\ m^{-1}$。由此可见，改性的海绵相对未改性海绵阻力上升较慢，更耐污染。

除了特殊说明，下文中提及的海绵均为酸碱改性后的海绵。

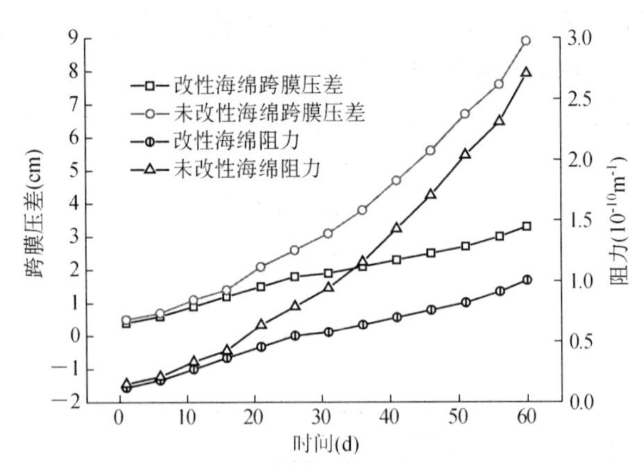

图 2.22　改性海绵与未改性海绵跨膜压差及阻力的变化图

2）孔径厚度的确定

MBR工艺中采用的膜材料一般为微滤膜(MF)和超滤膜(UF)，孔径大多为0.1～0.4 μm，壁厚为40～50 μm。而动态膜工艺中的膜材料孔径较大，通常为10～100 μm，厚度一般为1～2 mm。除了孔径、厚度较小之外，MBR膜材料和DMBR膜基材可选择空间也相对较小。海绵与上述材质不同，其孔径为100～1 000 μm，厚度可从几毫米到几米不等。

孔径、厚度的确定实验中，采用厚度分别为10 mm、8 mm、6 mm、4 mm，平均孔径分别为300 μm、500 μm、700 μm的12种海绵(按厚度不同分别编组)制成膜组件，分批置于动态膜反应器中，用蠕动泵抽吸等速出水。在混合液浊度为839 NTU、动态膜出水通量为150 L/(m^2·h)的情况下，比较了不同基材动态膜形成初期浊度随时间的变化规律。

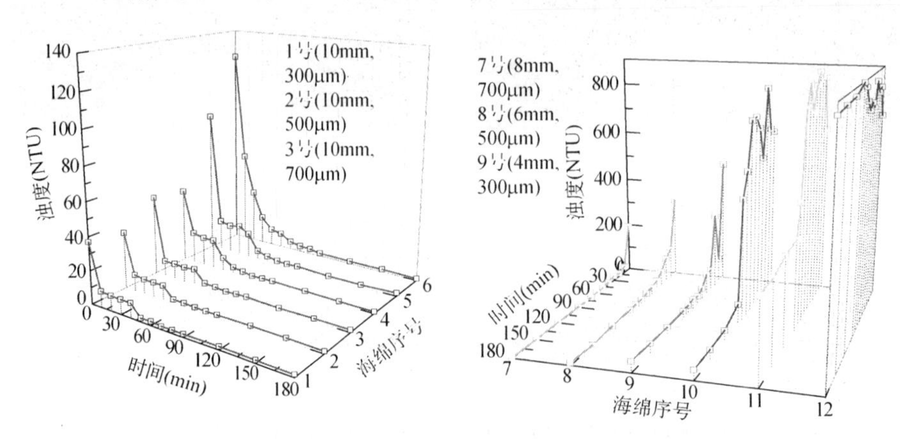

图 2.23　不同厚度、孔径海绵初期出水浊度变化图

图2.23分别是厚度为10 mm、8 mm、6 mm、4 mm的海绵在不同孔径下动态膜形成初期浊度随时间的变化规律图。当出水浊度最终降至2 NTU以下，并趋于稳定时，可认为动态膜基本形成。从图中可以看出，海绵厚度小于等于6 mm时，初期都会产生漏泥现象，出水浊度降低至稳定需要较长时间。其中厚度为4 mm的海绵出水浊度较高，且上下波动，抽吸3小时后，最终孔径为300 μm、500 μm的海绵出水浊度仍在35 NTU左右波动，而厚度为700 μm的海绵出水浊度一直在800 NTU以上，且难以稳定。厚度在8 mm以上的海绵初

期出水浊度较小，漏泥可以忽略，并且出水浊度下降迅速，较短时间即可稳定。由试验结果分析得出，海绵厚度越小，海绵的孔径越大，动态膜形成越困难，出水浊度下降越慢。此外，试验中还发现，厚度较小、孔径较大的海绵形成的动态膜抗冲击能力较小，动态膜较容易被破坏。

从图中还可以分析得出，海绵厚度越大，孔径对出水浊度的影响越小；反之，海绵厚度越小，孔径对出水浊度的影响越大。这是由于海绵厚度越大，内部层次结构越交错复杂，吸附、截留能力相应增强，所以动态膜的形成越快，孔径的影响越小。另外，还可以得出，过滤材料孔径越小，厚度对出水浊度的影响越小；反之，过滤材料孔径越大，厚度对出水浊度的影响越大。例如，无纺布孔径 100 μm、厚度 1.5 mm，MBR 采用的膜材料孔径 10 μm、厚度 1 mm 均可满足出水浊度 2 NTU 以下。这是由于海绵孔径越小，对污泥颗粒的截留能力越强，污泥颗粒在海绵上积聚的速度越快，所以动态膜形成也就越快，厚度对其的影响也就越小。

综上所述，厚度在 6 mm 以下的海绵有较严重的漏泥现象，且产生的动态膜较脆弱；而厚度大于 10 mm 的海绵性价比较差，且形成的厌氧层厚度也较大，厌氧层过厚会影响出水水质。当海绵厚度在 8 mm 以上时，孔径对动态膜的形成和出水浊度的影响较小，但是孔径越小，对表面及内部的动态膜结构的支撑越有利。所以海绵基材动态膜在选择时，厚度为 8～10 mm、孔径为 300 μm 的海绵较为适宜。

以下所用的海绵基材，除了特殊说明之外，均为厚度 10 mm、孔径 300 μm。

3）通量的确定

海绵通量的确定试验分为三个部分：海绵清水阻力的测定、“临界通量”的确定、最大运行通量的确定。

（1）海绵的清水阻力

在反应器装填污泥前，用自来水作滤液，测定不同清水通量下的压差，所用的清水为实验室自来水。试验中采用蠕动泵控制出水通量，并将出水回流至反应器中以控制反应器中的液位，以此减少实验误差。

测定清水阻力时，测定通量为 518 L/(m^2 · h)，实验出水水头压差为 16 mm H_2O，由于实验水温为 20 ℃，$\mu=1.0087\times10^{-3}$ Pa · s，根据达西公式计算可得：

$$R=4.75\times10^{8}\ \mathrm{m}^{-1}$$

聚酯无纺布的清水阻力 $R=1.87\times10^{10}\ \mathrm{m}^{-1}$，聚酯无纺布的清水阻力比 MBR 膜的清水阻力小 2～3 个数量级。而海绵基材的清水阻力比动态膜生物反应器的聚酯无纺布（厚度 2 mm、孔径 10～20 μm）还小 1～2 个数量级，所以海绵相对于聚酯无纺布等材料更适合于作为透水材料，且清水阻力越小，对动态膜总阻力的贡献值越小，这也许是海绵动态膜长时间运行后总阻力仍然很小的原因之一。

海绵的清水阻力很小，这使得采用自流出水方式时，较小的液位差（即跨膜压差 TMP）都可使海绵获得较大的初始通量，如 1.6 mm H_2O 可产生 518 L/(m^2 · h)的通量。但是初始通量过大会导致动态膜形成较快且迅速增厚，阻力上升，导致膜堵塞，甚至出水停止。另外，自流出水不易控制液位且通量大会影响出水水质。所以建议使用海绵动态膜生物反应器时应采用通过水泵控制膜通量的方式。

(2) 临界通量

用海绵制成动态膜组件并将其置于反应器内混合液中，从较低流量开始恒定流量并持续过滤一段时间，同时记录跨膜压差；再将流量提高一个“阶梯”，恒流一段时间同时记录跨膜压差。重复上述程序。每个通量持续 20 分钟，并每隔 3 分钟记录跨膜压差，最后取跨膜压差的平均值。

图 2.24 为海绵动态膜生物反应器通量与跨膜压差的变化关系。从图中可以看出，海绵膜基材生物反应器膜通量与跨膜压差之间存在与 MBR、普通 DMBR 类似的曲线变化，在通量为32 L/(m^2 · h)处曲线的斜率出现明显的变化。由工作曲线法可以得出，通量大于 32 L/(m^2 · h)的情况下，动态膜表面垂直于膜的流速增加，污泥颗粒被拖曳至海绵表面，沉积在海绵表面及内部占据孔道，部分区域形成泥饼层，阻力增加，这个阶段跨膜压差随着通量增加而增长较快。

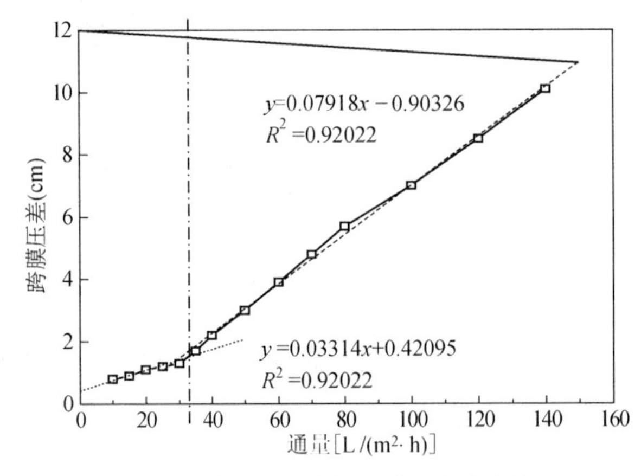

图 2.24　海绵出水通量与跨膜压差的变化关系

将活性污泥拖曳沉积前后的曲线进行线性拟合后，以 32 L/(m^2 · h)的通量为界，由图 2.24 可见，活性污泥被拖曳沉积后，线段斜率较之前大。按照前述方法换算，可得污泥被拖曳沉积前，R 等于$8.2\times10^{9}\ m^{-1}$，拖曳沉积后 R 为 $1.9\times10^{10}\ m^{-1}$。拖曳沉积前，污泥未大量占据表面及孔道，过滤总阻力较小；拖曳沉积之后，污泥大量占据表面和孔道，过滤阻力上升。污泥被拖曳沉积前后的过滤总阻力均略小于无纺布、筛网动态膜的过滤总阻力，比 MBR 小 2～3 个数量级。

膜生物反应器中滤饼层形成时的通量称为临界通量。但是在海绵膜生物反应器中超过“临界通量”[如 150 L/(m^2 · h)，可运行 60 d 以上，未出现堵塞迹象，见第四章]仍可运行较长时间，海绵基材动态膜生物反应器形成滤饼层后，也并未产生堵塞现象，这与 MBR 及无纺布等基材 DMBR 的运行状况不同，可能是由于动态膜堵塞的原因并不是由于滤饼层的堵塞，而是由于滤饼层形成后膜孔的进一步堵塞所引起的。此外，由于海绵材料多孔，海绵动态膜需要一段时间才能形成泥饼，运行初期污泥大都沉积在内部或停留在表面，所以在海绵动态膜生物反应器中将“临界通量”称为污泥沉积通量。海绵动态膜完全可以高于滤饼层形成通量运行。

(3) 通量与浊度的关系

海绵动态膜出水通量虽可以高于“临界通量”，但不是越高越好，试验中发现过高的通量会导致动态膜污泥的泄漏，出水浊度升高。试验方法采用提高出水通量测定出水浊度，并维持 30 min 观察浊度有无下降趋势，并取平均值。

图 2.25 中 a、b 分别是厚度为 10 mm、20 mm 海绵基材动态膜出水通量与浊度变化的关系图。从图中可以看出，出水通量的增加对出水浊度的影响较大。其中，从图 a 中可以看出，厚度为 10 mm 的海绵在通量小于 200 L/(m² · h)时，出水浊度稳定在 2 NTU 以下，而通量大于 200 L/(m² · h)后，出水浊度逐渐增加，不能满足出水浊度在 2 NTU 以下。从图 b 中可以看出，厚度为 20 mm 的海绵在通量小于 2 500 L/(m² · h)时，出水浊度在 2 NTU 以下波动，出水没有明显颗粒，通量大于 2 500 L/(m² · h)后，出水浊度随通量的增加而增加，并伴随着少量大颗粒被溢出。

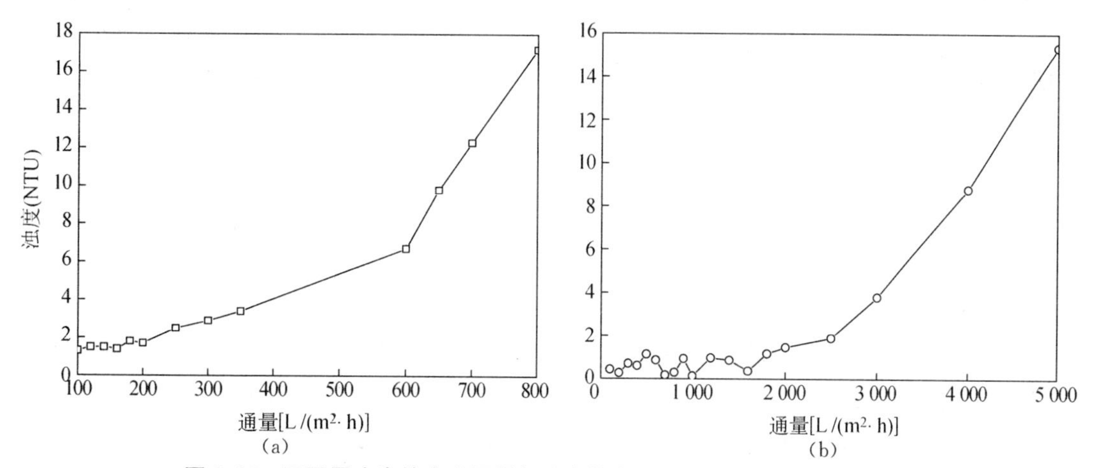

图 2.25　不同厚度海绵出水通量与浊度的变化关系(a:10 mm;b:20 mm)

这均是由于通量的增加，跨膜压差随之升高，海绵的孔径较大，在高压力下无法支撑动态膜结构，导致其破碎。但是这样的结果同样显示，海绵动态膜由于其特殊的结构，反冲洗破坏堵塞的动态膜，使其恢复通量，也较其他基材 DMBR、MBR 容易。

从上述分析可以确定，10 mm 厚度海绵基材动态膜的通量保持在 200 L/(m² · h)以下时，可以保证出水浊度稳定在 2 NTU 以下；20 mm 厚度海绵基材动态膜的通量保持在 2 500 L/(m² · h)以下时，可以保证出水浊度稳定在 2 NTU 以下。从以上两幅图的比较还可以得出，海绵厚度越大，越有利于拦截水中颗粒，海绵可以在较高的出水通量下运行，但通量过大可能出现海绵表面积累污泥层过厚，导致膜内侧完全厌氧影响出水水质，如果能很好地控制海绵表面污泥层的厚度，厚度为 20 mm 甚至更厚的海绵相对于厚度为 10 mm 的海绵出水通量更大，将会是动态膜基材更好的选择。

反应器出水通量与膜面积成反比，在相同出水时间下，出水通量的增加可以减少反应器内膜组件的面积，节省材料，降低成本。

4）海绵宽度的确定

海绵内部吸附、外部截留了大量活性污泥，形成动态膜，动态膜外侧为好氧层，内侧及海绵内部为厌氧层。如果这样特殊的结构能存在由海绵内部厌氧环境至海绵外部好氧环境的液流，如图 2.26 所示，在动态膜内部形成无数个 A/O 小区域，即可以提高海绵动态膜生物反应器的处理效果，为第四章中 COD、TN 去除率较高提供解释和理论依据。

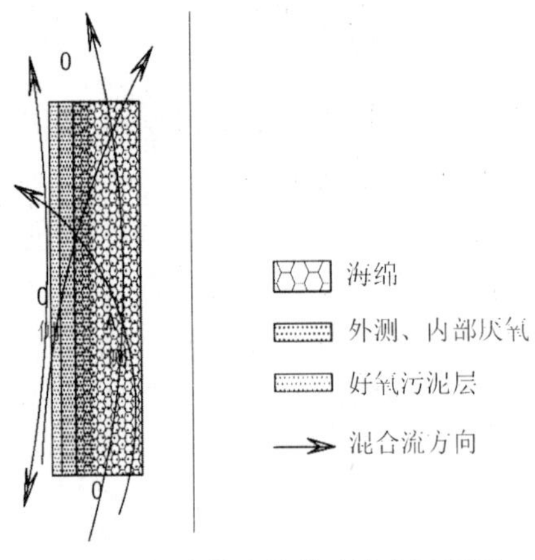

图 2.26　海绵内外特殊流态示意图

图 2.27　流态试验装置照片

为验证在海绵动态膜生物反应器内存在上述的流态，试验采用示踪法，探寻存在类似流态的最大海绵宽度，以及海绵置于动态膜生物反应器中的最佳位置。反应器的尺寸为 80 cm×35 cm×60 cm，反应器内放满红色墨水，底部两侧设有 8 只曝气头进行模拟曝气，如图 2.27 所示。试验观察比较海绵被墨水穿透时间，即观察墨水能否扩散充满整个海绵，并记录充满时间。海绵两侧被玻璃夹住，防止气液混合流从侧面进入海绵，影响测定结果。

试验表明，在没有曝气的情况下，墨水在海绵内部分子扩散极为有限。放入未曝气的反应器中 3 h 后，墨水的扩散长度仅为 1.5 cm。这说明，在曝气情况下，墨水得以在海绵内部扩散主要得益于曝气搅动促进了紊流扩散，与分子扩散的关系并不大。

工程上应用的微孔曝气头直径为 21.5 cm，气量为 5 m^3/h，单位面积出气量为 55 $m^3/(m^2 \cdot h)$。试验中采用的气量为 150 m^3/h，使用 8 个曝气头，曝气头的直径为 2 cm，单位面积出气量为 60 $m^3/(m^2 \cdot h)$。可以看出，试验中所用单位面积出气量与实际工程中单位面积气量相当。

(1) 反应器中最佳位置

在有曝气的情况下，用宽度为 5 cm 的海绵在反应器中进行试验，其在反应器中的位置如图 2.28 所示。1、2、3 号位位于曝气头正上方，4、5、6 号位位于两组曝气头中间的位置；1、6 号位在垂直方向上距离曝气头 6 cm，2、5 号位距离曝气头 20 cm，3、4 号位距离液面 3 cm。不同位置穿透时间结果如图 2.29 所示，可以看出在反应器中，位置不同穿透时间不同，其中 3，4 号位的穿透速率较快。图 2.30 为宽度为 5 cm 的海绵在 3 号位的穿透程度随时间的一系列变化照片，可见海绵被穿透是一个不断变化的过程，并且后期的扩散较慢。

由图 2.30 可以类比得出液流在反应器中不同位置的穿透速率。如图 2.31 所示，$v_3>v_2>v_1$、$v_4>v_5>v_6$；1、2、3 号位液流向上，而 4、5、6 号位液流向下；6 号位的液流流速几乎为零，是反应器中曝气的死角。这与徐五英[17]的研究结果不同，由于气泡在水中有加速度，并不断推动水流向上运动，使得水流在接近曝气起始处速度较小，在曝气头上方某一高度达到最大值。在实验中，曝气头上方 20～30 cm 处水气可以混合均匀，流速逐渐增加。

从上述分析可以得出，海绵动态膜放在反应器中的 3、4 号位最佳(即曝气头正上方与两排曝气头之间的接近水面处)。但是由于 3、4 号位位于反应器的上方，若海绵组块置于反应器正上方，出水后膜组件会裸露在混合液外部，有效膜面积减少，导致反应器池容增加且出水时间延长。因此，由于出水条件的限制，所以膜组件放置的位置选择在曝气的上方、液面以下较深处，以符合出水体积和时间的要求。

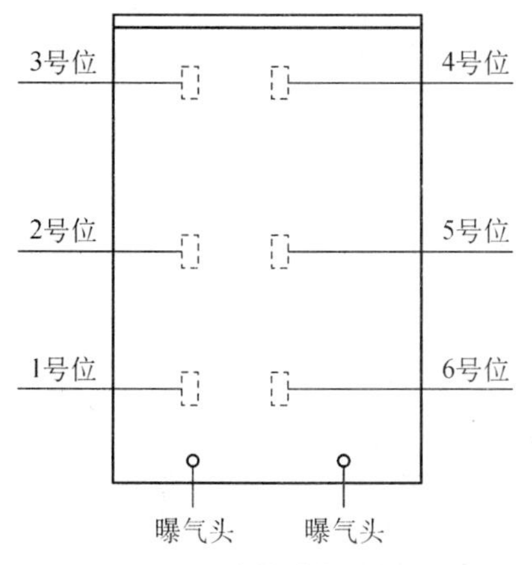

图 2.28　海绵放置侧视图

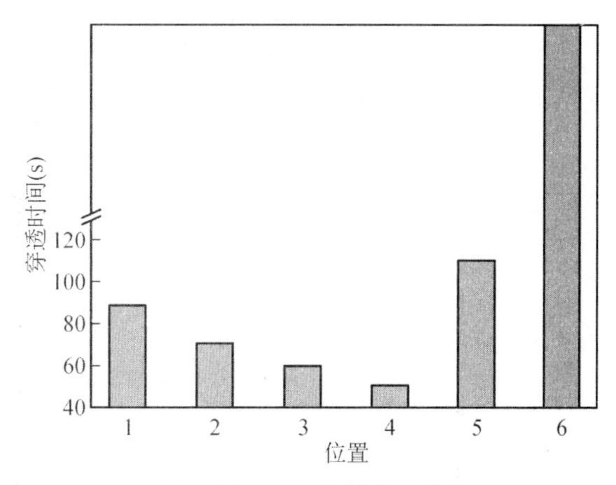

图 2.29　不同位置穿透时间

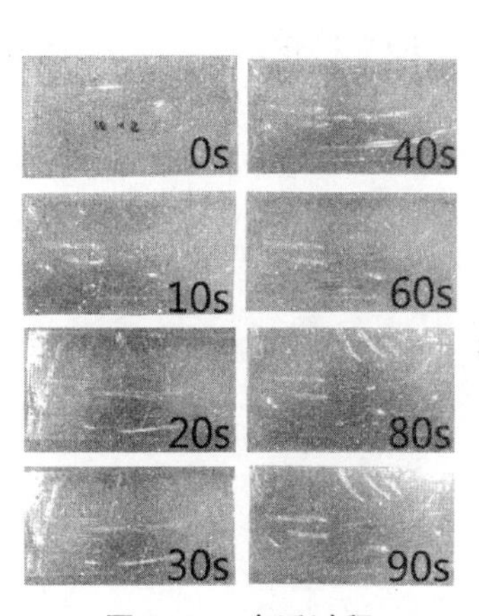

图 2.30　穿透过程

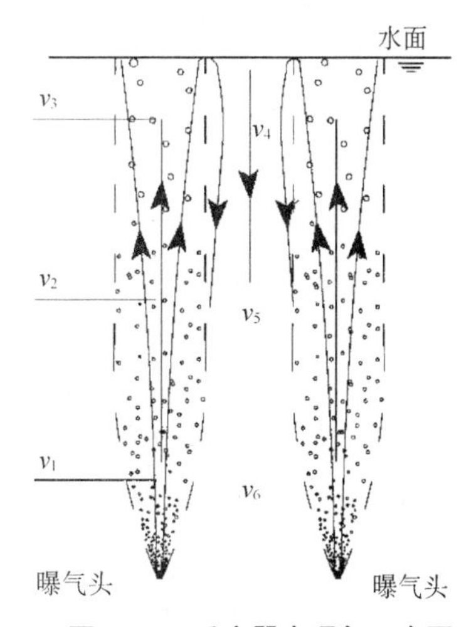

图 2.31　反应器内曝气示意图

(2) 最佳宽度

用不同宽度的海绵在 3、4 号位进行穿透试验。相同的情况下，海绵宽度不同，穿透时间不同，如图 2.32 所示。从图中可以看出，3、4 号位的穿透时间基本相同，这与 2.4.1 的结论类似。试验中发现，海绵宽度大于等于 20 cm，几乎不能被穿透；而海绵宽度在 20 cm 以下，宽度越小穿透时间越少。这是由于海绵自身存在阻力，水流的动能在海绵中随着距离的增加而损失，在 15 cm 左右时几乎衰减至零。因此，水流速度(及动水头)对海绵的穿透性能有极其重要的作用，但是一味地增加曝气量会使污泥分解，使反应器的整体处理效果降低，并增加能耗，所以通过加大曝气量使海绵穿透宽度增加并不可取。

从上述分析可以看出，海绵动态膜组件中海绵的宽度选择应在 20 cm 以下。只有在 20 cm 的宽度下，在海绵动态膜生物反应器内才存在平行透过海绵宽度的流态，使得反应器的处理能力增强。超过 20 cm 后，可能会由于液流穿过动态膜表面，也会形成 A/O 小区域，但这能否实现还需要试验的进一步验证。

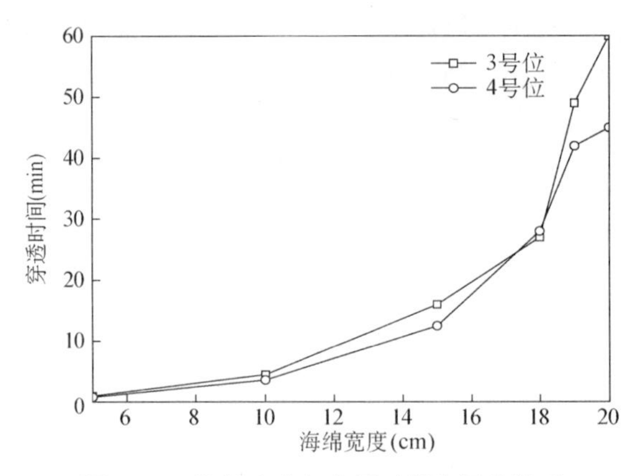

图 2.32　海绵宽度与穿透时间之间的关系

(3) 穿透性能比较

为了说明目前使用的动态膜基材中仅有海绵中存在类似的流态，选取表面形态类似于海绵的无纺布做上述穿透试验。单层的无纺布厚度仅为 1～2 mm，几乎不可能存在上述的流态。所以试验采用多层叠加的无纺布使其与海绵厚度相同。

图 2.33 为在有曝气的情况下，1 小时后多层无纺布的穿透情况，可以看出，墨水并不能将无纺布穿透，多层叠加的无纺布的反应器中并不能形成类似海绵动态生物膜反应器中的特殊流态。这是因为无纺布自身的阻力远大于海绵的阻力，使得水在无纺布中的流动被阻隔。

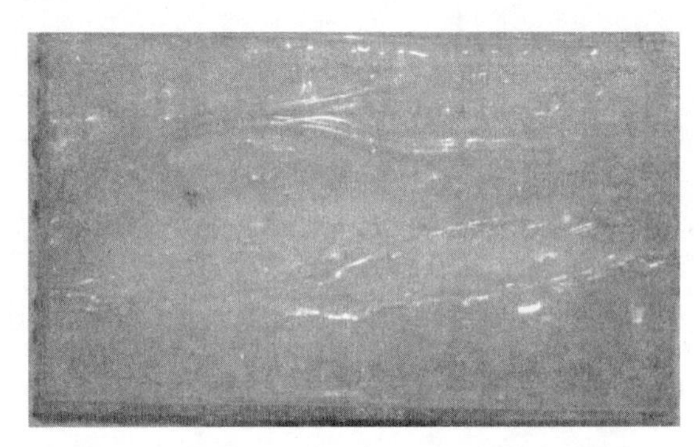

图 2.33　叠加无纺布曝气 1 小时后的穿透情况

此外，活性污泥并不能穿透第一层无纺布，内层的无纺布内并不存在厌氧污泥，即便存在类似海绵中的特殊流态，在叠加的无纺布动态膜中也不能达到类似海绵动态膜的 A/O 效果。另外，无纺布单位面积的价格高于海绵单位面积的价格，所以多层无纺布是不经济也不可行的。

5) 海绵各参数关系

以上试验及分析确定了海绵的孔径、厚度、宽度、出水通量以及置于反应器中的位置。这些参数并不是孤立的，它们之间存在联系，例如其中某两个参数可以确定另外一个参数等等。其中，孔径、厚度是海绵动态膜生物反应器最重要的两个参数，海绵组件大部分参数都可以由两者确定。海绵的孔径和厚度共同决定出水的浊度和出水通量，出水通量和出水量共同决定出水时间。另外厚度又决定了污泥的吸附量，与 MLSS 结合可以推导出海绵的用量，即海绵的面积、曝气量及液流速度确定了海绵的最大宽度，海绵的宽度与面积又可以联合确定海绵的长度。所以综合考虑上述参数可以得到以下关系图，如图 2.34 所示。

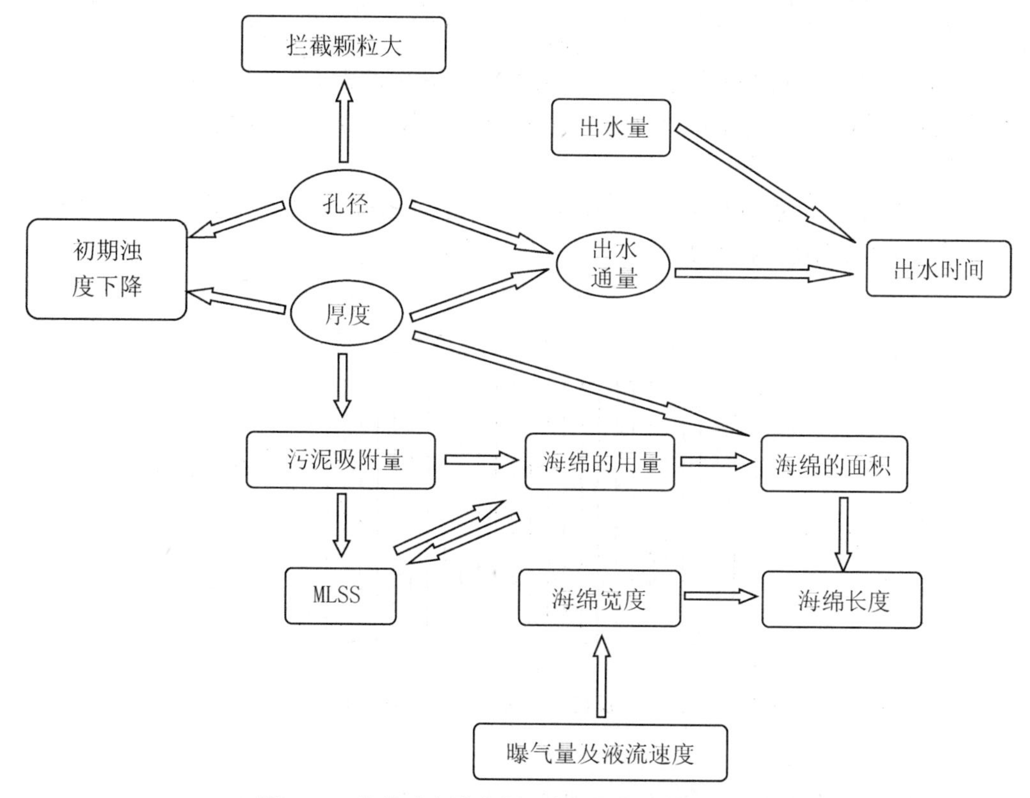

图 2.34　海绵动态膜生物反应器各参数间的关系图

由于海绵可以吸附活性污泥，若反应器内海绵面积较小，吸附污泥量不大，活性污泥大部分还是存在于混合液中，可以近似看作活性污泥法。若海绵面积较大，海绵用量较多，吸附污泥量较多，活性污泥基本存在于海绵内，而反应器内污泥浓度较小，可以近似看作生物膜法。

从以上的分析可以看出，按照海绵用量的多少及混合液中污泥量的多少，决定污泥在海绵动态膜生物反应器中的存在形式，可以将海绵动态膜生物反应器纳入活性污泥法或生物膜法。在不考虑有机负荷的情况下，可以分析得出一些简单的关系式，主要用于设计时计算海绵的面积。

(1) 活性污泥法

① $S \geqslant \dfrac{V_2}{J \cdot t}$；$S = n \times S_1$

其中 S 为海绵总面积(m^2)，S_1 为海绵面积(m^2)，J 为最大通量[$m^3/(m^2 \cdot h)$]，t 为出水时间(h)，V_2 为每周期出水体积(由停留时间决定)(m^3)，n 为海绵组件数。

② $\mathrm{MLSS} \gg \dfrac{S \cdot l \cdot x_1 + S \cdot l \cdot x_2}{V_1}$

其中 MLSS 为污泥浓度(g/m^3)，S 为海绵总面积(m^2)，l 为海绵厚度(m)，x_1 为海绵内部单位体积吸附量(g/m^3)，x_2 为海绵外部单位面积吸附量(g/m^2)，V_1 为反应器总体积(m^3)。

③ $S_1 = a \times b \times n \times 2$；$a = 18$ cm

其中 S_1 为海绵面积(m^2),a 为海绵宽度(m),b 为海绵长度(m),n 为海绵组件个数。

④ $d=\dfrac{L-2D-\dfrac{n_1}{2}\cdot c}{n_1-1}$; $d>10$ cm; $c\approx 4\sim 5$ cm; $n_1=\dfrac{n}{n_2}$

其中 d 为海绵组块之间的间距(m),c 为海绵组块的宽度,L 为反应器长度(m),D 为膜距离边壁的长度(m),n_1 为单层海绵的个数,n_2 为海绵反应器高度上的个数。

⑤ $L>B$; $b=B-0.3$

其中 L 为反应器的长度(m),B 为反应器的宽度(m),b 为海绵的长度(m),0.3(m)为海绵组块距离边壁的距离,见图 2.35。

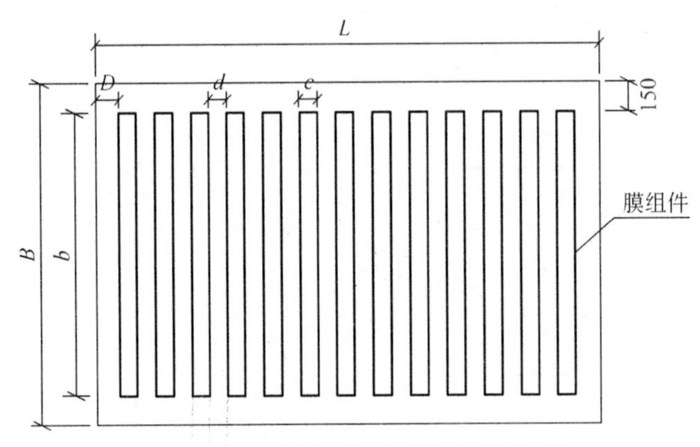

图 2.35 反应器内海绵组块布置平面图

(2) 膜法

海绵动态膜生物反应器可以作为生物膜法使用,但作为膜法的处理效果有待试验。另外,海绵动态膜如果作为生物膜法存在以下缺点:Ⅰ. 海绵组块内有空腔,会占据较大空间,使反应器有效体积减小;Ⅱ. 海绵组件间空隙较小,导致溶解氧不能到达,厌氧层容易过厚,对出水水质有影响。

① $S\gg S_{泥法}$; $\dfrac{S\cdot l}{V}=20\%\sim 30\%$

S 为海绵总面积(m^2),l 为海绵的厚度(m),V 为反应器体积(m^3)。

② $MLSS\cdot V\gg Slx_1$; $S<\dfrac{MLSS\cdot v}{lx_2+x_2}$

其中 S 为海绵总体积(m^2),MLSS 为污泥浓度(g/m^3),V 为反应器总体积(m^3), x_1 为海绵内部单位体积吸附量(g/m^3),x_2 为海绵外部单位面积吸附量(g/m^2)。

膜法中填料的用量可以根据 BOD 负荷进行计算,但是海绵动态膜的 BOD 负荷较大,算出的海绵用量会较少,与关系式①矛盾,所以需要权衡 BOD 负荷以及关系式①进行海绵用量的计算。

海绵动态膜生物反应器作为膜法的实际效果还有待试验的进一步验证。

6)小结

(1) 采用体积分数 5%的 HCl,浓度 1 mol/L 的 NaOH 分别泡制海绵 24 小时,可以有效降低海绵接触角,增加其亲水性,提高海绵耐污染性能。

(2) 海绵厚度越大、孔径越小，动态膜形成速度越快，出水浊度越稳定，在选用海绵作为动态膜生物反应器基材时，厚度为 8～10 mm、孔径为 300 μm 的海绵效果最佳。

(3) 海绵清水阻力仅为 $R=4.75\times10^{8}\ m^{-1}$，比膜生物反应器小 2～3 个数量级；海绵动态膜可以高于"临界通量"运行。海绵动态膜的通量保持在 200 L/(m^2 · h)以下时，可以保证出水浊度稳定在 2 NTU 以下。

(4) 海绵动态膜反应器中膜组件放置的位置应在曝气的上方大于 30 cm、液面以下较深处。海绵动态膜组件中单片海绵的宽度选择应在 20 cm 以下，可以增强反应器的处理能力。

(5) 海绵动态膜生物反应器中各参数间存在关联，可以根据理论计算得出海绵的面积。

2.3.2.2　海绵动态膜生物反应器运行特性分析

海绵由于其自身的特殊性质，在作为膜基材料时，使得海绵动态膜生物反应器具有独特的运行特性。本章实验采用厚度为 10 mm、孔径为 300 μm 的酸碱改性海绵作为膜基材料，在室温条件下处理人工配制的生活污水，处理水量 96 L/d，进水 COD、氨氮、TN 平均浓度分别为 310.8 mg/L、32.1 mg/L、63 mg/L。

试验持续 60 天，出水通量为 150 L/(m^2 · h)，按照 SBR 法运行，周期为 6 小时，分为进水(30 分钟)、厌氧搅拌(2 小时、含进水)、曝气(4 小时、含出水)、出水(22 分钟)4 个阶段，各阶段均由时控开关控制自动运行，分析进出水 COD、氨氮、TN 以及混合液的 MLSS。最后剪下海绵分别称量海绵表面和海绵内部吸附活性污泥的重量，并测定反应器内及海绵内部、外侧活性污泥的粒径分布。拍摄海绵正面和截面照片并使用环境扫描电镜(ESEM)进行观测拍照，根据粒径分布、环境扫描电镜表征分析海绵动态膜的结构组成。

1) 海绵吸附性能

(1) 反应器中 MLSS 的变化情况

试验过程中，除了每次取 50 mL 混合液测定 MLSS 之外，未进行排泥。图 2.36 是反应器中 MLSS 随时间的变化关系图，可以看出，最初反应器中 MLSS 为 3 278 mg/L，开始运行后 2 天内 MLSS 迅速下降，MLSS 最低值达到 1 603 mg/L，其后 10 天左右 MLSS 的增加速率较快，在第 15 天之后 MLSS 的增加速率放缓并基本保持稳定增长，第 59 天 MLSS 的浓度为 6 923 mg/L。

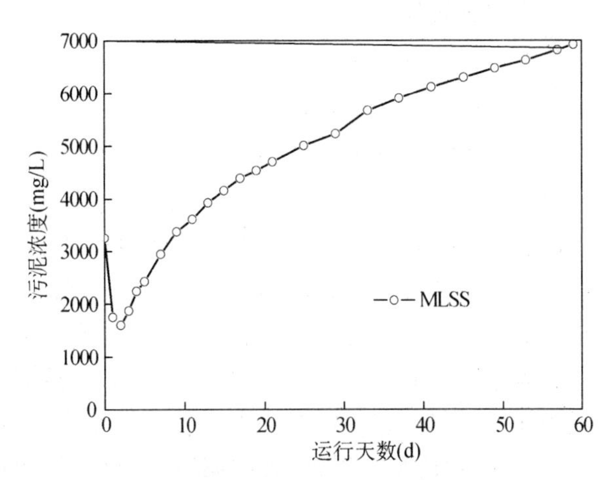

图 2.36　反应器内 MLSS 的变化图

运行初期反应器中 MLSS 的降低是由于海绵孔隙较多及抽吸作用的存在，使得大量活性污泥被吸附沉降在海绵表面和内部形成污泥层，使得 MLSS 下降。反应器中污泥不断在海绵上沉积，海绵吸附量逐渐增加并达到饱和，使得反应器中的污泥浓度较小，原水中营养物质相对于污泥浓度较大，F/M 值大大提高，使得活性污泥处于对数增长期，所以 2～10 天左右 MLSS 的增长速率较快。当 MLSS 增加到一定范围，且进水中有机物与污泥浓度达到相对稳定后，由于活性污泥的缓慢增长以及废水中的无机污染物、难生物降解的有机污染物被膜截留在反应器中不断积累，所以15天之后的MLSS增长速率趋于缓慢并稳定增加。

(2) 海绵的污泥吸附量

经测定，海绵表面的污泥吸附量基本均匀，厚度从4.2 mm至8.5 mm不等。分别选取10处具有代表性的区域测量海绵外侧动态膜厚度，取平均值。经测量，海绵动态膜外侧的平均厚度为6.8 mm。吸附截留量的测量通过取其中3处平均厚度接近6.8 mm的海绵动态膜，烘干后称重，最后取平均值。观测外部特征时选样为使照片清晰，选择较厚处的动态膜进行拍摄；电镜选择裁剪接近平均厚度处的海绵动态膜进行拍摄。

图2.38、图2.39分别为海绵用剪刀裁剪后的截面和表面照片，可以看出，海绵动态膜的污泥量应包括海绵表面吸附量和海绵内部吸附量。稳定运行60天后，测得其中海绵表面单位面积污泥吸附量为173.68 mg/cm^2，海绵内部单位体积污泥吸附量为31.79 mg/cm^3。

海绵动态膜在反应器中的吸附量不可忽视，由物料守恒定律可以得出以下结论：

$$G=g_1 \cdot V+g_2 \cdot S$$

其中G为污泥总吸附量(mg)，g_1为内部单位体积海绵吸附污泥量(mg/cm^3)，g_2为表面单位面积海绵吸附污泥量(mg/cm^2)，V为海绵的总体积(cm^3)，S为海绵的总面积(cm^2)。

$$M=G+\mathrm{MLSS} \cdot V$$

其中M为反应器中总污泥量(mg)，G为污泥总吸附量(mg)；MLSS为混合液污泥浓度(mg/m^3)；V为反应器有效体积(m^3)。

值得一提的是，试验中发现当海绵体积增加到一定程度或者混合液中污泥量较少时，由于海绵的吸附会导致混合液中的MLSS接近零，这时海绵既作为微生物生长载体，又作为动态膜膜过滤的基材。

2) 海绵动态膜外部特征

(1) 外部宏观特征

图2.37是海绵使用前在显微镜下的照片。从图中可以看出海绵具有大量错综复杂的孔道，且海绵表面是较为平整的平面，这是海绵作为动态膜生物反应器膜基材料的先决条件，也是海绵动态膜生物反应器具有特殊性质的缘由。

从图2.38可以看出，海绵基材动态膜稳定后，表面附着的动态膜的厚度会达到8 mm，其中厌氧层与好氧层颜色不同，并有明显的界限。好氧层在外侧，厚度约为3.5 mm，呈黄褐色，如图2.39所示。厌氧层在靠近海绵的内侧，一直延伸到海绵本身的另一侧，厌氧污泥层的厚度包括泥饼层中厌氧层的厚度和海绵的厚度，分别为4.5 mm、10 mm，总计14.5 mm，颜色都呈黑色，其中泥饼层中厌氧层的颜色较深，海绵内的厌氧污泥颜色较浅，略显灰黑色。

由此可见，海绵动态膜存在空间上的好氧、厌氧区，可以在好氧微生物生长的同时实现厌氧微生物的生长。如果海绵动态膜生物反应器内存在平行透过海绵宽度方向、从厌氧区到好氧区的流态(第三章中得以证实)，即在海绵动态膜生物反应器中可以形成多个A/O空间，为有机物的去除和脱氮提供有利条件。

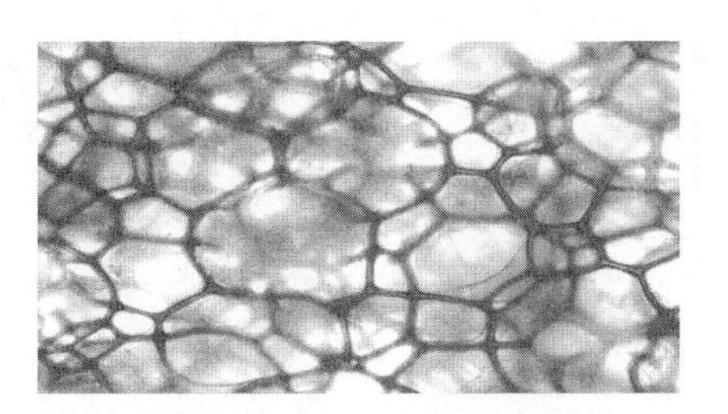

图 2.37　海绵的显微镜照片

图 2.38　海绵动态膜截面照片

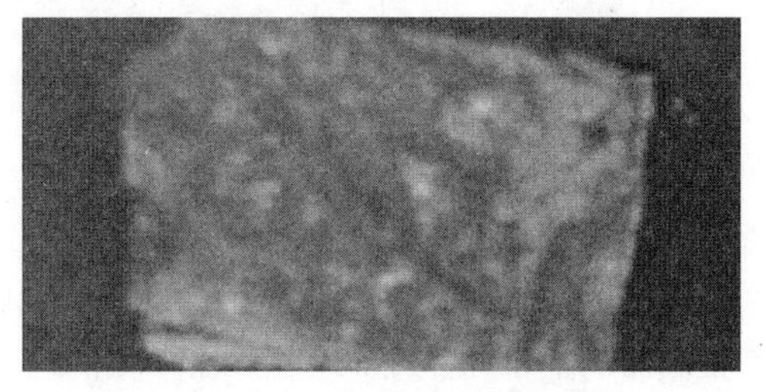

图 2.39　海绵动态膜表面照片

(2) 外部微观特征

试验用环境扫描电镜对海绵动态膜结构进行了拍摄。在不同的放大倍率下，拍摄了海绵动态膜表面、截面不同位置的 ESEM 图。图 2.40 为海绵动态膜表面的电镜图，从图中可以看出，海绵动态膜表面并不如宏观显示的平整光滑，存在大量微小孔洞，大小从几微米到十几微米不等。孔洞的存在是海绵动态膜能够良好透水的原因之一。图 2.41 是海绵动态膜截面上部的电镜图，从图中可以看出有大量活性污泥被吸附、截留在海绵基材的外部，网状层次的海绵结构镶嵌在活性污泥层中与之形成密实的结合体，阻止活性污泥进一步向内部扩散随水流溢出，上部泥饼层结构的形成可能是海绵外部污泥层向内挤压的结果。从图 2.41 中还可以看出，海绵动态膜截面上存在大量的微孔和较多的裂隙，这样的微孔与裂隙与表面的微孔结构错综、交汇，形成类似于土壤层的孔隙结构，使得污水得以通过孔隙透过动态膜。

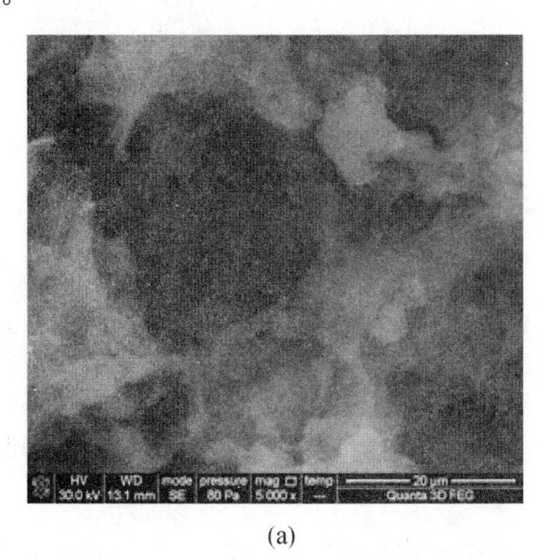

(a)

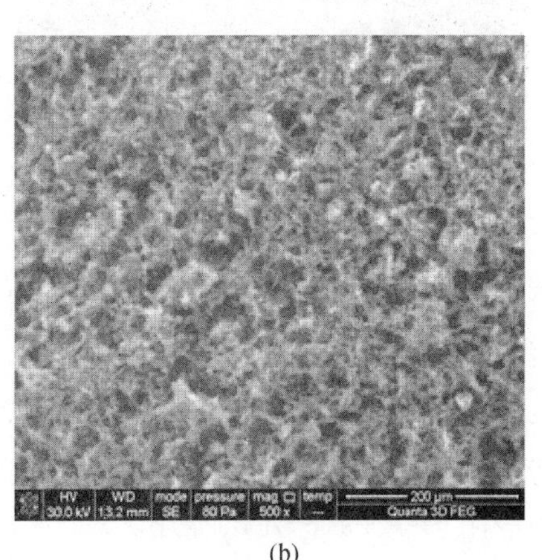

(b)

图 2.40　海绵动态膜表面电镜图(a. 500 倍; b. 5 000 倍)

(a)

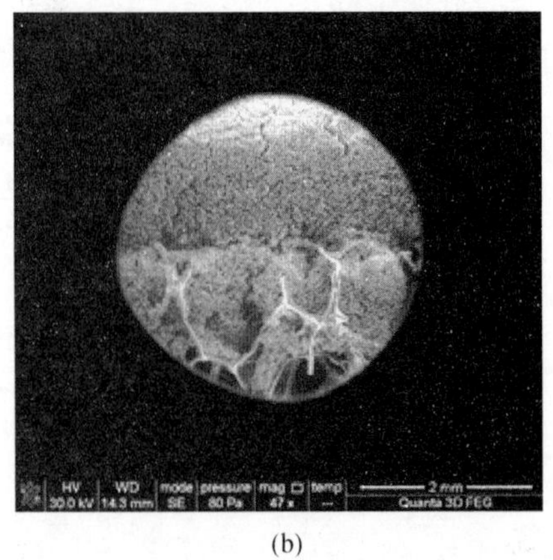

(b)

图 2.41　海绵动态膜截面上部电镜图(a. 47 倍; b. 200 倍)

图 2.42 是海绵动态膜截面中部的电镜图,从图中可以看出,海绵截面的中部与海绵动态膜截面的上部完全不同,只存在少量的活性污泥,未能形成完整的污泥层结构。但仍可以看到,海绵基材的孔洞之间存在一块块相互连接的活性污泥絮体颗粒,这些活性污泥多半由于黏性吸附在海绵的网状结构中,进一步过滤污水中杂质,拦截进入其中的颗粒。图 2.43 是海绵动态膜截面下部的电镜图,从图中可以看出,相比海绵动态膜截面的中部,截面下部的污泥量更少,仅有少量活性污泥吸附在海绵上,图 2.43(b)中可以看到,海绵网孔中存在由活性污泥与水形成的水膜状结构。

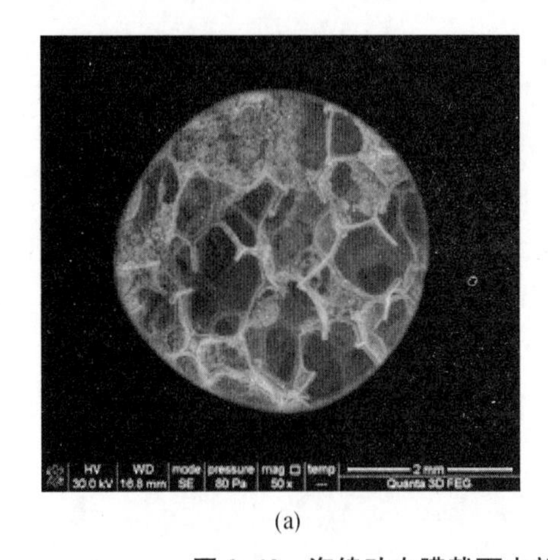

(a)

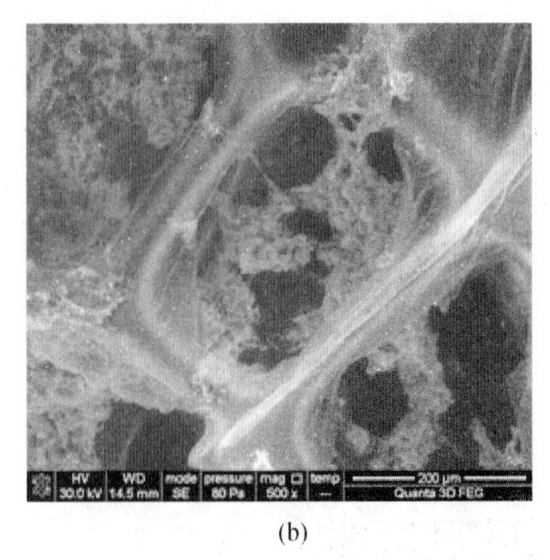

(b)

图 2.42　海绵动态膜截面中部电镜图(a. 50 倍; b. 500 倍)

中下部未能形成密实的污泥层,这为海绵外侧、上部污泥层在跨膜压力下的推进提供了空间,使污泥层不至于因跨膜压差的作用堵塞膜基材孔道,而跨膜压差的存在仅能使污泥层向下部的孔洞移动,这是海绵动态膜不易堵塞的主要原因。而无纺布之类的材料孔道较小,容易被污泥堵死。另外,由于中下部海绵与活性污泥之间相互黏结,对污水的净化和活性污泥的截留吸附仍存在着一定的作用。

由于海绵本身的过滤清水阻力极小,海绵动态膜形成后阻力主要来源于活性污泥层,还可以分析得出,海绵动态膜的阻力主要来源于海绵表面截留的污泥层和海绵上部的污泥层;

而海绵动态膜截面中部及下部，由于活性污泥量较少，存在较大的孔隙，对阻力影响较小，所以海绵动态膜的总阻力略小于无纺布等基材动态膜未堵塞前的总阻力。

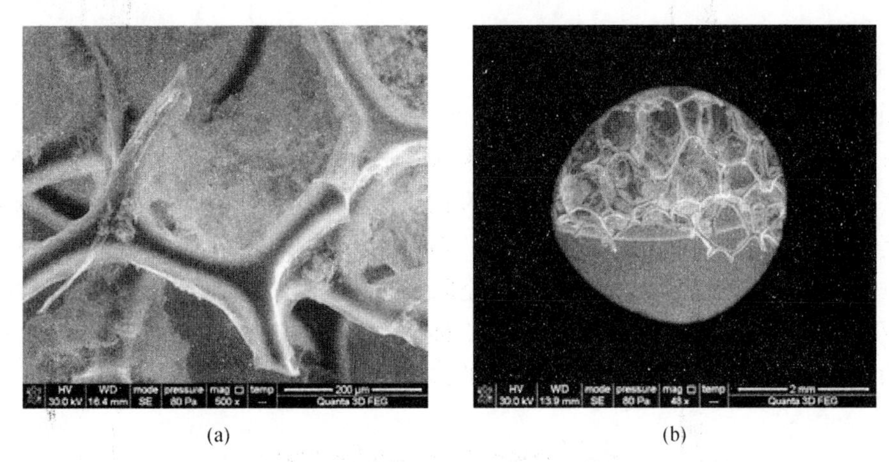

(a)　　　　(b)

图 2.43　海绵动态膜截面下部电镜图(a. 50 倍；b. 500 倍)

2.3.2.3　海绵动态膜处理效果

以下分析了海绵动态膜生物反应器对 COD、NH_3—N、TN 的处理效果，并与 2.3.1 节中聚酯无纺布、筛网动态膜生物反应器进行了比较。

1）COD 去除效果

由图 2.44 中可以看出，反应器对 COD 的去除在 5 天后进入稳定状态，出水 COD 平均浓度为 18.9 mg/L，稳定期出水、上清液 COD 值在较小范围内波动，反应器对 COD 的平均去除率为 93.8%，其中动态膜对 COD 的平均去除率为 4.1%。可见以海绵为膜基材料的动态膜生物反应器中，有机物可以达到较高的去除率，但是动态膜自身对有机物的去除率的贡献所占比例较小。这主要是由于物理搅拌和曝气搅拌使动态膜上附着的污水与反应器内的污水不断掺混，使得上清液的 COD 与出水中的 COD 接近。而动态膜 4.1%的平均去除率主要是由于出水时部分有机物会随活性污泥吸附到动态膜上所引起的。

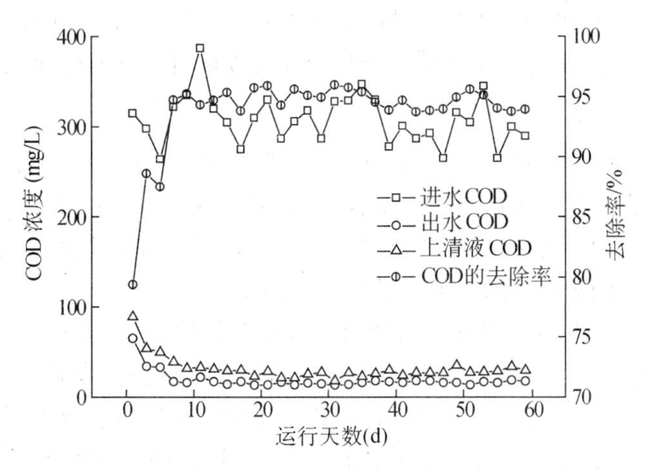

图 2.44　COD 的去除效果

海绵基材动态膜生物反应器对 COD 的去除效果类似于聚酯无纺布、聚酯筛网基材动态膜生物反应器，平均出水 COD 值均低于 20 mg/L，对 COD 的平均去除率均维持在 90%以上。

2) NH_3—N 的去除效果

从图 2.45 可以看出，反应器对 NH_3—N 的去除在 5～6 天后进入稳定状态，稳定后出水 NH_3—N 平均浓度为 1.03 mg/L，稳定期出水 NH_3—N 的波动范围较小，反应器对 NH_3—N 的平均去除率为 97.1%。反应器对 NH_3—N 的去除率高是由于动态膜对混合污泥的截留作用使得硝化菌在反应器中大量繁殖。另外 SBR 法的间歇厌氧、好氧与海绵膜基材料形成的好氧、厌氧区域使得反应器存在时间上和空间上的好氧—厌氧结合，使得反应器可以取得良好的反硝化效果，为硝化的进一步进行提供推动力。而动态膜对 NH_3—N 的平均截留去除率仅为 4.8%，单独的动态膜对 NH_3—N 的去除率的贡献所占比例较小。

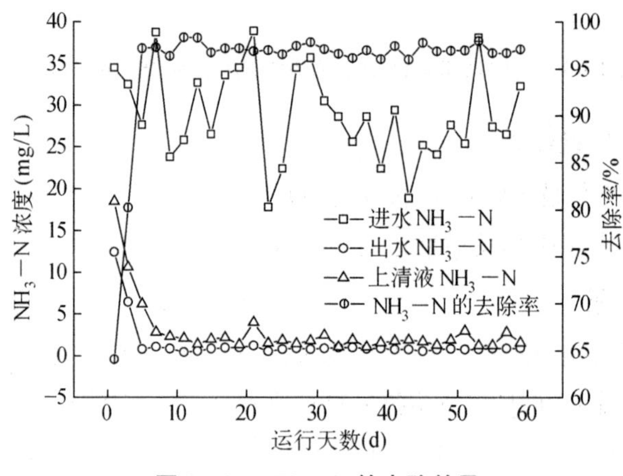

图 2.45　NH_3—N 的去除效果

海绵基材动态膜生物反应器对 NH_3—N 的去除效果优于聚酯无纺布、聚酯筛网基材动态膜生物反应器，聚酯无纺布、聚酯筛网基材动态膜的出水 NH_3—N 含量仅在 10 mg/L 以下，在 5 mg/L 左右波动，NH_3—N 的去除率约为 85%。可见，在相同运行条件下，海绵膜基材料形成的好氧、厌氧区域强化了反应器时空上的好氧—厌氧结合，所以海绵动态膜生物反应器相比聚酯无纺布、聚酯筛网动态膜生物反应器可以取得更好的硝化效果。

3) TN 的去除效果

图 2.46 是海绵动态膜生物反应器对 TN 的去除效果。从图中可以看出，海绵动态膜生物反应器对 TN 的去除在 7 天后进入稳定状态，稳定后出水 TN 平均浓度为 17.4 mg/L，反应器对 TN 的平均去除率为 72.3%，出水时，动态膜对 TN 的平均截留去除率仅为 5.9%，单纯的动态膜对 TN 的截留去除率的贡献所占比例较小。

聚酯无纺布基材动态膜生物反应器的出水 TN 含量均在 23.9 mg/L 左右波动，TN 的平均去除率仅为 48.41%。海绵动态膜生物反应器对 TN 的去除效果远高于聚酯无纺布动态膜生物反应器，这主要得益于厌氧层和海绵内外不断循环的流态存在，从而反应器内形成很好的厌氧—好氧区域，从而硝化—反硝化得以同时进行，强化了脱氮的效果，所以 TN 在海绵动态膜的作用下有着较好的去除率。

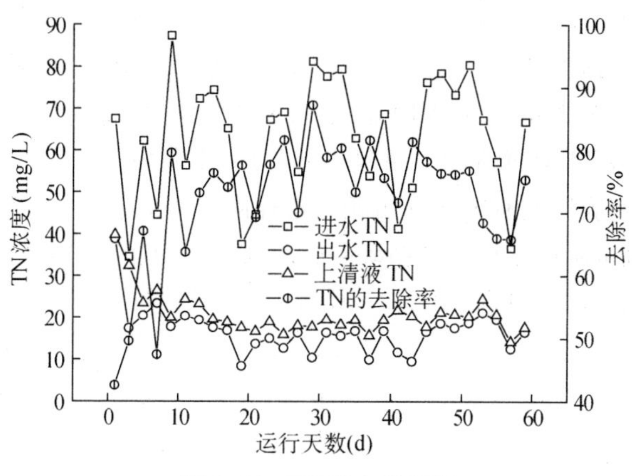

图 2.46　TN 的去除效果

2.4　系统的临界通量

2.4.1　临界通量的测定

2.4.1.1　临界通量的概念

在 DMBR 系统性能的研究和工程应用中，膜通量(定义为单位时间内单位面积上通过的流体体积)是一个十分重要的概念。实际工程中，在确保处理效果的前提下，希望膜通量越大越好以便减小反应器体积、节省投资，但过大的膜通量极易引起严重的膜污染而导致无法正常出水。因此，寻找一个合适的满足工程需要的膜通量就显得尤为重要。在这一背景下，Field 等[18]于 1995 年提出了临界通量的概念。

Field 指出，在某些情况下，当过膜压力 TMP 恒定在一个临界值以下时，可以实现恒通量过滤。和普通的恒压过滤相比，恒通量过滤能够减小膜堵塞的可能性以及堵塞的程度。在此基础上，Field 进一步提出了临界通量的假设：在过滤起始阶段存在这么一个通量值，当运行通量低于此值时通量不随时间变化而衰减，当运行通量大于此值时膜污染就会发生，这个通量值就是临界通量。

不同学者对临界通量的定义也不尽一致，此后 Kwon 等[19]从粒子迁移平衡和 TMP 变化这两个方面对临界通量作了定义。在不同膜通量下颗粒在膜表面的沉积速率不一样，随着膜通量的增加颗粒开始沉积，沉积速率逐渐增加。因此通过计算在不同膜通量下的颗粒沉积速率，把没有颗粒物质在膜表面沉积时的最大通量定义为临界通量。此外也可从 TMP 随运行时间变化的角度出发，将在恒定通量操作模式下 TMP 不随运行时间变化而明显升高的最大膜通量定义为临界通量。

2.4.1.2　临界通量的测定方法

目前普遍认为，膜生物反应器应该采用次临界通量操作的运行模式。确定临界通量的方法有流量阶梯法、压力阶梯法和工作曲线作图法。

1）流量阶梯法

内置式膜生物反应器常采用恒流过滤。首先从较低流量开始以恒定流量持续过滤一段时间 ΔT，同时记录跨膜压差的变化 ΔTMP；若 TMP 恒定，再将流量提高一个阶梯，恒流过滤一段时间并记录压差 TMP 的变化。重复以上程序，不断提高流量并记录压差变化。在临界流量附近会观察到跨膜压差有突然的飞跃。这样测定的临界流量的误差是由流量阶梯的大小决定的，越小的流量阶梯会得到越精确的临界流量。对于持续过滤时间的大小，各文献的研究差异很大。试验数据处理如图 2.47 所示。

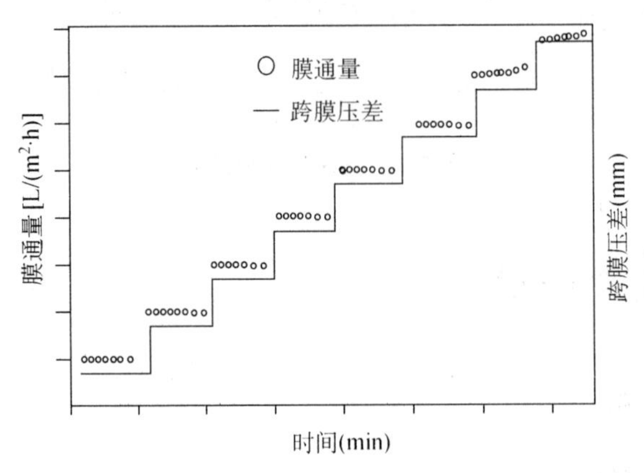

图 2.47　流量阶梯法测定膜组件的临界通量示意图

2）压力阶梯法

外置式膜生物反应器常采用恒压过滤。完全类似于恒流过滤，通过逐步增加压力阶梯 TMP，并同时记录渗透通量的变化，在临界点附近能观察到明显的通量的衰减。类似地，临界压力的试验精度也完全被压力阶梯决定。为了获得更精确的临界压力，就需要选择越精细的压力阶梯。如图 2.48 所示。

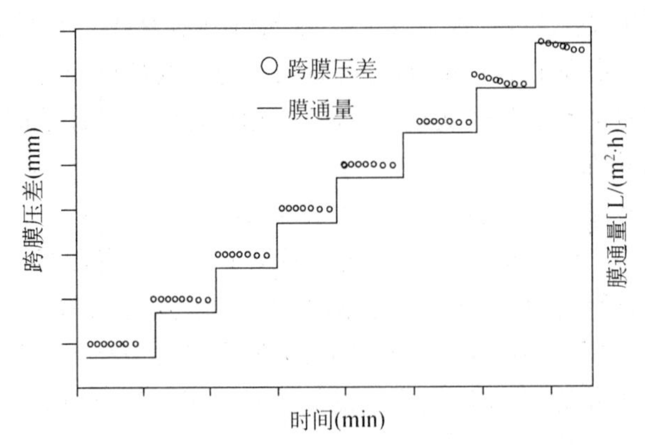

图 2.48　压力阶梯法测定膜组件的临界通量示意图

3）工作曲线作图法

工作曲线法测定临界膜通量的工作曲线如图 2.49 所示。无论是流量阶梯法还是压力阶梯法，都利用了超临界区滤饼层动态演化的特性，仅仅是利用了不同测试条件下工作曲线

的差异，并从临界流量假设出发推导出了工作曲线满足的方程。根据达西定律，

$$J=\frac{\Delta p}{\eta(R_m+R_c)}$$

亚临界区滤饼层不存在，即跨膜压力小于临界压力时滤饼层无法形成：$\Delta p<\Delta p_c$ 时，$R_c=0$；在超临界区，会出现动态演化的滤饼层，即当 $\Delta p\geqslant\Delta p_c$ 时，$R_c(\Delta p)\geqslant 0$。

将初始滤饼层产生的过滤阻力 $R_c(\Delta p)$ 在临界压力点 Δp_c 处展开，由于在临界压力点处滤饼层阻力为零，仅保留基数展开的第一项即得到当 $\Delta p>\Delta p_c$ 时，

$$R_c(\Delta p)=\theta(\Delta p_c-\Delta p)+\cdots$$

式中 θ 为一个依赖于过滤体系的常数。

由此得到超临界区工作曲线的方程，即当 $\Delta p\geqslant\Delta p_c$ 时，$J=\frac{\Delta p}{\eta[R_m+\theta(\Delta p-\Delta p_c)]}$。

当跨膜压力充分大时，完全由滤饼层决定的极限通量为 $J_{\infty}=\lim\limits_{\Delta p\to\infty}J(\Delta P)=\frac{1}{\eta\theta}$。

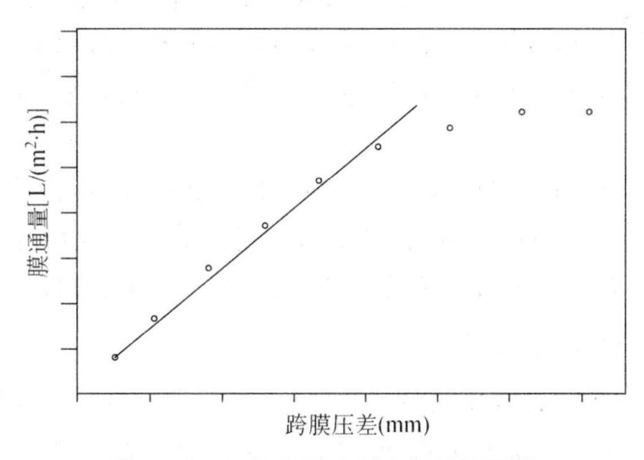

图 2.49　工作曲线法测定临界膜通量

2.4.1.3　流量阶梯法测定动态膜生物反应器的临界通量

在试验中，气水比限定为 30∶1，T 确定为 120 分钟，污泥浓度维持在 4 000 mg/L 左右，通过调节蠕动泵的转速来改变膜通量，膜通量采用体积法测量（以秒表记录动态膜出水贮满 100 mL 量筒所需要的时间，体积除以时间即得通量）。由于蠕动泵每运行 12 分钟停 3 分钟，因此 15 分钟测量一次通量，测量时间选在蠕动泵启动 6 分钟后，TMP 由真空表测得。为了尽量提高测定结果的准确性，每个周期之后都对装置进行 10 分钟的空曝气，减小膜污染积累对下次测量结果的影响。

如图 2.50 所示，试验中起始通量为 15 L/(m^2 · h)，后续通量每次增加 10 L/(m^2 · h)，依次取为 25 L/(m^2 · h)、35 L/(m^2 · h)、45 L/(m^2 · h)，直至蠕动泵在该操作条件下的最大流量。由图 2.50 可以看到，当测试通量在 15～ 65 L/(m^2 · h)之间时，过膜压力未有明显的升高，表明膜污染并不严重；当测试通量取为 75 L/(m^2 · h)时，过膜压力增加明显，在 120 分钟内从 7 kPa 增加到 15 kPa。按照“通量阶式递增法”的理论，DMBR 在该操作条件下的临界通量在 65～75 L/(m^2 · h)之间。

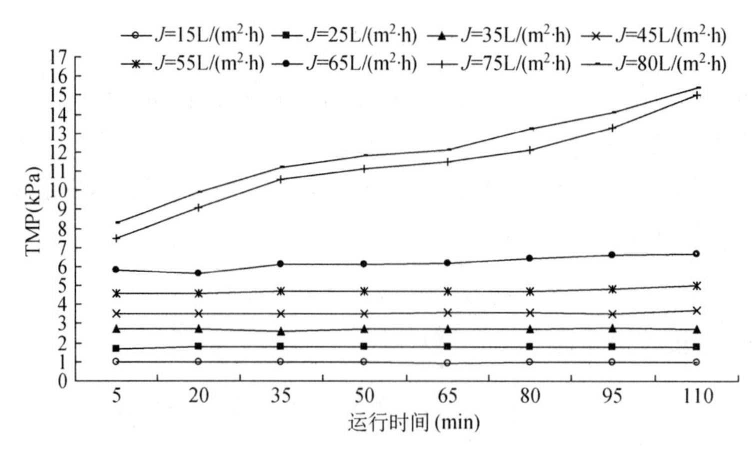

图 2.50　临界通量测定结果

根据临界通量理论,膜装置在小于临界通量的次临界通量状态下能够在较长时间内稳定运行,膜通量不会显著下降。因此分别选取通量为 15 L/(m^2 · h)、30 L/(m^2 · h)、45 L/(m^2 · h)、60 L/(m^2 · h)进行 DMBR 装置在次临界通量下的长期运行试验,同步监测膜污染的发展情况。

在各试验通量下,分别记录过膜压力随时间的变化情况,测量污泥浓度和黏度。膜面错流速度是和膜污染联系紧密的一个因素,在试验中体现为气水比仍为 30 ∶ 1。每个通量试验结束后,都要对非织造布动态膜进行清洗,然后进行下一个通量的试验。

1) MLSS、SV、SVI 变化情况

膜装置在长期运行期间污泥浓度变化情况如图 2.51 所示,污泥浓度在大部分情况下保持平缓增长,浓度范围在 3 500～5 000 mg/L。当试验通量为 60 L/(m^2 · h)时,污泥浓度增长较快,超过了 5 000 mg/L,因此进行了一次人工排泥。试验期间污泥浓度之所以逐步增加主要是因为通量依次增加,有机负荷加大,微生物同化作用增强所致。

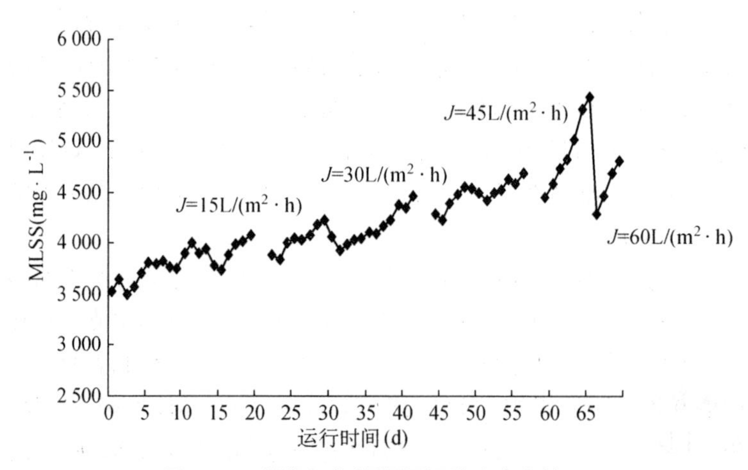

图 2.51　长期运行期间污泥浓度变化情况

污泥沉降比能够反映反应器运行过程中的活性污泥量,并判断是否发生污泥膨胀。试验期间用 100 mL 量筒测得的污泥沉降比普遍较高,当试验通量为 60 L/(m^2 · h),MLSS 为 5 000 mg/L 时,SV 在 90%以上,最高值达到 95%,污泥膨胀现象严重,沉降性较差(如图 2.52 所示)。根据测得的 MLSS 和 SV 值即可计算出污泥容积指数 SVI(如图 2.53 所示)。SVI 值在试验期间总体上亦偏高且不断上升,从 110 mL · g^{-1} 逐步增加到 190 mL · g^{-1}。丝状菌的大量繁殖是造成 SV 和 SVI 值偏高的主要原因,但 DMBR 中以动态膜的截留取代了活性污泥法中二沉池的固液分离作用,因此丝状菌的繁殖对出水水质影响不大。

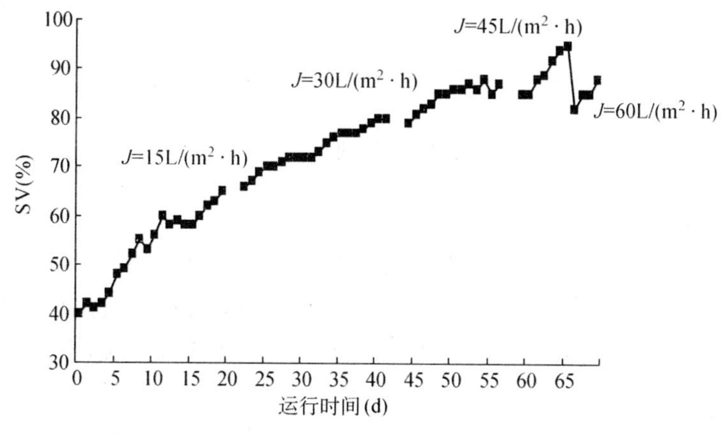

图 2.52　长期运行期间污泥沉降比 SV 变化情况

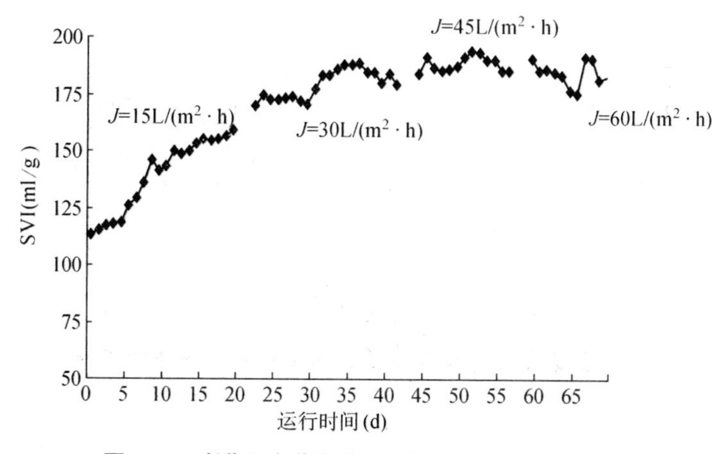

图 2.53　长期运行期间污泥容积指数 SVI 变化情况

2) 污泥黏度变化情况

试验期间污泥黏度的变化见图 2.54。Sato[20] 等研究表明污泥黏度变化与污泥浓度的增长呈指数关系,并且和过滤阻力密切相关。试验结果表明:随着污泥浓度的增加,污泥黏性物质逐渐积累,上清液越来越浑浊,污泥黏度值从 1.5 mPa · s 增加到 2.3 mPa · s。

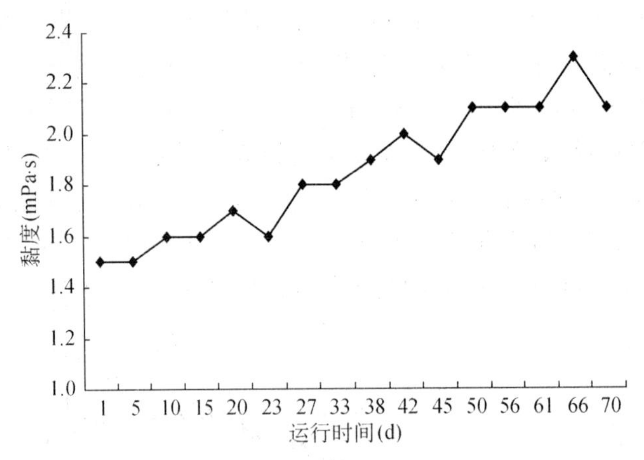

图 2.54　长期运行期间污泥黏度变化情况

3）过膜压力变化情况

试验期间各通量下过膜压力的变化情况见图 2.55。当试验通量为 15 L/(m^2 · h)时，在为期 20 天的试验过程中 TMP 变化比较平缓，始终在 5 kPa 以下，能正常出水。当试验通量为 30 L/(m^2 · h)时，TMP 在 20 天的试验过程中同样变化比较平缓，出水正常，但 TMP 值较 15 L/(m^2 · h)时有所增加，第 20 天时达到 10 kPa。当试验通量为 45 L/(m^2 · h)时，TMP 增长幅度变大，在第 13 天时达到 16 kPa，并且此后无法正常连续出水，经仔细观察发现只可间断出水，已不具备稳定运行的条件。当试验通量为 60 L/(m^2 · h)时，TMP 增长幅度更加迅猛，在第 10 天时即已达到 34 kPa，并且同样无法正常连续出水，运行稳定性已被破坏。

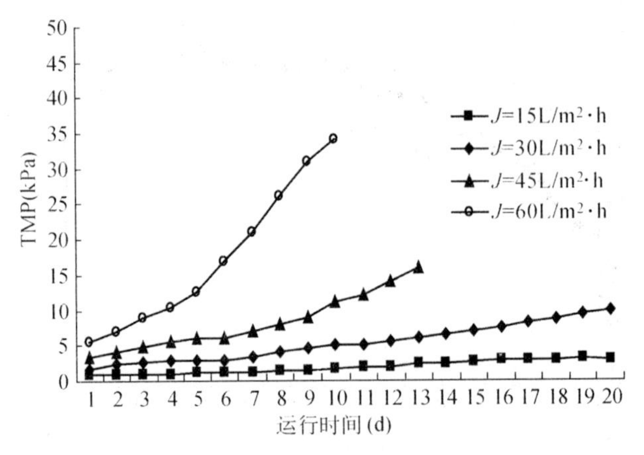

图 2.55　不同通量下 TMP 变化情况

4）膜过滤阻力分布

膜污染过程一般用膜滤过程中膜阻力的变化情况来表示。

达西方程膜通量可以表示为：

$$J=\frac{\Delta p}{\mu R} \tag{2.1}$$

式中：J——膜通量，L/(m^2 · h)；

Δp——过膜压力，Pa；

μ——透过液动力黏度，Pa・s；

R——总过滤阻力，m^{-1}。

过滤总阻力 R 进而可表示为：

$$R=\frac{\Delta p}{\mu J} \tag{2.2}$$

过滤总阻力 R 从理论上可分为膜自身固有阻力 R_m、膜滤过程中的浓差极化阻力 R_{cp}、凝胶层阻力 R_g、堵塞阻力 R_b 和吸附阻力 R_a，见图 2.56。

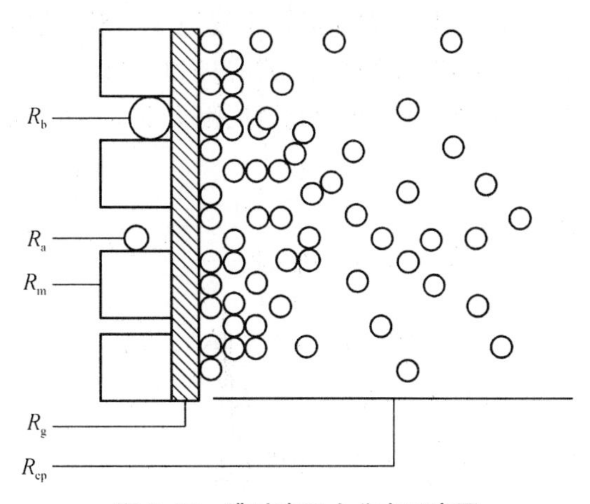

图 2.56　膜过滤阻力分布示意图

在实际应用和研究中，除了膜本身固有阻力外，对其余各项阻力又有着许多不同的理解和划分。本文中为方便起见将总过滤阻力 R 划分为滤饼层阻力 R_c、凝胶层阻力 R_g 和膜固有阻力 R_m，其中将膜孔堵塞和吸附阻力归入凝胶层阻力处理。

$$R=R_c+R_g+R_m \tag{2.3}$$

比较膜滤过程中上述三项阻力的大小关系，对进一步理解和控制膜污染具有重要意义。为此，分别选取上述各通量试验稳定状态时的数据计算 R、R_c、R_g 和 R_m，确定主要阻力项。

R_m 的计算：

固有阻力 R_m 用清洁的膜组件进行清水过滤试验由达西方程计算得到，这项工作在整个试验过程的最初阶段进行。

试验数据：$\mu=0.89\times10^{-3}$ Pa・s($T=25$ ℃)，$J=125$ L/(m^2・h)，$p=133$ Pa。

$$R_m=\frac{\Delta p}{\mu J}=\frac{133}{0.89\times10^{-3}\times\frac{125\times10^{-3}}{3\,600}}=0.43\times10^{10}\ m^{-1}$$

R 的计算：

膜过滤总阻力 R 根据各通量试验稳态时的 p、μ 由达西方程求得。

$J=15$ L/(m^2・h)时，$R=\frac{\Delta p}{\mu J}=\frac{1\,200}{1.5\times10^{-3}\times\frac{15\times10^{-3}}{3\,600}}=19.2\times10^{10}\ m^{-1}$

$$J=30\ \mathrm{L/(m^2\cdot h)}\text{时},R=\frac{\Delta p}{\mu J}=\frac{3\ 000}{1.8\times10^{-3}\times\frac{30\times10^{-3}}{3\ 600}}=20.0\times10^{10}\ \mathrm{m^{-1}}$$

$$J=45\ \mathrm{L/(m^2\cdot h)}\text{时},R=\frac{\Delta p}{\mu J}=\frac{6\ 000}{2.1\times10^{-3}\times\frac{45\times10^{-3}}{3\ 600}}=22.9\times10^{10}\ \mathrm{m^{-1}}$$

$$J=60\ \mathrm{L/(m^2\cdot h)}\text{时},R=\frac{\Delta p}{\mu J}=\frac{12\ 500}{2.2\times10^{-3}\times\frac{60\times10^{-3}}{3\ 600}}=34.1\times10^{10}\ \mathrm{m^{-1}}$$

R_c、R_g 的计算：

将动态膜组件从反应器中取出，首先在清水中浸泡 30 分钟，然后缓慢地上下移动 3～5 次，洗去表面滤饼层，再放入反应器中过滤，取最初过滤时(第 15 秒)测得的数据计算出一个阻力值记为 R_*，过滤总阻力 R 减去 R_* 即为滤饼层阻力 R_c，而 R_* 减去膜固有阻力 R_m 即为凝胶层阻力 R_g。

$$J=15\ \mathrm{L/(m^2\cdot h)}\text{时},R_*=\frac{\Delta p}{\mu J}=\frac{160}{1.5\times10^{-3}\times\frac{15\times10^{-3}}{3\ 600}}=2.56\times10^{10}\ \mathrm{m^{-1}}$$

$$R_c=R-R_*=16.64\times10^{10}\ \mathrm{m^{-1}},\ R_g=R_*-R_m=2.13\times10^{10}\ \mathrm{m^{-1}}$$

同理可以计算出其余通量时的 R_c、R_g。

$$J=30\ \mathrm{L/(m^2\cdot h)}\text{时},R_*=\frac{\Delta p}{\mu J}=2.77\times10^{10}\ \mathrm{m^{-1}},$$

$$R_c=R-R_*=17.23\times10^{10}\ \mathrm{m^{-1}},\ R_g=R_*-R_m=2.34\times10^{10}\ \mathrm{m^{-1}}$$

$$J=45\ \mathrm{L/(m^2\cdot h)}\text{时},R_*=\frac{\Delta p}{\mu J}=2.49\times10^{10}\ \mathrm{m^{-1}},$$

$$R_c=R-R_*=20.41\times10^{10}\ \mathrm{m^{-1}},R_g=R_*-R_m=2.06\times10^{10}\ \mathrm{m^{-1}}$$

$$J=60\ \mathrm{L/(m^2\cdot h)}\text{时},R_*=\frac{\Delta p}{\mu J}=2.66\times10^{10}\ \mathrm{m^{-1}},$$

$$R_c=R-R_*=31.44\times10^{10}\ \mathrm{m^{-1}},\ R_g=R_*-R_m=2.23\times10^{10}\ \mathrm{m^{-1}}$$

将上述数据整理成表 2.8 和图 2.57。

表 2.8　膜过滤阻力分布

通量 ($\mathrm{L\cdot m^{-2}\cdot h^{-1}}$)	R	R_m		R_g		R_c	
	数值 ($10^{10}\cdot\mathrm{m^{-1}}$)	数值 ($10^{10}\cdot\mathrm{m^{-1}}$)	比例 (%)	数值 ($10^{10}\cdot\mathrm{m^{-1}}$)	比例 (%)	数值 ($10^{10}\cdot\mathrm{m^{-1}}$)	比例 (%)
15	19.2	0.43	2.2	2.13	11.1	16.64	86.7
30	20.0	0.43	2.2	2.34	11.7	17.23	86.1
45	22.9	0.43	1.9	2.06	9.0	20.41	89.1
60	34.1	0.43	1.3	2.23	6.5	31.44	92.2

从表 2.8 可以看出，在各项阻力中，滤饼层阻力所占比例最大，对过滤总阻力的贡献率在 85%～90%左右，膜固有阻力的值较小，相对于滤饼层阻力可以忽略不计，而凝胶层阻力

所占比例为6%～11%左右，绝对值变化不大，说明在膜污染的防治中重点应控制滤饼层阻力，通过调节膜面错流速度将滤饼层厚度控制在适当范围内，既能保证出水水质不受影响，又能减缓膜污染的发展速度。由计算结果看出DMBR的总过滤阻力在10^{10}的数量级，这比微滤/超滤膜总过滤阻力要小2～3个数量级。

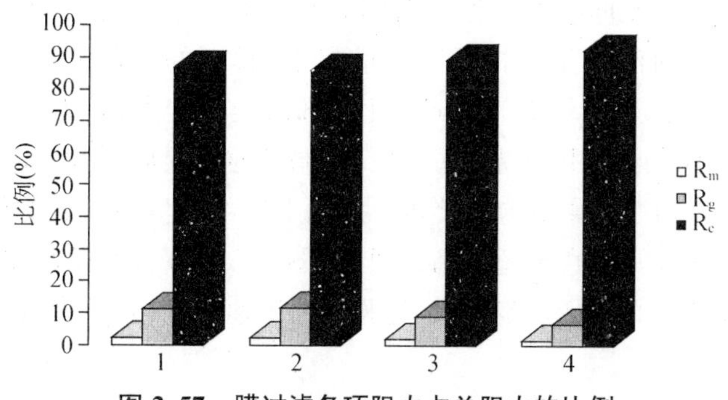

图2.57　膜过滤各项阻力占总阻力的比例

5）长期运行试验中膜污染状况分析

膜污染主要是由两大类物质造成：溶解性大分子物质和颗粒物质。溶解性大分子物质主要指微生物代谢过程中产生的溶解性微生物产物SMP和胞外聚合物ECP[21]。在膜分离过程中上述物质与膜易发生作用，在膜表面不断积累形成凝胶层，在过滤总阻力中所占比例不大，但不能通过水力清洗消除，称为不可逆污染。颗粒物质主要是一些污泥絮体，被膜截留后在膜表面形成滤饼层，滤饼层可以通过水力清洗消除，称为可逆污染。由上文膜过滤阻力分布计算可知可逆污染在总过滤阻力中所占比例较大，占到85%～90%左右，是膜污染防治中需要控制的主要对象。在动态膜生物反应器中，临界通量也是针对可逆污染而言的，次临界操作的主导思想就是使膜在运行的过程中尽量避免污泥颗粒过快、过量地沉积，延缓可逆污染。

图2.58反映了各通量条件下TMP的上升趋势。可以看出，在上述恒通量试验中，总体上过膜压力TMP随运行时间增长不断增加，越临近运行终点时[$J=45$ L/(m^2·h)、$J=60$ L/(m^2·h)]上升速度越大，通量越大时这种趋势越明显，且膜过滤总阻力的最终值也越大。结合上述分析可以认为次临界条件下的膜污染分为两个阶段：膜污染的缓慢发展阶段；膜污染的快速发展阶段。从第一个阶段到第二个阶段的转折点可以称为临界膜污染状态[22]。

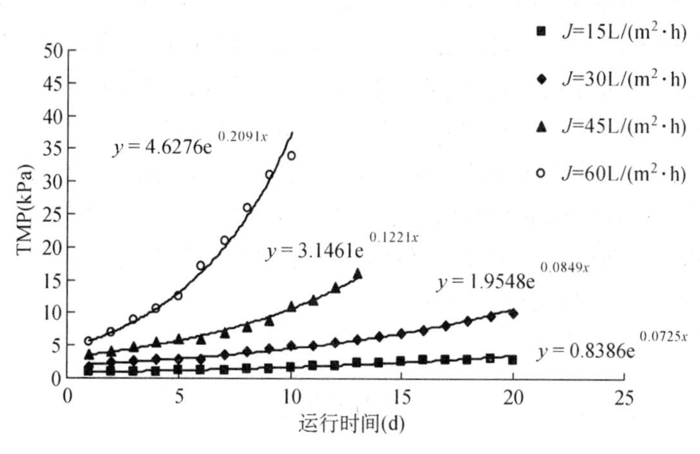

图2.58　TMP上升趋势

在膜污染缓慢发展阶段，采取次临界操作和错流冲刷使颗粒物质在膜面的沉积得到有效控制，滤饼层的厚度较薄且增长较慢，来自于 SMP 和 ECP 形成的凝胶层污染虽然不可逆，但过滤阻力的绝对值较小。此时从宏观上看整个动态膜的通量近似恒定，但由于膜面各个点到组件抽吸出水点的水力损失不同，并且动态膜本身的孔隙大小及其分布并不均匀，导致动态膜各个区域的局部通量不一致，有的区域局部通量较大，有的区域局部通量较小[图 2.59(a)]。在总的过滤通量保持不变的前提下，膜面的局部通量不断变化、重新分布[图 2.59(b)]。原先局部通量较大的区域由于局部污染也较大，阻力上升，从而局部通量减小；原先局部通量较小的区域由于局部污染较轻，局部通量反而增大。随着滤饼层厚度的逐渐增加，这种通量不均匀性的影响愈加严重。膜面上局部通量最大点的位置不断变化，最大局部通量的绝对值不断增加，直至超过临界通量[图 2.59(c)]，污泥絮体开始大量沉积在这一区域，并且沉积区域的面积会逐步扩大，过膜压力迅速上升，膜污染进入快速发展阶段。

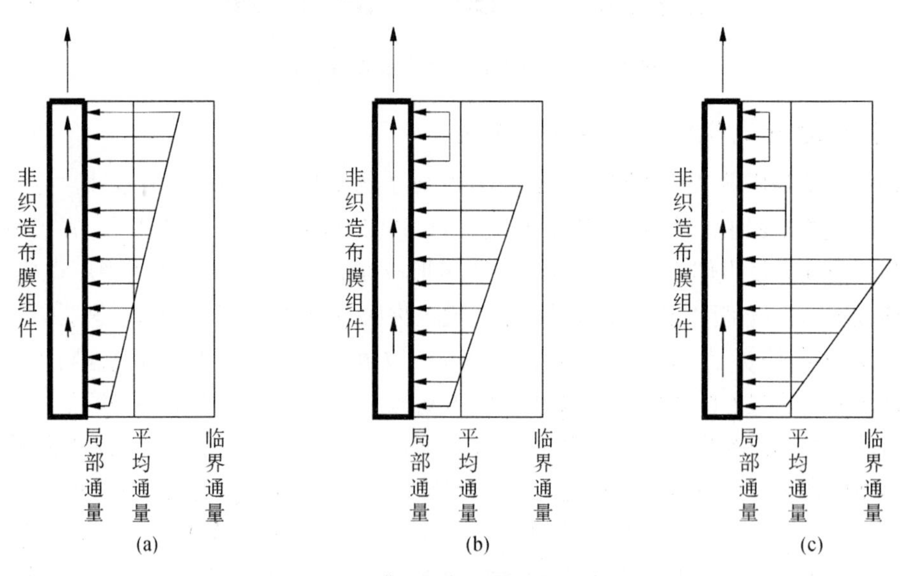

图 2.59 膜面局部通量变化示意图

在实际工程应用中希望第一阶段即膜污染缓慢发展阶段的时间越长越好。第一阶段的时间长短取决于操作通量的大小，操作通量小则历时较长，操作通量大则历时较短。膜面错流虽可减少颗粒物质在膜面的沉积，但毕竟不能完全消除。在气水比一定的条件下，当操作通量较小时，单位时间内随滤液向膜面流动的颗粒物较少，颗粒与膜面碰撞进而沉积的概率较小，滤饼层厚度增长速度较慢，达到临界膜污染状态所需的时间较长。当操作通量较大时，单位时间内随滤液向膜面流动的颗粒物较多，虽然曝气量也随之增加以保证气水比不变，在假设错流对向膜面流动的颗粒物的拦截效率仍保持不变的前提下，由于颗粒物基数的增加，单位时间内与膜面碰撞的颗粒物的绝对数量也将大大增加，导致滤饼层厚度增长速度加快，局部通量重新分布的频率和幅度增加，达到临界膜污染状态所需的时间也相应缩小。这一过程可以借助达西方程进行解释。

达西方程的一般形式为：

$$v=\left(\frac{K}{\mu}\right)i \tag{2.4}$$

式中：K——滤饼层渗透率；

μ——滤液黏度；

i——阻力梯度。

假设滤饼层阻力沿厚度均匀分布，厚度为 x，则：

$$i=\frac{\Delta p}{x} \tag{2.5}$$

利用达西方程可化为下式：

$$\frac{\Delta p}{x}=\frac{\mu v}{K} \tag{2.6}$$ [23]

在给定的操作条件下，μ 与 K 的变化假设可以忽略，则 $\Delta p=f(v,x)$，而 $x=g(v,t)$，在时间 t 内沉积在膜面的颗粒物质量 m 可以表示为：

$$m=vAtc=\rho xA \tag{2.7}$$

式中：A——膜面积；

c——颗粒物浓度；

ρ——滤饼层密度。

由上式推出 x 表达式：

$$x=\frac{vct}{\rho} \tag{2.8}$$

将 x 表达式代入：

$$\Delta p=\frac{x\mu v}{K}=\frac{vct}{\rho}\left(\frac{\mu v}{K}\right)=\frac{v^2 ct\mu}{K\rho} \tag{2.9}$$

令颗粒的比阻力系数 R_p[6] 为：

$$R_p=\frac{\mu}{K\rho} \tag{2.10}$$

则式(2.9)可进一步化为：

$$\Delta p=R_p v^2 ct \tag{2.11}$$

由上式可见，过膜压力与流速 v 即通量的平方成正比，操作通量越大，过膜压力上升速度越快，绝对值也越大，可稳定运行的时间越短。

6）小结

(1) 试验采用“通量阶式递增法”测得 DMBR 系统在 MLSS 为 4 000 mg/L 左右，气水比为 30∶1 时的临界通量值在 65～75 L/(m^2·h)之间。经过长期运行试验的检验，在工程实际应用中通量取 30 L/(m^2·h)较为适宜，此时过膜压力上升较为缓慢，系统可稳定运行较长的时间。

(2) 通过阻力计算表明膜滤过程中的主要压力来自于滤饼层的压力，占到全部阻力的 85%～90%。DMBR 总过滤阻力的绝对值要比微滤/超滤的总过滤阻力小 2～3 个数量级。

(3) 膜污染可分为缓慢发展阶段和快速发展阶段，操作通量越小缓慢发展阶段的历时越长，反之则越短，这一过程可借助达西方程解释。

2.4.1.4 压力阶梯法测定动态膜生物反应器的临界通量

试验采用的压力阶梯为 5 mm，分别测定了出水压头为 5 mm、10 mm、15 mm、20 mm、25 mm、30 mm 时，运行 30 分钟时的出水通量变化曲线。出水压头为出水管的水位和反应器的液位差，出水压头的变化通过调节出水管的位置来实现，并用毫米刻度尺计量。

出水流量用秒表和量筒来记取，每个采样时间为 1 分钟，平均 5 分钟采一次样，并换算成膜通量。计算公式如下：

$$q=\frac{\frac{Q}{1\,000}\times 60}{F} \tag{2.12}$$

式中：q——膜通量，L/(m^2 · h)；

Q——流量，mL/min；

F——膜面积，m^2。

试验结果如图 2.60 所示。

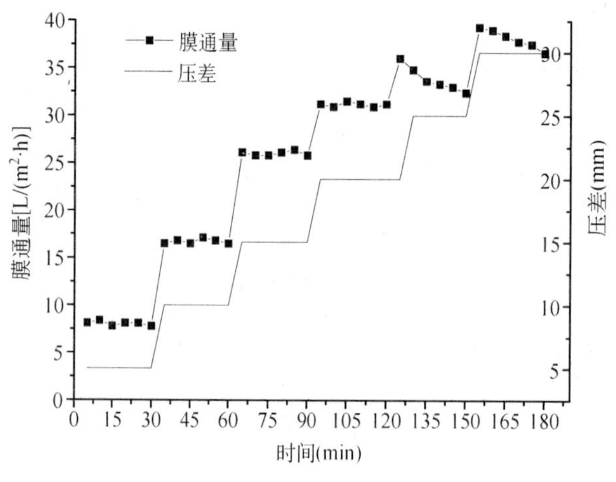

图 2.60 压力阶梯法测定临界流量

由图 2.60 可以看出，试验采用的稳定间歇时间为 30 分钟，压力阶梯为 5 mm。在压差为 5～20 mm，通量小于 32 L/(m^2 · h)时，通量在某一个平均值左右波动，在误差范围之内。当压差为 25 mm 和 30 mm 时，膜通量在 30 分钟内急剧下降。表明试验膜组件的临界通量大约为 32 L/(m^2 · h)。压力阶梯法需要在不同的压差下运行 30 分钟或更长时间，试验过程繁冗复杂，不同的研究者所采用的时间也有差异。

2.4.1.5 工作曲线法测定动态膜生物反应器的临界通量

1) 动态膜未形成时膜通量和跨膜压差的关系

试验对活性污泥混合液中动态膜组件进行研究，在出水水头为 5 mm、8 mm、10 mm、15 mm、20 mm、25 mm、30 mm、35 mm、40 mm、45 mm、50 mm、55 mm 时，进行了即时的出水流量测量。每个出水水头下取三个样，每个样采取的时间为 1 分钟，即每点耗时 3 分钟，最后取流量的平均值，并换算出相应的膜通量，换算方法如公式 2.12，所得到的曲线如图 2.61 所示。膜通量和跨膜压差成正比，线形相关系数为 $R=0.997\,4$，具有极好的相关性。此时，无纺布上的动态膜还没有形成，膜的过滤阻力主要为无纺布自身的阻力。根据达西公式 $J=\frac{\Delta p}{\eta R_m}$，式中 η 为混合悬浮液的浓度，R_m 为无纺布具有的阻力。在活性污泥混合液中，极短的时间内 η 可视为定值，无纺布具有的 R_m 也为定值，$\frac{\Delta p}{J}$ 呈线性关系。

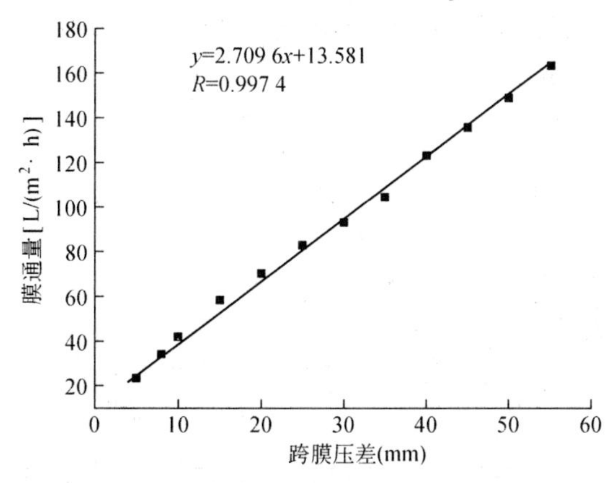

图 2.61　动态膜未形成时膜通量和跨膜压差的关系

2）动态膜形成后膜通量和跨膜压差的关系

经过预先挂膜的反应器，在渗透出水的过程中，由于无纺布的物理、化学黏附及微生物自身的增长，逐渐形成稳定的凝胶层，当出水浊度稳定在 5 NTU 以下时，认为动态膜完全形成。试验在污泥浓度为 2 000 mg/L 时，测定了不同跨膜压差下的出水流量并换算成膜通量，做成跨膜压差—膜通量试验曲线，如图 2.62 所示。

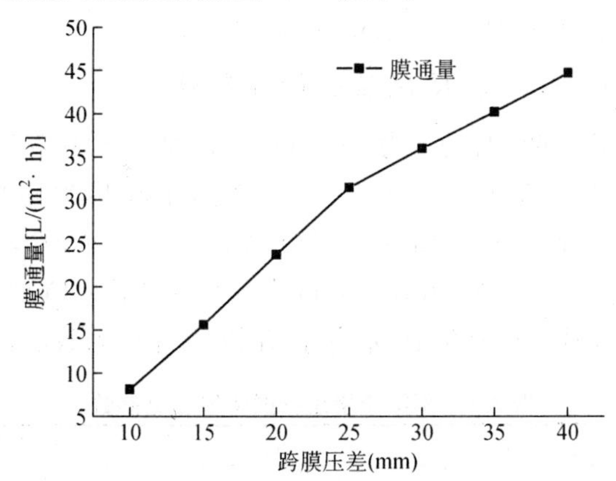

图 2.62　污泥浓度为 2 000 mg/L 时跨膜压差—膜通量曲线

由图 2.62 可以看出，处于稳定运行状态的动态膜生物反应器，随着跨膜压差的增大，膜通量开始时上升的速度很快，在压差增至 25 mm 后其上升速度减小，曲线出现一个明显的拐点，此时的膜通量为 32 L/(m² · h)。分析认为拐点处的膜通量为该膜组件的临界膜通量。在次临界膜通量区，反应器处于稳定状态，没有形成滤饼层，膜通量上升稳定；在超临界膜通量区，滤饼层能够在短短的几十秒内快速形成，对膜通量产生显著影响，膜通量的上升速度减缓。

3）工作曲线法测定临界膜通量的应用

为了研究污泥浓度对动态膜生物反应器临界膜通量的影响，同时验证工作曲线法的可重复性与可操作性，在整个试验过程中，陆续测定了不同污泥浓度下的膜通量，并进行了比较。

试验研究的污泥浓度分别为 2 000 mg/L、4 000 mg/L、6 000 mg/L，为了去除膜面错流速度对膜通量的影响，进行出水流量测定时，膜面错流速度定在 1.5 cm/s 左右。处于稳定状态的不同污泥浓度下动态膜生物反应器工作曲线如图 2.63 所示。

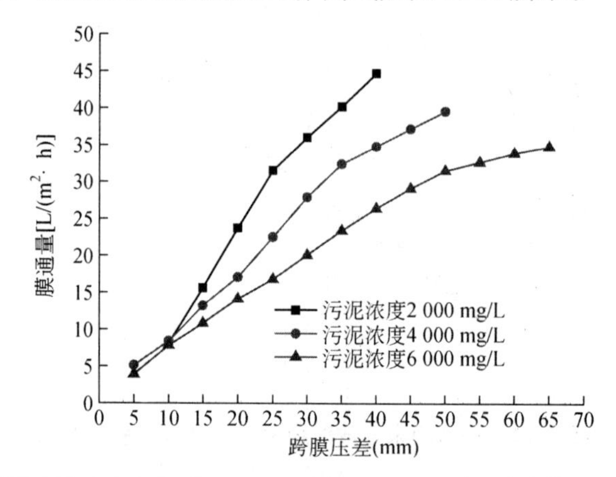

图 2.63　污泥浓度为 2 000 mg/L、4 000 mg/L、6 000 mg/L 时跨膜压差—膜通量曲线

由图 2.63 可以看出，处于稳定状态的自生动态膜生物反应器，不同污泥浓度下的跨膜压差—膜通量关系曲线具有极大的相似性，即随着出水压差的增大而增大，但是并没有呈现出稳定的增长关系，随着出水水头的增加，出水通量增长的速度有一个拐点。达到同样的出水通量所需要的压差随着污泥浓度的增大而增大，但是极限通量几乎没有变化，在 30 L/(m^2 · h)左右，达到极限通量的出水压差分别为 25 mm、40 mm、47 mm。

4）不同通量时动态膜生物反应器运行稳定性

为了验证前面试验确定的临界通量为 30 L/(m^2 · h)是否合理，在后期的试验中，于临界通量前等差选取三个值，临界通量后选取了一个稍高于临界通量的值，组成为：膜通量 20 L/(m^2 · h)，23 L/(m^2 · h)，26 L/(m^2 · h)，32 L/(m^2 · h)。在反应器污泥浓度为 6 000 mg/L 左右时，每个工况分别运行了 2 周，并在试验过程当中检测了对 COD、NH_3—N 的去除效果。整个试验过程所采用的水温、pH、溶解氧、水力停留时间等主要参数如表 2.9 所示。

表 2.9　不同通量运行试验的工况参数

工艺参数	工况一	工况二	工况三	工况四
温度(℃)	25	25	25	25
pH	6.5～7.5	6.5～7.5	6.5～7.5	6.5～7.5
水力停留时间(h)	8	7	6	5
溶解氧浓度(mg/L)	1.5～2.5	1.5～2.5	1.5～2.5	1.5～2.5
运行通量[L/(m^2 · h)]	20	23	26	32
进水流量(L/h)	4.00	4.57	5.2	6.4
污泥浓度(mg/L)	6 000	6 000	6 000	6 000

（1）膜通量为 20 L/(m^2·h)时的运行结果

反应器的有效容积为 32 L，水力停留时间为 8 小时时，出水流量为 67 mL/min(4 L/h)，膜通量为 20 L/(m^2·h)。试验运行了 2 周，此期间出水压差一直保持 30 mm 不变，动态膜组件的阻力没有变化。整个试验期间，曝气量为 120 L/h，溶解氧在 2～3 mg/L 左右。试验同时对反应器进水、出水、上清液的 COD、NH_3—N 含量进行了测定，出水浓度和去除率如图 2.64 和图 2.65 所示。

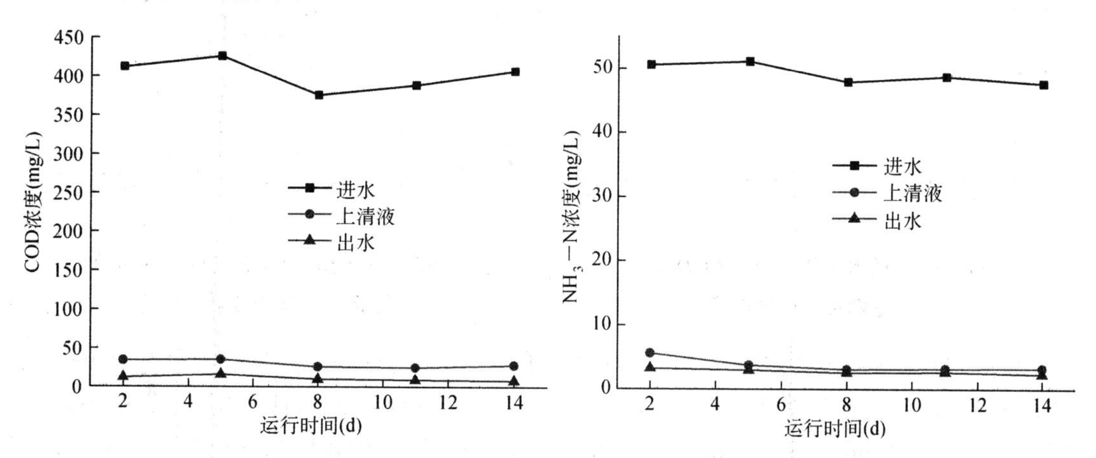

图 2.64　进出水和上清液 COD 浓度随运行时间的变化

图 2.65　进出水和上清液 NH_3—N 浓度随运行时间的变化

进水 COD 浓度在 376～426 mg/L 之间变化，上清液 COD 浓度为 34 mg/L、35 mg/L、26 mg/L、25 mg/L、28 mg/L，出水 COD 浓度分别为 12 mg/L、16 mg/L、10 mg/L、9 mg/L、8 mg/L。总去除率分别为 97.08%、96.24%、97.34%、98.03%、98.67%，膜过滤去除率为 5.33%、4.46%、4.25%、4.11%、4.91%。在 HRT＝8 h 时，COD 总的去除率达到 95%以上，动态膜的去除率在 4%～5%左右。

进水 NH_3—N 浓度在 47.67～51.1 mg/L 之间变化，上清液 NH_3—N 浓度为 5.57 mg/L、3.7 mg/L、3.09 mg/L、3.18 mg/L、3.24 mg/L，出水 NH_3—N 浓度分别为 3.22 mg/L、2.96 mg/L、2.56 mg/L、2.64 mg/L、2.35 mg/L。总去除率分别为 98.0%、93.64%、94.65%、94.58%、95.7%，膜过滤去除率为 9.4%、1.82%、1.1%、1.1%、2.5%。在 HRT＝8 h 时，NH_3—N 总的去除率平均值为 95.31%，动态膜的去除率在 1%～2%左右，可见膜上的硝化菌所占的比例不大。

（2）膜通量为 23 L/(m^2·h)时的运行结果

反应器的有效容积为 32 L，水力停留时间为 7 小时时，出水流量为 78 mL/min(4.7 L/h)，膜通量为 23 L/(m^2·h)。试验稳定运行了 2 周，在此期间出水压差基本保持在 34 mm 处不变。曝气量为 140 L/h，溶解氧浓度在 3 mg/L 左右。对进水、出水、上清液的 COD、NH_3—N 含量进行了测定，试验结果如图 2.66 和图 2.67 所示。

进水 COD 浓度在 346～436 mg/L 之间变化，上清液 COD 浓度为 57.69 mg/L、42 mg/L、34 mg/L、58 mg/L、56 mg/L，出水 COD 浓度分别为 38.46 mg/L、26 mg/L、30 mg/L、36 mg/L、36 mg/L，总去除率分别为 89.74%、92.57%、91.33%、91.74%、91.81%，膜过滤去除率为 5.13%、4.57%、1.16%、5.04%、4.54%。在 HRT＝7 h 时，COD 总的去除率基本在 90%以

上，动态膜的去除率在4%～5%左右。

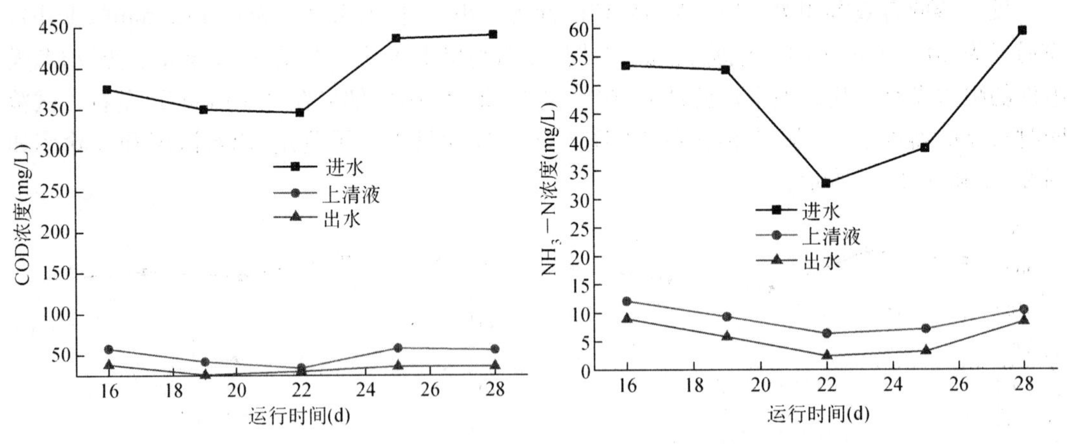

图2.66　进出水和上清液COD浓度随运行时间的变化

图2.67　进出水和上清液NH_3—N浓度随运行时间的变化

进水NH_3—N浓度在32.7～59.39 mg/L之间变化，上清液NH_3—N浓度为12.1 mg/L、9.34 mg/L、6.36 mg/L、7.14 mg/L、10.4 mg/L，出水NH_3—N浓度分别为8.97 mg/L、5.78 mg/L、2.43 mg/L、3.22 mg/L、8.45 mg/L。总去除率分别为83.22%、89.03%、92.57%、91.71%、85.77%，膜过滤去除率为5.86%、6.76%、12.02%、10.09%、3.28%。在HRT=7 h时，NH_3—N总的去除率在85%～90%左右，比HRT=8 h时有明显的下降，出水的水质有很大的波动，出水不稳定。

(3) 膜通量为26 L/(m^2·h)时的运行结果

反应器的有效容积为32 L，水力停留时间为6小时时，出水流量为87 mL/min(5.2 L/h)，膜通量为26 L/(m^2·h)，试验稳定运行了2周，在此期间出水压差基本保持在38 mm处不变。曝气量为150 L/h，溶解氧在3 mg/L左右。对进水、出水、上清液的COD、NH_3—N含量进行了测定，试验结果如图2.68和图2.69所示。

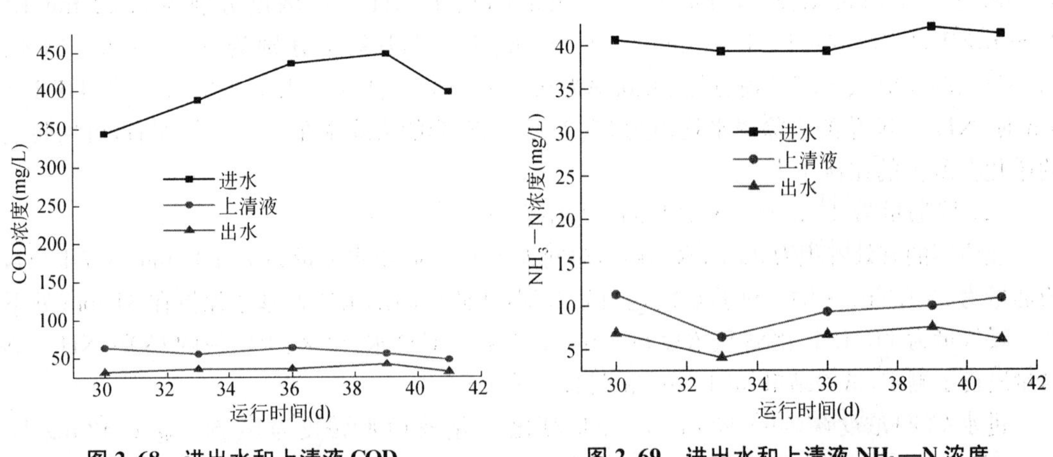

图2.68　进出水和上清液COD浓度随运行时间的变化

图2.69　进出水和上清液NH_3—N浓度随运行时间的变化

进水COD浓度在344～448 mg/L之间变化，上清液COD浓度为64 mg/L、56 mg/L、

64 mg/L、56 mg/L、48 mg/L，出水 COD 浓度分别为 32 mg/L、36 mg/L、36 mg/L、42 mg/L、32 mg/L。总去除率分别为 90.70%、90.72%、91.74%、90.63%、91.96%，膜过滤去除率为 9.3%、5.15%、6.42%、3.13%、4.02%。在 HRT=6.5 h 时，COD 总的去除率基本在 90% 左右波动，动态膜对 COD 去除率的贡献上升。

进水 NH_3—N 浓度在 39.3～42.07 mg/L 之间变化，上清液 NH_3—N 浓度为 11.3 mg/L、6.37 mg/L、9.24 mg/L、9.9 mg/L、10.8 mg/L，出水 NH_3—N 浓度分别为 6.88 mg/L、4 mg/L、6.62 mg/L、7.45 mg/L、6.07 mg/L。总去除率分别为 83.07%、89.83%、83.16%、82.29%、85.30%，膜过滤去除率为 10.88%、6.03%、6.67%、5.82%、11.46%。在 HRT=6 h 时，NH_3—N 总的去除率基本在 83% 左右波动，比 HRT=7 h 时有明显的下降，出水的水质有很大的波动，出水不稳定。

(4) 膜通量为 32 L/(m^2·h)时的运行结果

反应器有效容积为 32 L，在水力停留时间为 5 小时时，进出水流量为 107 mL/min(6.4 L/h)。试验研究发现，在超临界流量 107 mL/min[膜通量为 32 L/(m^2·h)]下运行时，反应器的液位急剧上升，膜堵塞严重，充分表明试验膜组件的临界通量为 30 L/(m^2·h)。由于试验采用的是重力自出水系统，加上反应器下部曝气系统的影响，液位会有 1 mm 左右的波动。本试验的液位差由毫米刻度尺测量得出，精确度有限，考虑液位波动和测量误差的存在，试验以液位明显上升 5 mm 为一个周期，测定了液位差的变化情况，如图 2.70 所示。

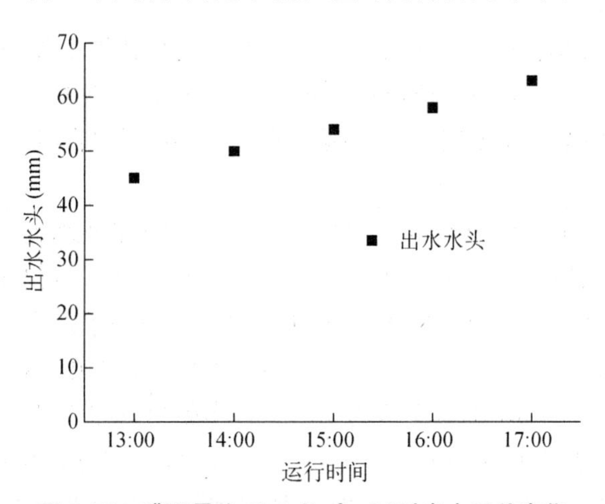

图 2.70　膜通量为 32 L/(m^2·h)时出水压差变化

在次临界膜通量区，反应器处于稳定状态，没有形成滤饼层；在超临界膜通量区，滤饼层能够在几十秒之内快速形成，对膜通量产生显著影响。工作曲线法就是利用此原理，经过反复验证，可以作为测定动态膜生物反应器的临界膜通量的方法。

2.4.2　临界通量对系统的影响

B. D. Cho 等应用流量阶梯法测定试验中 0.2 μm 微滤膜的临界通量为 50 L/(m^2·h)，临界通量随着运行时间的增大会不断变小。选取膜通量为 30 L/(m^2·h)、40 L/(m^2·h)、50 L/(m^2·h)三种工况，膜生物反应器分别运行了 3 周、100 小时和 10 小时后，跨膜压差急剧上升(见图 2.71)。该研究认为在次临界通量下运行的跨膜压差的变化曲线可以用两阶段理论来解释：第一阶段，由胞外分泌物、溶解性大分子物质等胶体和大分子物质在膜孔的缓慢沉积致使膜的过滤面积逐渐变小而引起跨膜压差的缓慢增大；第二阶段，当膜的运行通量等于膜的有效临界通量时，跨膜压差急剧上升[24]。

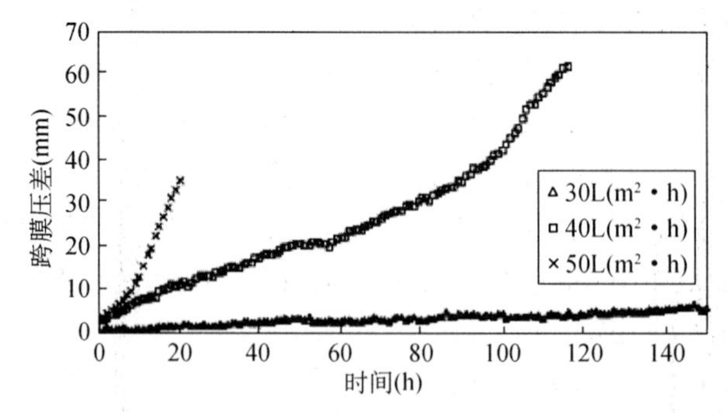

图 2.71　三种不同膜通量下的跨膜压差变化曲线图

吴志超等研究平板膜生物反应器中临界通量问题时发现：在污泥质量浓度为 10 g/L 时，临界通量值为 4.86×10^{-6} m/s；在该通量值以下运行时，膜污染速度比较慢，反之比较迅速。通过对膜运行过程中阻力的分析发现，随着通量的提高，内部污染阻力增加速度大于膜泥饼层污染阻力增加速度，膜片在恒流下运行一段时间后，压力会突然上升，其主要原因是由于膜面泥饼层的聚集[25]。

魏春海、黄霞等在研究 SMBR 在次临界通量下的运行特性中发现，次临界通量操作下的膜污染过程具有明显的两阶段特征，与第一阶段跨膜压差（TMP）平缓直线上升相对应的膜污染机制主要是膜堵塞和凝胶层污染，与第二阶段 TMP 剧烈直线上升相对应的膜污染机制是颗粒沉积层污染[26]。

Kwon 采用物质守恒定律和跨膜压差的变化分别阐释了膜的临界通量。根据 Baccin 研究的颗粒在膜表面的沉积速率与膜渗透通量一次线性相关公式得出每一颗粒与 x 轴相交（如图 2.72 所示），在交点以下时颗粒不沉积，即在某渗透通量以下时，颗粒不在膜表面沉积，称此通量为临界通量。对于孔径为 0.2 μm 的膜组件，进水颗粒浓度为 200 mg/L，离子强度为 10^{-5} mol·L^{-1}，pH 6～6.5，温度为 25 ℃时，当膜通量在 30 L/(m^2·h)以下时，没有颗粒在表面沉积，当膜通量在 30～90 L/(m^2·h)之间时，小部分颗粒在膜表面沉积并被错流迅速带走，当膜通量大于 90 L/(m^2·h)时，颗粒在膜表面永久性沉积[19]。

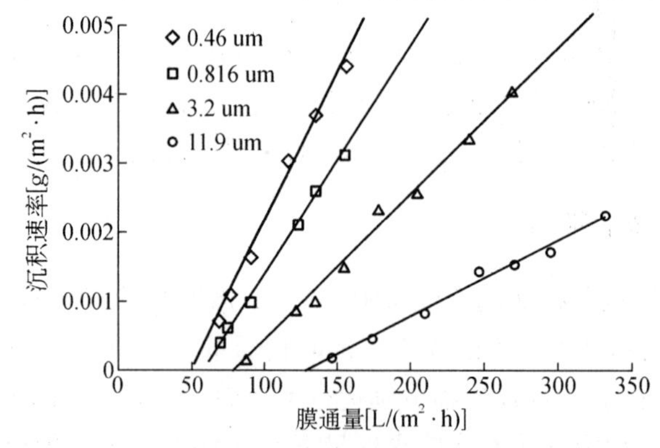

图 2.72　颗粒沉积速率与膜渗透通量的关系图

对于动态膜生物反应器膜通量，不同的研究人员有不同的结论。MinChao Chang 等对孔径为 25.2 μm、38.8 μm、13.1 μm 的无纺布的初始运行膜通量进行研究后表明：当初始通量为 8.3 L/(m^2·h)时，三种孔径的无纺布均可稳定运行；当初始通量分别为 24.9 L/(m^2·h)、20.75 L/(m^2·h)、16.6 L/(m^2·h)时，稳定的运行通量为 20.75 L/(m^2·h)、12.45 L/(m^2·h)、8.3 L/(m^2·h)[6]。

奥地利的 W. Fuchs 等人认为最高的通量可以高达 150 L/(m^2·h)。韩国的 Seo 等分别采用 70 g/m^2 和 35 g/m^2 的无纺布制成的平板式动态膜生物膜反应器。前者在出水水头等于(跨膜压差)5 cm 稳定运行 12 天后，膜通量由初始通量 16.6 L/(m^2·h)逐渐下降到 8.3 L/(m^2·h)；后者以 5 cm 出水水头运行 10 天后，通量下降到 4.15 L/(m^2·h)[28]。

日本的 Alavl 等采用 15 g/m^2 的无纺布制作的平板式膜组件，当泥龄为 10 天和 30 天时，在膜通量为 41.5 L/(m^2·h)、曝气强度为 2 L/min 下，试验装置可以稳定运行 4 个月[29]。

日本的 Kiso 等采用尼龙筛网制成的平板式膜组件，出水水头为 5～10 mm、膜通量为 20.75～31.54 L/(m^2·h)，在间歇曝气状态下稳定运行时间为 1—2 周；采用 A^2/O 组合工艺时，反应器稳定运行了 2 个月[4]。

清华大学的范彬、黄霞等在研究不同的水头(WHD)下生物反应器的稳定通量时发现，当 WHD=6 cm 时达到极限通量，大约为 35 L/(m^2·h)[30]。

由此可见，各国研究人员对于膜通量的研究都非常重视。动态膜生物反应器的稳定运行通量，目前的研究主要是根据在不同的初始通量下的稳定性来确定的，试验方法繁冗，而且试验膜通量数值的选取主观、无规律。

参考文献

[1] 吴盈禧，陈福泰，黄霞. 高通量自生动态膜生物反应器的运行特性[J]. 中国给水排水，2004，20(2)：5 - 7.

[2] 周可新，许木启，曹宏. 原生动物的捕食作用对水细菌的影响[J]. 水生生物学报，2003，27(2)：191 - 195.

[3] 孙寓姣，王勇. 膜—生物反应器中污泥膨胀对生物相及微生物多样性的影响[J]. 哈尔滨工业大学学报，2006，38(6)：887 - 888.

[4] Yoshiaki Kiso，Yongjun jung. Wastewater treatment performance of a filtration bio-reactor equipped with a mesh as a filter material[J]. Water research，2000，34(17)：4143 - 4150.

[5] Seo G T, Moon B H, Lee T S, et al. Non-woven fabric filter separation activated sludge reactor for domestic wastewater reclamation. [J]. Water Science and Technology，2002，47(1)：133 - 138.

[6] MinChao Chang, RenYang Horng, Hsin Shao, et al. Performance and filtration characteristics of non-woven membranes used in a submerged membrane bioreactor for synthetic wastewater treatment[J]. Desalination，2006，191(1 - 3)：8 - 15.

[7] 刘锐，黄霞，等. 膜—生物反应器和传统活性污泥工艺的比较[J]. 环境科学，2001，22 (3)：20 - 24.

[8] 范彬，黄霞，栾兆坤. 出水水头对自生生物动态膜过滤性能的影响[J]. 环境科学，2003，24(5)：65 - 69.

[9] Sun C, Berg J C. A review of different techniques for solid surface acid-base characterization[J]. Advance in Colloid and Surface Science，2003，105(1)：151 - 175.

[10] 孟志国，杨凤林，张兴文. 重力自流非织造布—生物反应器处理生活污水[J]. 现代化工，2005，25(S1)：189 - 193.

[11] 顾国维，何义亮. 膜生物反应器——在污水处理中的研究和应用[M]. 北京：化学工业出版社，2002：64 - 65.

[12] 杨昌柱，刘宏波，濮文虹，等. 自生动态膜生物反应器处理城市污水[J]. 中国给水排水，2006，22(1)：

105－108.

[13] 吴季勇，华敏洁，高运川．自生生物动态膜反应器处理市政污水的特性[J]．上海师范大学学报（自然科学版），2004，33（4）：89－95.

[14] 许保玖，龙腾锐．当代给水与废水处理原理[M]．2版．北京：高等教育出版社，2000：536－537.

[15] 孟凡刚，张捍民，于连生，等．活性污泥机制对短期膜污染影响的解析研究[J]．环境科学，2006，27（7）：1348－1352.

[16] Li N, Liu Z Z, Xu S G. Dynamically formed poly ultrafiltration membranes with good anti-fouling characteristics[J]. Journal of Membrane Science, 2000，169（1）：17－28.

[17] 徐五英．A/O—动态膜生物反应器处理城市生活污水的试验研究[D]．[硕士学位论文]．南京：东南大学市政工程系，2008.

[18] R W Field, D Wu, J A Howell, et al. Critical flux concept for microfiltration fouling[J]. Journal of Membrane Science, 1995, 100(3)：259－272.

[19] Kwon D Y, Vigneswaran S, Fane, et al. Experimental determination of critical flux in cross-flow microfiltration[J]. Separation Science and Technology, 2000, 19：169－181.

[20] Sato T, Ishii Y. Effects of activated sludge properties on water flux of ultrafiltration membrane used for human excrement treatment[J]. Water Science and Technology, 1991, 23：1601－1608.

[21] 刘锐．一体式膜生物反应器的微生物代谢特性及膜污染控制[D]．[博士学位论文]．北京：清华大学环境科学与工程系，2000.

[22] 俞开昌，文湘华，卜庆杰，等．次临界操作下的膜污染机理研究[J]．环境污染治理技术与设备，2004，5（1）：23－27.

[23] 郝吉明，马广大．大气污染控制工程[M]．2版．北京：高等教育出版社，2002：215.

[24] 范彬．自生动态膜生物反应器新型污水处理工艺的研究[R]．[博士后研究报告]．北京：清华大学环境工程系，2002.

[25] Zhang B, Yamatok. Seasonal change of microbial population and activaties in a building wastewater reuse system using a membrane separation activated sludge process [J]. Water Science and Technology, 1996, 35(5)：295－302.

[26] 魏春海，黄霞．SMBR在次临界通量下的运行特性[J]．中国给水排水，2004，20（11）：10－13.

[27] XiaoJun Fan, et al. Nitrification and mass balance with a membrane bioreactor for municipal wastewater treatment[J]. Water Science and Technology, 1996, 34(1-2)：129－136.

[28] MinChao Chang, RenYang Horng, Hsin Shao, et al. Performance and filtration characteristics of non-woven membranes used in submerged membrane bioreactor for synthetic wastewater treatment [J]. Desalination, 2006, 191(1－3)：8－15.

[29] M R Alavl Moghaddam, H Satoh, T Mino. Performance of coarse pore filtration activated sludge system[J]. Water Science and Technology, 2002, 46(11－12)：71－76.

[30] 范彬，黄霞，文湘华，等．微网生物动态膜过滤性能的研究[J]．环境科学，2003，24（1）：91－97.

第三章　自生动态生物膜的结构与成分

动态膜基材为大孔径无纺布材料等，本身并不具备精细过滤的功能，自生动态膜的形成需要一个逐步形成和稳定的过程。活性污泥沉积或堵塞在无纺布基材上，使得动态膜孔径逐步缩小，过滤精度逐步提高。同时，反应器内活性污泥为有机污染物的去除提供了保障。在动态膜形成后，须持续考察其出水浊度、膜阻力以及常规指标等参数，以确保反应器正常运行和观察其过滤能力。

利用独特的无纺布动态膜生物反应器处理模拟生活污水，考察不同时期动态膜的截留性能、阻力变化、结构以及组分，其主要内容包括：

(1) 自生动态膜形成过程中组分变化及与膜阻力的相关性分析。

(2) 自生动态膜形成过程中结构变化及与膜阻力的相关性分析。

(3) 混合液、出水及膜上微生物、EPS、无机盐等成分分布及相关性。

3.1　自生动态生物膜的形成过程

1) 反应器的启动

为考察不同时期动态膜的性状，将动态膜组件分为 5 片小膜，置于活性污泥混合液中，保持微环境基本一致，于不同时间取出，进而分析动态膜形成和过滤过程中不同时期的各项指标、参数，装置如图 3.1 所示。

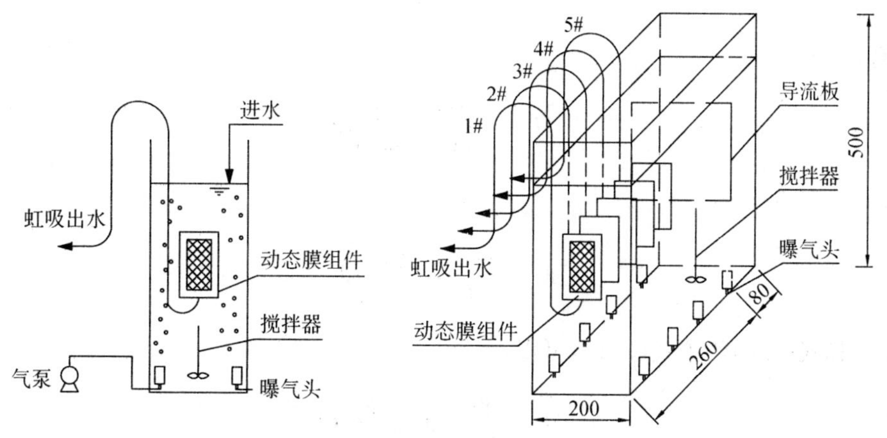

图 3.1　装置示意图(单位:mm)

一体式动态膜生物反应器采用透明有机玻璃板制作，可方便观察动态膜内部情况。内设导流板，用以在膜组件表面形成稳定错流。导流区下部设置搅拌器，低速搅拌，防止底部污泥过度沉积。反应区内置 5 片动态膜组件，编号为 1＃～5＃。膜组件两侧各贴有无纺布，每片小膜通过硅胶管在重力作用下虹吸出水，出水水头以膜通量为依据调整。反应器下部均匀布置 8 个石英砂曝气头，提供充足的溶解氧及错流流速。曝气通过塑料管送至曝气头，用较硬铁丝将塑料管和曝气头固定在反应器器壁上，防止搅拌过程中曝气头晃动。

在反应器启动之前，需对 1～5 片膜的空膜阻力、膜表面错流流速以及溶解氧等其他参数进行测定，以确保 5 片膜的微环境基本一致。

(1) 空膜阻力

空膜阻力的测算采用重量法进行测定。

液体从反应器流出时，总水头损失为通过膜时的水头损失和管路水头损失之和：

$$H=H_m+H_p \tag{3.1}$$

式中：H_m——跨膜水头损失，m；

H_p——管路水头损失，m。

根据达西定律，有：

$$R=\frac{\mathrm{TMP}}{\mu J} \tag{3.2}$$

式中：R——阻力，m^{-1}；

TMP——跨膜压差，m；

μ——透过液的动力黏度，Pa·s；

J——膜通量，$m^3/(m^2 \cdot s)$。

又：

$$\mathrm{TMP}=\rho g H \tag{3.3}$$

$$J=\frac{Q}{A} \tag{3.4}$$

故有：

$$H_m=\frac{\mathrm{TMP}}{\rho g}=\frac{R\mu}{\rho g A}Q \tag{3.5}$$

又：

$$H_p=\frac{kv^2}{2g}=\frac{8k}{\pi^2 d^4 g}Q^2 \tag{3.6}$$

将式(3.5)和式(3.6)代入式(3.1)，可得：

$$H=\frac{8k}{\pi^2 d^4 g}Q^2+\frac{R\mu}{\rho g A}Q \tag{3.7}$$

式中：H——总水头损失，跨膜水头损失和管路水头损失之和，m；

R——动态膜阻力，m^{-1}；

μ——透过液的动力黏度，Pa·s；

Q——流量，m^3/s；

A——膜面积，m^2；

d——管路直径，m；

k——系数，根据计算得出。

在不同压差(H)下，测定出水流量，利用 $H=\frac{8k}{\pi^2 d^4 g}Q^2+\frac{R\mu}{\rho gA}Q$ 拟合二次函数，可得出 $\frac{R\mu}{\rho gA}$ 的值，进而求出动态膜阻力 R 的值[1]。

选取1＃、3＃、5＃膜进行测定，拟合方程及求得的 R 值如表3.1所示。

表3.1　H-Q 拟合方程和空膜阻力计算值

序号	H-Q 方程	b 值	阻力 $R(\times 10^9 m^{-1})$	R^2
1＃	$H_1=1E+0.9Q^2+3928.5Q+0.0016$	$b=3\,928.5$	0.333	0.998 0
3＃	$H_3=1E+0.9Q^2+4155.8Q-0.0004$	$b=4\,155.8$	0.352	0.998 8
5＃	$H_5=1E+0.9Q^2+4019.2Q+0.0011$	$b=4\,019.2$	0.340	0.995 6

由表3.1可见，各方程拟合程度较好(R^2 均接近1)，因此阻力的计算值可信。由计算结果可知，各片膜的空膜阻力基本一致，取其平均值 $0.340\times 10^9\ m^{-1}$ 作为后续计算的依据。

(2) 膜面错流流速

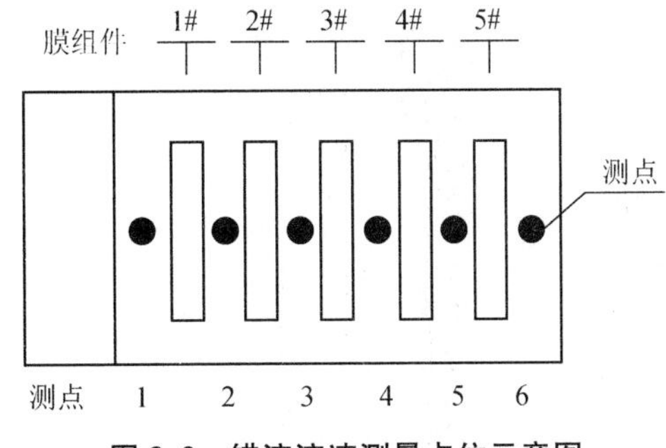

图3.2　错流流速测量点位示意图

膜面错流流速对动态膜的形成和发展具有至关重要的影响。为保证动态膜形成初期和发展过程中污泥絮体、颗粒受到的向上提升力一致，需在调整好膜组件位置、曝气强度、搅拌强度、曝气头位置后对1～5号膜的膜面错流流速进行测定。因两片膜之间距离较近，因此仅需测定中间位置的错流流速，即可代表相邻两片膜的膜面错流流速。布点示意图如图3.2所示。

每个测点均在膜面上部、中部、下部表面测定，以保证各区域流速基本一致。错流流速数据如表3.2所示。

表3.2　错流流速测量结果表　　(单位：cm/s)

测点	$v_{上}$	$v_{中}$	$v_{下}$	$v_{平均值}$
1	1.69	1.17	1.86	1.57
2	1.34	1.69	1.77	1.60
3	1.51	1.86	1.94	1.77
4	1.26	1.60	1.77	1.54
5	1.60	1.60	1.51	1.57
6	1.77	1.60	1.94	1.77

由测定结果可知，各动态膜膜面错流流速基本位于1.2～1.9 cm/s之间，5片膜的平均错流流速稳定在1.50～1.70 cm/s之间。

(3) 其他参数

根据动态膜的临界通量[30 L/(m^2 · h)],测算每片膜组件的出水流量为 5 mL/min,以避免出现动态膜的快速堵塞。根据测算,每日反应器处理水量可达到 82 L,以此控制蠕动泵进水量。搅拌器控制在低速搅拌。曝气量选为 200 L/h,溶解氧浓度控制在 2~4 mg/L 之间。活性污泥取自南京市城北污水处理厂 UNI-TANK 池排出污泥,经驯化后逐步适应人工配水,反应器启动时活性污泥浓度约为 2 000 mg/L,沉降性能良好。

2) 反应器出水浊度及阻力变化

出水浊度是表征动态膜截留能力的一个重要指标[2],一般认为,出水浊度小于 5 NTU 时动态膜已经基本形成,后续出水始终小于该值亦是动态膜连续稳定运行的重要特征。在反应器启动时即出水,10 分钟后可观察到出水已经比较清澈,分别对 5 片膜组件的出水进行测定,其浊度分别为 3.8 NTU、3.5 NTU、2.9 NTU、3.3 NTU 和 3.6 NTU。

随过滤过程的进行,动态膜阻力逐步增加,直至增大到膜通量很小。为考察动态膜形成过程,在形成初期取膜片的密度大一些,后期平均每 7 天取一次。反应器运行第 1 天、2 天、7 天、15 天、22 天时,依次将 1~5 号膜取出,其中 22 天时取出的 5 号膜出水量已很小,膜阻力很大,认为已经被堵塞。取出前测定出水浊度和动态膜阻力,以反映各膜片的截留性能,如图 3.3 所示。

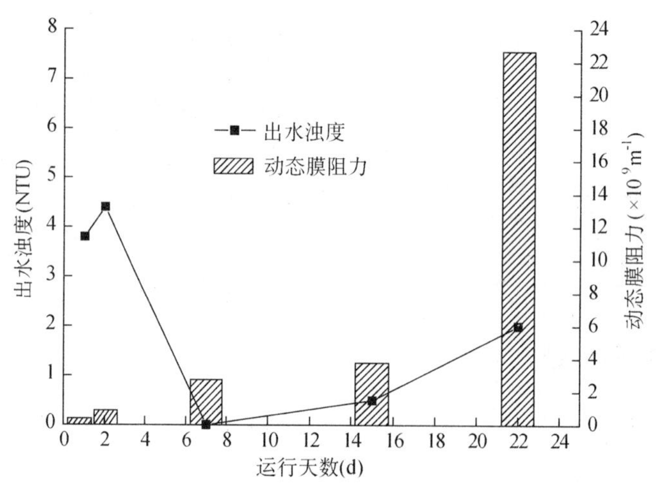

图 3.3　不同时期动态膜出水浊度及阻力

注:动态膜阻力包含空膜阻力 0.340×10^9 m^{-1}

由图可见,动态膜在形成初期即对污泥絮体、颗粒具有良好的截留效果,出水浊度在 3.8~4.4 NTU 之间。而动态膜稳定运行期间,出水浊度甚至低于 1.0 NTU。在出现堵塞时,出水浊度为 2.0 NTU。表明动态膜出水浊度与膜阻力没有直接的关系,其稳定截留能力在运行期间始终存在。

动态膜初期阻力为 0.3×10^9 ~0.88×10^9 m^{-1},随过滤过程的进行逐步增大至 2.74×10^9 ~3.77×10^9 m^{-1},此时动态膜稳定运行。在第 22 天时,动态膜阻力突增至 22.65×10^9 m^{-1},造成出水通量急剧减小。

3.2 自生动态生物膜的结构

动态膜的形成是以活性污泥絮体在膜基质表面沉积、吸附为基础的。活性污泥絮体颗粒的大小、水力条件的变化、膜基质的性质均对自生动态膜的形成造成了一定的影响，因此其结构特征具有相当的复杂性和不确定性。一般来讲，动态膜是由具有多孔结构的滤饼层、凝胶层组成（运行时间较长后会形成凝胶层，但本试验未出现）。从形成过程及过滤机制来看，滤饼层表面的孔隙要小于内部孔隙，同时鉴于无法获得准确的内部结构参数，因此以表面结构参数表征整体结构，以当量直径表征透水孔隙的分布，以阐释动态膜的结构特征及其发展过程。

3.2.1 膜结构发展变化过程

根据动态膜表面形态、孔隙当量直径、膜阻力的变化，可将动态膜形成的过程分为三个阶段：镶嵌快滤阶段、网状覆盖阶段、膜孔堵塞阶段。

1）镶嵌快滤阶段

本试验以由纺织短纤维或者长丝随机撑列而成的无纺布为膜基质材料，整体呈纤网结构。为比较动态膜形成前后膜组件的结构差异，摄取了无纺布、动态膜形成初期的电镜图片，并获得了其二值化图像及相关结构数据，如表 3.3 所示。

表 3.3 无纺布及初期动态膜结构形态

序号	电镜照片	二值化图像	放大倍率	孔隙率(%)	平均孔径(μm)
0#	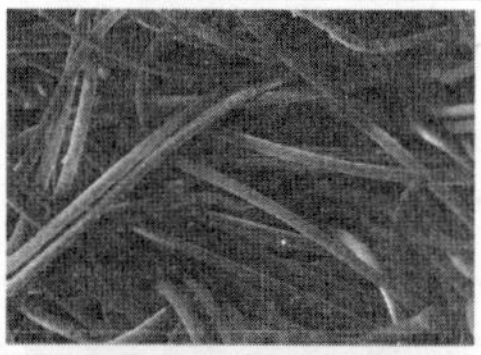	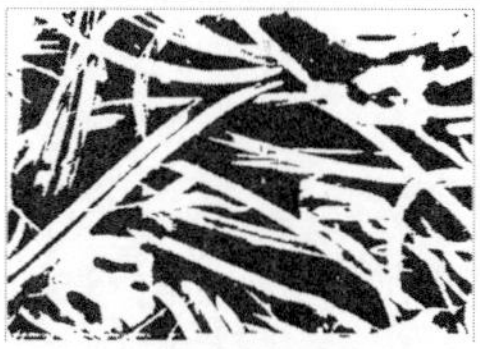	200	47.5	62.12
1#		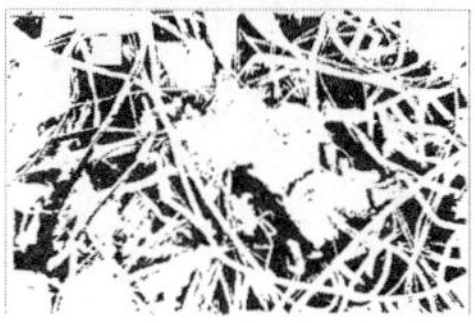	50	31.8	54.66
2#			50	15.7	40.75

由表 3.3 可见，无纺布内部孔隙较多，纤维束错乱交织，孔隙率高达 47.5%，据测算其平均当量孔径约为 62.12 μm，可拦截较大尺寸的活性污泥絮体。但其多层立体结构在过滤初期可拦截更小尺寸的絮体（如 1#、2# 电镜照片所示），部分颗粒则有可能吸附在膜基质上。由表 3.3 附图可见，在过滤初期较大活性污泥絮体镶嵌在无纺布的纤维之间，随时间的延长覆盖面积逐渐增大。因无纺布孔隙远大于絮体孔隙，出水仍主要通过无纺布渗出，因此孔隙

率逐步减小(由 47.5%→31.8%→15.7%)。由于活性污泥絮体的堵塞,膜组件平均当量孔径亦减小到了 54.66 μm、40.75 μm。

在反应器运行初期已有部分絮体镶嵌或吸附到无纺布表面时,其出水浊度已小于 5 NTU,说明此时的动态膜已具有一定的过滤精度。为了进一步检测出水水质,取该阶段出水测定其粒径分布,检测结果如图 3.4 所示。可见出水中粒径约为 6 μm、120 μm 左右的颗粒较多,其中 6 μm 左右的颗粒占到了 3.5%以上。多数较大尺寸的絮体(大于 150 μm)被截留。

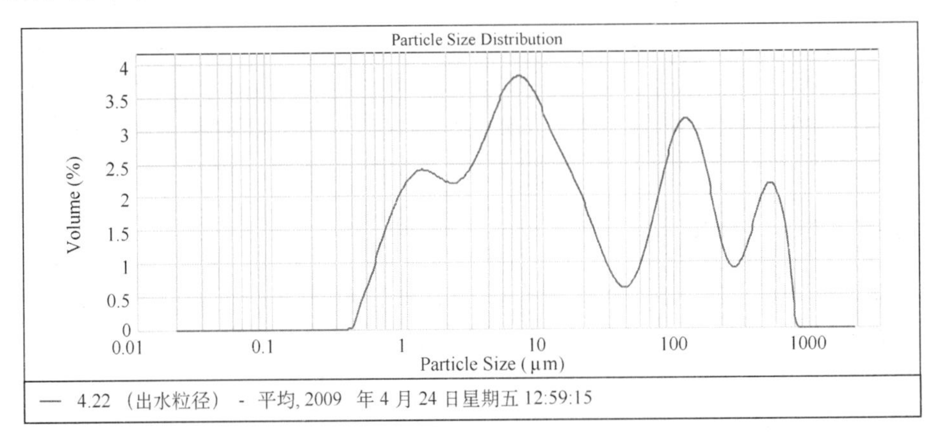

图 3.4 运行初期出水粒径分布图

综上,动态膜反应器运行初期,污泥絮体被截留后镶嵌于无纺布纤维丝之间,出水仍主要通过膜基质孔隙透过,平均孔径逐步缩小,由无纺布的 62.12 μm 逐步降至 40.75 μm。同时该阶段过滤阻力为 $0.395\times10^{9}\sim0.88\times10^{9}\ m^{-1}$,出水通量较大,出水中仍有较多颗粒物,可概括为“镶嵌快滤阶段”。

2) 网状覆盖阶段

自生动态膜运行一段时间后,出水稳定,阻力适中,将此时的膜组件取出,可观察到无纺布表面已完全被污泥絮体覆盖,出水必先通过滤饼层才能流出,滤饼层已成为过滤的决定性因素。试验中的 3#、4# 膜便处于此阶段,其表面电镜照片及结构数据如表 3.4 所示。

表 3.4 稳定运行阶段动态膜的结构形态

序号	电镜照片	二值化图像	放大倍率	孔隙率(%)	平均孔径(μm)
3#	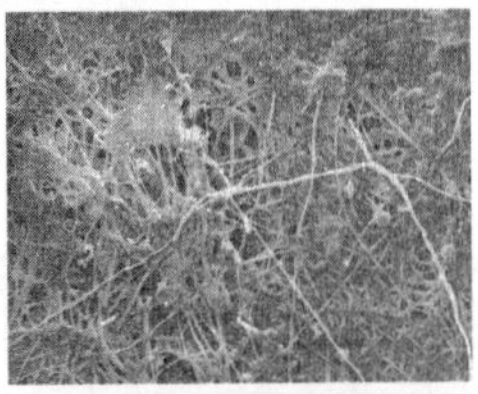	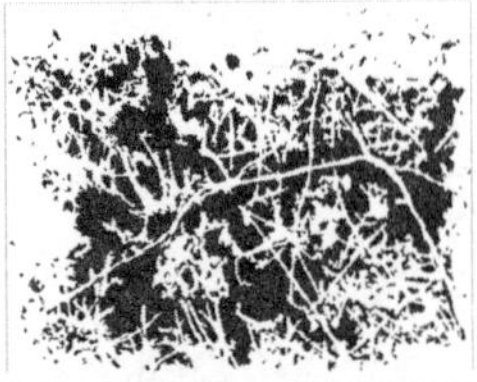	500	40.2	6.49
4#	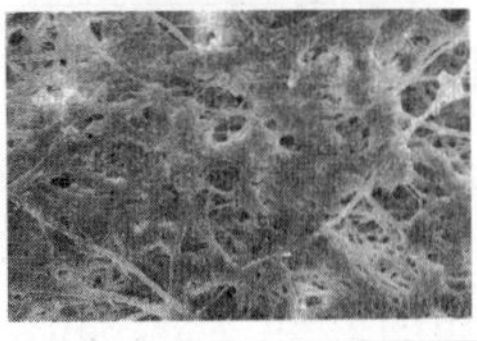	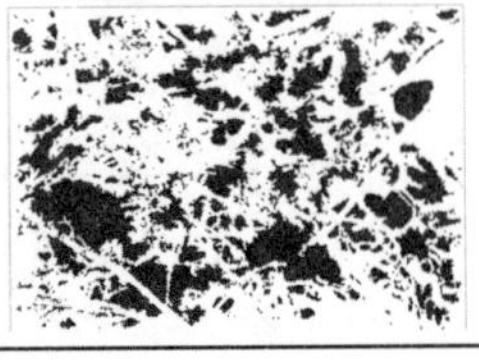	1 000	36.1	2.78

由表 3.4 可见,在反应器运行中期,由微生物及其分泌物等组成的污泥絮体相互交织、

堆积，形成了具有一定厚度的滤饼层，提高了动态膜组件的过滤精度。受透水通量、水力条件、微生物增殖等因素的影响，滤饼层表面呈网状结构，孔隙大小不一且形状不规则。通过测算得平均孔径为 2.78～6.49 μm，保持在数微米的水平，且孔隙率可达到 36%～40%。较小的孔隙尺寸和较大的孔隙率保证了该阶段出水水质较好，通量较大。该阶段出水浊度保持在 2 NTU 以下，利用粒径分析仪亦观察不到出水粒径分布。

污泥絮体的持续沉积、小颗粒堵塞、微生物增殖均可进一步减小动态膜孔隙率、孔隙尺寸。该阶段稳定运行一周后，污泥面密度由 3.278 mg/cm^2 增长为 5.143 mg/cm^2，但动态膜平均孔径仅从 6.49 μm 下降到 2.78 μm，孔隙率从 40.2%下降到 36.1%。同“镶嵌快滤阶段”由污泥絮体沉积引起孔径的大幅下降相比，可以推断该阶段孔径缩小的原因应主要为微生物增殖和小颗粒堵塞。

综上，稳定运行阶段动态膜的滤饼层呈网状分布，膜孔孔径在 2.78～6.49 μm 之间，孔隙率为 36.1%～40.2%，阻力为 2.74×10^9～3.77×10^9 m^{-1}，出水水质较好。孔径缩小的主要原因为微生物增殖和小颗粒堵塞，该阶段可概括为“网状覆盖阶段”。

3）膜孔堵塞阶段

当反应器运行到第 22 天时，动态膜阻力已增大到 2.26×10^{10} m^{-1}，透水通量明显减小，但出水浊度仍保持在 2.0 NTU 左右。取出动态膜组件，观察其表面形态并测算结构参数，如表 3.5 所示。

表 3.5　运行后期动态膜的结构形态

序号	电镜照片	二值化图像	放大倍率	孔隙率(%)	平均孔径(μm)
5#			2 000	21.7	0.97

在 2 000×倍率电镜下可以观察到动态膜表面高低不平，微孔较之前更接近圆孔状。污泥层的结构形式发生了一些变化，由原来的网状结构变成了堆积结构。根据测算，动态膜平均孔径已缩小至 0.97 μm，孔隙率为 21.7%，二者的大幅下降为阻力突增至 2.26×10^{10} m^{-1} 的主要原因。考虑到该阶段污泥层面密度并未大幅增加（由稳定运行阶段的 5.143 mg/cm^2 增大到 6.400 mg/cm^2），微生物增殖和小颗粒堵塞仍是造成膜孔孔径和孔隙率减小的主要原因。

该阶段动态膜平均当量孔径缩小至 0.97 μm，孔隙率为 21.7%，阻力突增至 2.26×10^{10} m^{-1}，无法满足低压头运行的需求。微生物增殖和小颗粒堵塞仍是造成这些变化的主要原因，因此该阶段可概括为“膜孔堵塞”阶段。

3.2.2　膜的形貌与污泥粒径

1）动态膜表面形貌

为了更直观地表征动态膜表面的形貌，利用 ImageJ 软件对其扫描电子显微镜照片进行处理，得到三维图像，图 3.5、图 3.6、图 3.7 分别代表不同时期 3#、4# 和 5# 动态膜组件的表面形貌。

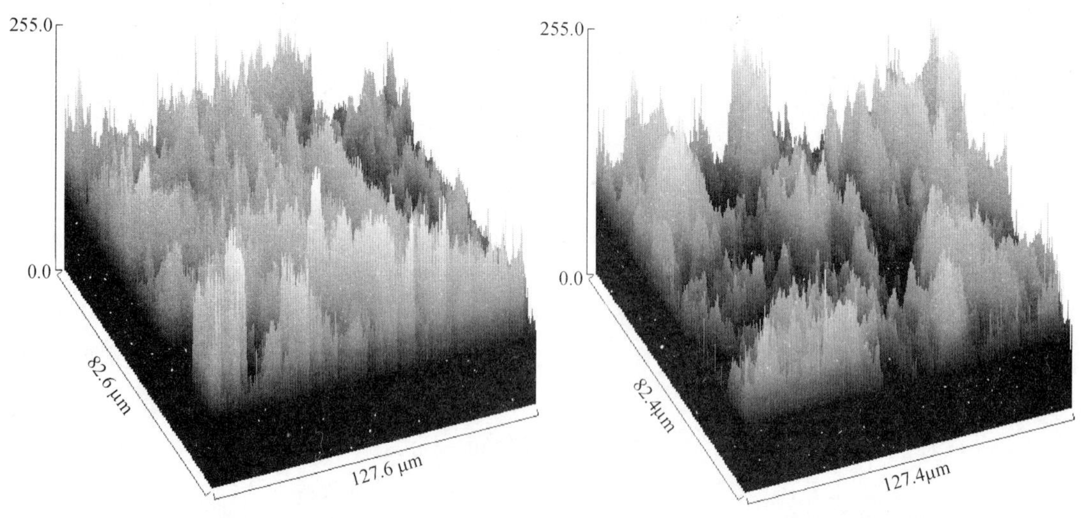

图 3.5　3#膜组件表面形貌　　　图 3.6　4#膜组件表面形貌

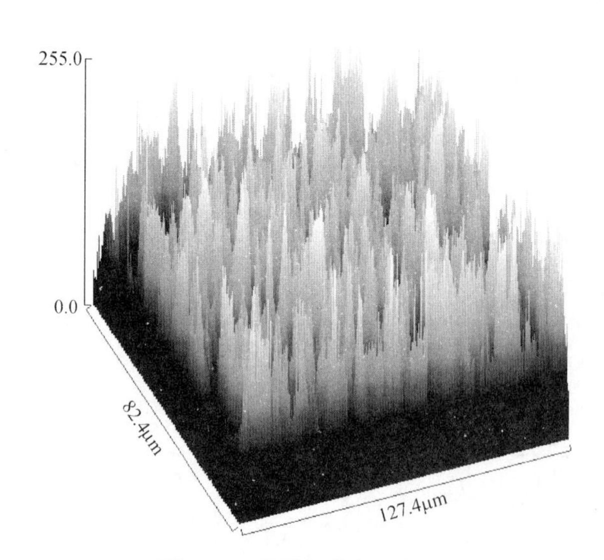

图 3.7　5#膜组件表面形貌

图像中凹进处即为动态膜过滤的孔隙通道，其数量、面积可代表孔隙的数量和面积。由图可见，正是由于其内部存在大量的孔道，因此动态膜具有良好的渗透性。对比 3#、4#和 5#膜阻件表面形态图，可知在动态膜被阻塞时，其孔隙较之前大为缩小，且数量增多，从而导致了动态膜阻力的突增，此结果与 3.2.1 节孔径分布统计结果一致。

2）膜上污泥粒径分布

动态膜上污泥絮体的直接来源为反应器内混合液活性污泥的沉积。但由于环境变化，其絮体颗粒会发生一定的变化，而胞外聚合物的持续分泌亦使其持续增大。不同时期动态膜上污泥絮体颗粒的粒径分布见图 3.8。在此处需要说明的是，在采样时是利用纯水将动态膜冲下，破坏了其原有的整体结构。冲水的力度较小且有一定的轻微搅拌，只将絮体间相互分开，不破坏污泥絮体。

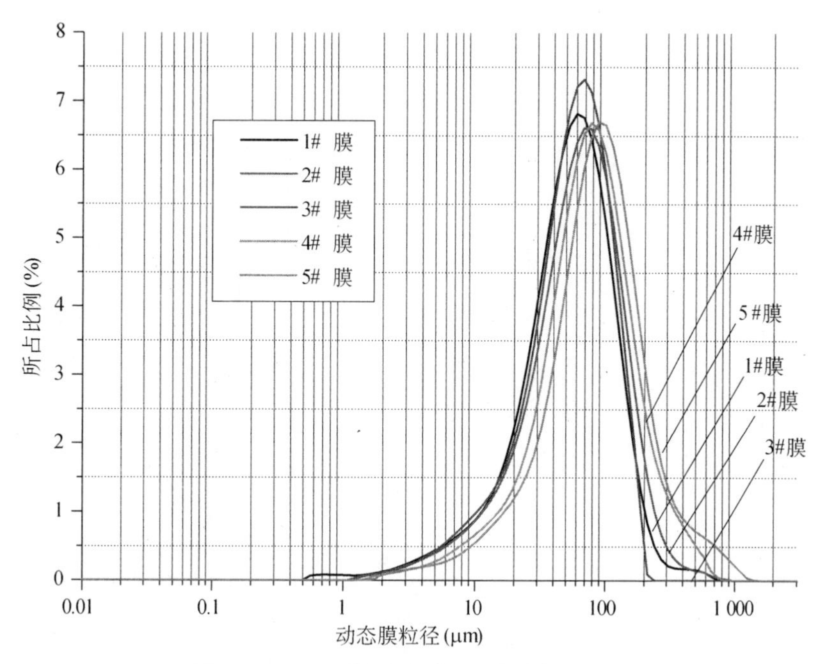

图 3.8　不同时期动态膜污泥絮体粒径分布

上图为对数坐标下动态膜颗粒粒径的分布情况，横坐标为颗粒粒径，纵坐标为不同粒径之间的动态膜颗粒占总颗粒数的百分比。可见，动态膜上污泥颗粒分布较广，最小为 0.49 μm，最大可达到 1 407 μm。颗粒粒径分布曲线基本一致，呈正态分布。数十微米的颗粒最多，图中最高峰为 7.32%。在整个过滤过程中，动态膜上污泥颗粒并未出现较大者，说明反应器运行一直比较稳定。

比较不同时期动态膜颗粒分布情况，可知 1＃至 5＃膜颗粒粒径分布曲线有右移倾向，说明随过滤过程的进行，动态膜上污泥颗粒逐渐结合为较大絮体：曲线最高点所对应的污泥絮体颗粒分别为 60.14～68.23 μm、68.23～77.40 μm、68.23～77.40 μm、77.40～87.80 μm、87.80～99.91 μm，呈逐渐增大的趋势。不同时期动态膜上污泥颗粒的平均粒径分别为 72.359 μm、83.577 μm、67.310 μm、106.001 μm 和 131.633 μm。除 3＃膜以外，动态膜粒径均呈增大趋势，说明胞外聚合物的持续分泌、透水拖曳力的持续施压均使污泥絮体间结合得更紧密。由图可知 3＃膜颗粒的平均粒径为 67.310 μm，是由于大颗粒所占比例较小引起的，可能是由于采样中搅拌力度较大造成了污泥絮体部分破碎。

混合液中污泥絮体的粒径大小对动态膜粒径有较大的影响。同步监测反应器中活性污泥絮体中颗粒的大小，其粒径分布如图 3.9 所示。

由图可见，活性污泥颗粒粒径分布较广，最小为 1.55 μm，最大可达到 1 811.49 μm。不同时期颗粒粒径分布曲线基本一致，呈正态分布。数十微米的颗粒最多，图中最高峰为 7.52%，可充分说明这一点。在整个过滤过程中，活性污泥颗粒并未出现较大的絮体，说明反应器运行一直比较稳定，持续曝气亦抑制了该现象的发生。比较不同时期活性污泥中颗粒分布情况，颗粒分布曲线基本稳定在一定范围内，无左移和右移的倾向，这一点和动态膜上的颗粒曲线是不同的，曲线最高点所对应的污泥絮体颗粒分别为 128.17～145.42 μm、128.17～

145. 42 μm、113. 00～128. 17 μm、113. 00～128. 17 μm、128. 17～145. 42 μm。

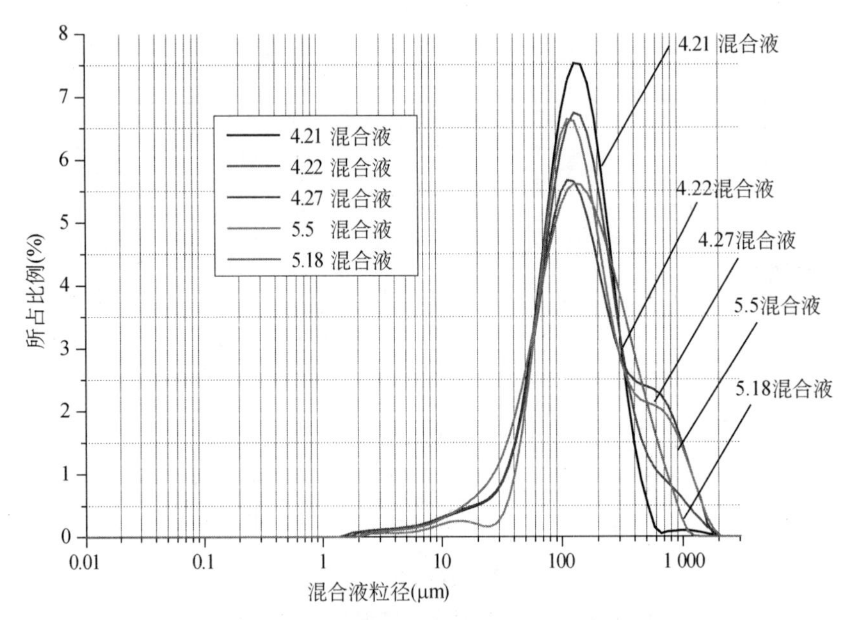

图 3.9　不同时期混合液中污泥絮体粒径分布

将动态膜上颗粒粒径和活性污泥中颗粒粒径分布对比可知，前者要小于后者，说明较大粒径的絮体难以在动态膜表面沉积，这是由于膜表面强烈的水力冲刷作用引起的。

3.3　自生动态生物膜的成分

自生动态膜的污染控制是目前研究的热点。以往的研究基本停留在通过调整运行参数(如曝气强度、膜通量、污泥浓度等)考察反应器的处理效果和运行周期上，而对于动态膜污染机理的深层次研究则缺乏相应的数据。我们从动态膜的组成切入，考察了污泥层面密度、组分构成和各组分的发展变化及与阻力的关系，通过对比混合液、出水和膜面的组分初步探讨了动态膜组分的来源，为从组分上对膜污染进行控制提供了一定的依据。

3.3.1　污泥层面密度

污泥层面密度(Area Density of Sludge on Membrane，ADSM)是指单位面积上膜基质截留的各组分的质量，以 mg/cm^2 计，可反映动态膜的形成程度，该值越大，说明膜基质截留的物质越多，动态膜平均厚度越大。不同时期污泥层面密度不同，其过滤精度亦有少许差异。

3.3.1.1　与出水浊度的关系

试验测定了不同时期动态膜上的污泥层面密度，并分析了其与出水平均浊度的关系，如表 3.6 所示。

表 3.6　污泥层面密度及出水浊度变化

项目	单位	数据				
编号/运行天数	—/d	1#/1	2#/2	3#/7	4#/15	5#/22
污泥层面密度	mg/cm^2	0.578	0.700	3.278	5.143	6.400
出水平均浊度	NTU	3.4	2.3	1.5	1.1	2.0

由表 3.6 可见，污泥层面密度随过滤时间的延长而逐渐增加，并基本呈线性关系，反映了反应器内各类物质不断在膜基质上沉积的情况。但在本试验周期内并未出现已达到平衡状态的迹象。在运行初期(1 天时)，ADSM 仅为 0.578 mg/cm^2 时，出水浊度已降至 3.4 NTU，后期浊度基本保持在 2.0 以下。表明污泥层面密度与动态膜的截留能力并无直接关系，仅需少量的堵塞或沉积物便可使动态膜达到较高的过滤精度。通过肉眼观察，过滤初期仅有少量污泥沉积在膜表面，可以推断其截留能力主要是通过堵塞膜基材料孔隙得以实现的。动态膜一旦形成，其截留能力便稳定存在，可以满足精细过滤的要求。

3.3.1.2　与膜阻力的关系

膜阻力是表征动态膜过滤性能的重要参数，直接反映了膜的透水性能。根据达西方程分别测量计算总阻力、空膜阻力，二者相减得出动态膜阻力。污泥层面密度与动态膜阻力关系曲线如图 3.10 所示。

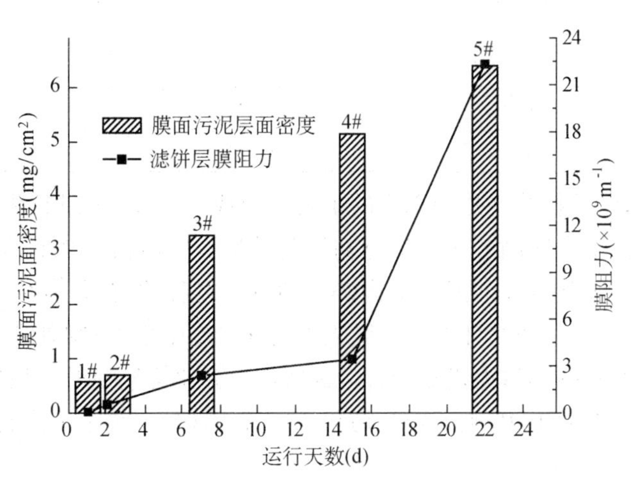

图 3.10　污泥层面密度与滤饼层膜阻力关系

由图 3.10 可见，随着污泥层面密度不断增加，滤饼层膜阻力不断增高，在 4 号膜与 5 号膜之间阻力突增。利用 Origin 软件对 ADSM 和滤饼层膜阻力进行相关性统计分析：$r=0.865, p=0.058$。除去阻力突变点(5 号点)，二者的相关性数据为：$r=0.96, p=0.037$。可见在稳定运行阶段，ADSM 与动态膜阻力有较大的相关性，而阻力突变与 ADSM 变化无较大关系，可能是因为膜结构发生变化或其中某一类或几类成分积累突变造成的。由此可以得知：稳定运行阶段控制污泥层面密度对延长动态膜的稳定运行是必要的。

3.3.2　污泥层组成分析

膜面污泥的组成可以分为三类：微生物、胞外聚合物和无机盐[3-4]。微生物主要来自混合液中活性污泥内微生物，但因微环境的差异，其形态、群落存在一些不同。胞外聚合物是在一定环境条件下由微生物（主要是细菌）分泌于胞外的一些高分子聚合物，它们位于细胞壁外侧，对维持细胞的生命活动并无直接作用，但具有一定程度上的保护作用，如：保护细胞免受干燥的影响、使某些病原细菌抵御吞噬作用以及在营养物质缺乏时作为细胞的营养物质等。在污水处理中，它很大程度上影响着污泥絮体的结构、污泥絮凝沉降和脱水性能以及水中某些污染物质的去除，并且是膜污染的重要影响因素。无机盐在动态膜上的沉积是反应器在长期运行中金属离子和酸根离子不断结合形成的，这些物质和微生物细菌一并沉积并吸附在动态膜表面或内部，形成黏附性强、限制膜通量的凝胶层。反应器内活性污泥絮体和无机盐在膜上的沉积或吸附是三类物质的重要来源，膜上微生物增殖、分泌高聚物亦使得膜面物质持续增加。试验研究了不同时期动态膜的组分构成，并揭示了与膜阻力的关系。

不同时期动态膜三类组分的含量（以面密度表示，单位为 mg/cm^2）及所占百分比如表 3.7 所示。

表 3.7　不同时期动态膜组分构成

序号	微生物	胞外聚合物	无机盐
	面密度（mg/cm^2）/百分比（%）	面密度（mg/cm^2）/百分比（%）	面密度（mg/cm^2）/百分比（%）
1#	0.336/58.2	0.219/38.0	0.022/3.8
2#	0.339/48.4	0.340/48.5	0.022/3.1
3#	2.626/80.1	0.343/10.5	0.309/9.4
4#	4.336/84.3	0.427/8.3	0.379/7.4
5#	4.992/78.0	0.609/9.5	0.799/12.5

由表 3.7 可知，微生物始终是动态膜的主要组成成分，在整个过程中占到 58%～85%。胞外聚合物和无机盐所占比例较小。运行初期胞外聚合物所占比例较大，说明胞外聚合物更容易沉积或吸附在膜基质表面或孔隙内部。随过滤过程的进行，各成分的含量均有不同程度的增长，且增加量与时间线性相关。微生物的含量增幅最大；胞外聚合物初期占比例较大，但随后呈现比例下降趋势；无机盐的含量及所占百分比均呈现增长趋势。

利用 origin 软件对微生物、胞外聚合物和无机盐的含量与膜阻力进行相关性统计分析。结果如表 3.8 所示。

表 3.8　微生物、胞外聚合物和无机盐含量与膜阻力相关性统计结果

	微生物		胞外聚合物		无机盐	
	r	p	r	p	r	p
全部	0.739	0.154	0.913	0.030	0.925	0.024
除去阻力突变点	0.987	0.012	0.860	0.140	0.985	0.015

由表 3.8 可以看出，在动态膜生物反应器稳定运行阶段，微生物和无机盐的含量与膜阻力相关；而从整个过滤过程来看，胞外聚合物和无机盐与膜阻力的相关性远大于微生物。说明 EPS 和无机盐含量的增加对膜阻力突变具有重要意义。因此，在动态膜生物反应器运行过程当中，通过调节污泥负荷、曝气强度、pH、进水负荷等运行参数以减少胞外聚合物含量和无机盐含量，可延长动态膜生物反应器的稳定运行[5]。

3.3.3　膜面组分分析

3.3.3.1　微生物

通过显微镜观察可了解滤饼层中微生物的个体及群落形态。直接在10倍显微镜下及革兰氏染色后在1 000倍显微镜下观察,动态膜及活性污泥中不同部位微生物的形态如图3.11、图3.12所示。

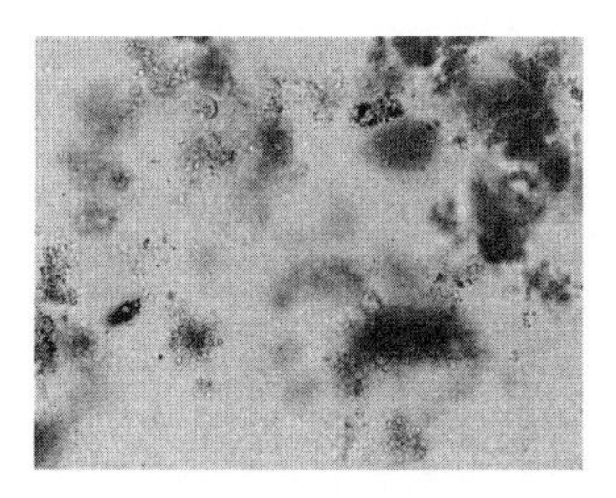
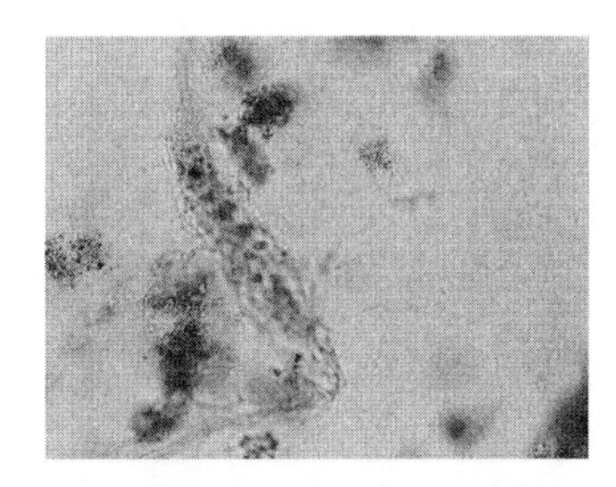
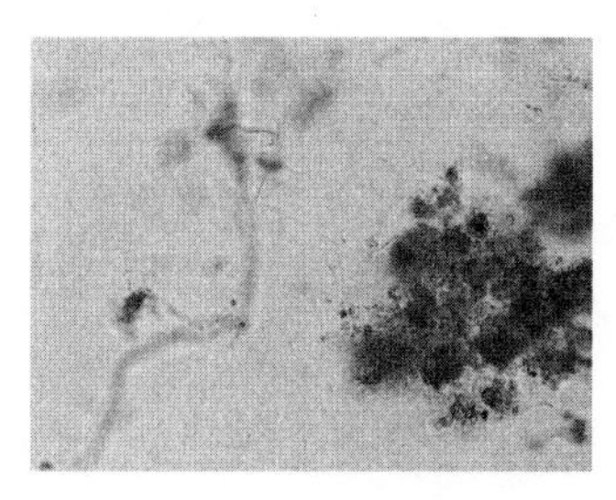

图3.11　10×倍率下动态膜中微生物形态

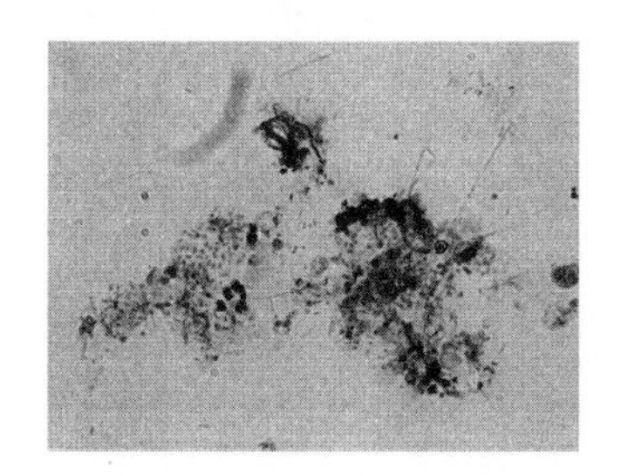
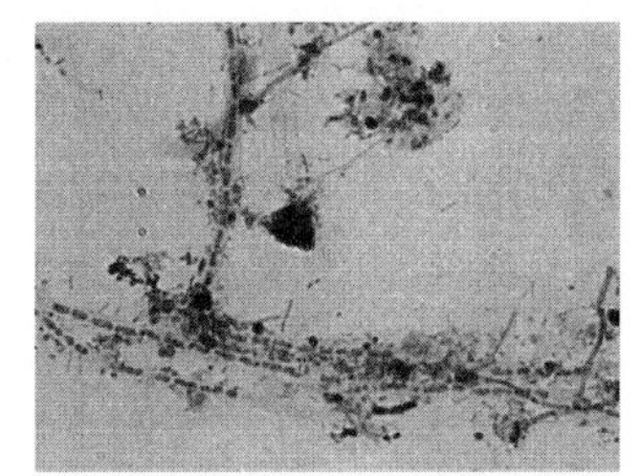
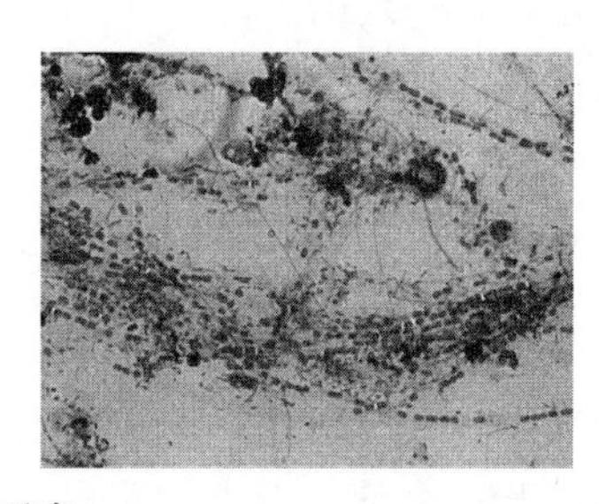

图3.12　1 000×倍率下动态膜微生物形态

由图3.11可见,溶于纯水后,动态膜上微生物仍呈絮体状分布,且形状接近椭圆形。而在显微镜下观察时,可看到少量活动着的后生动物的存在。而经革兰氏染色,在1 000倍显微镜下观察,可清晰地观察到动态膜微生物主要由大量的链状菌、杆状菌和少量的球状菌组成,其中链状菌居多,因此可以得知动态膜在膜基材料上堆积主要是靠链状菌的桥连作用完成的。微生物周围分布有少量杂质(图中呈黑点)。

动态膜中的微生物主要来自活性污泥中微生物的沉积及自身增殖。试验摄取了活性污泥中微生物的群落形态和个体形态,通过和动态膜上微生物形态对比,可初步判断动态膜上微生物的来源。活性污泥微生物在10倍、1 000倍显微镜下的照片如图3.13、图3.14所示。

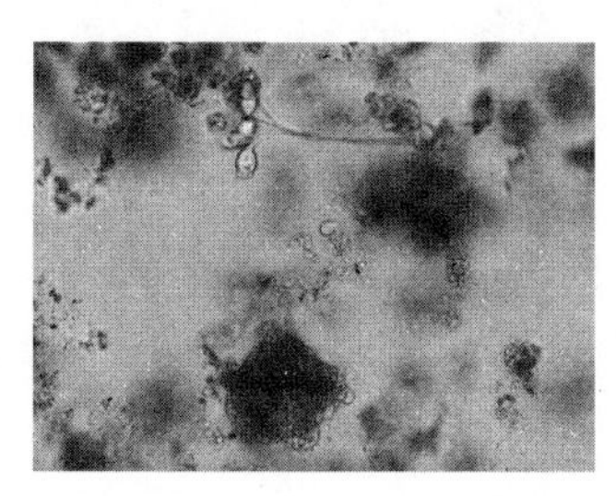
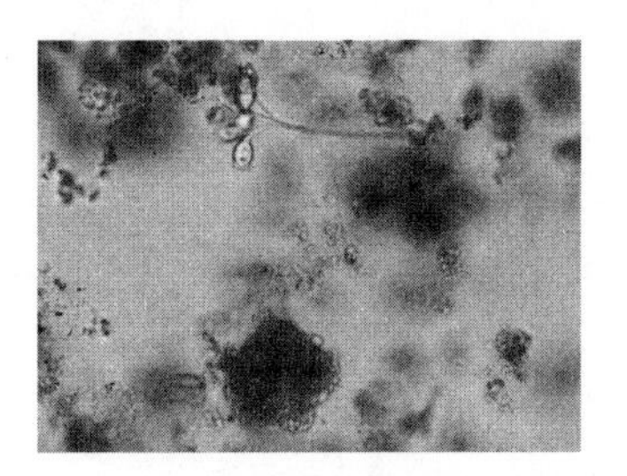
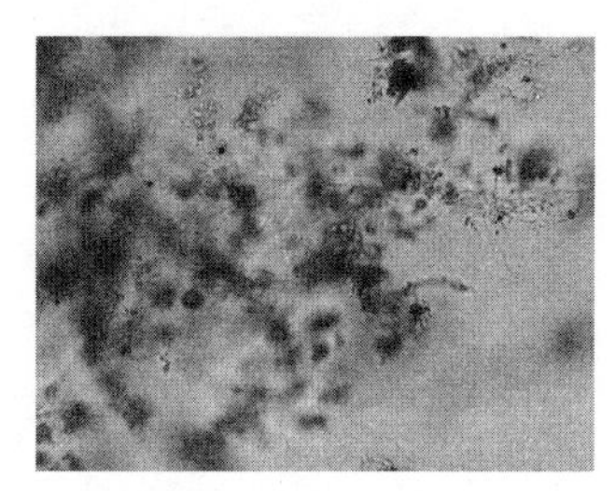

图3.13　10×倍率活性污泥中微生物形态

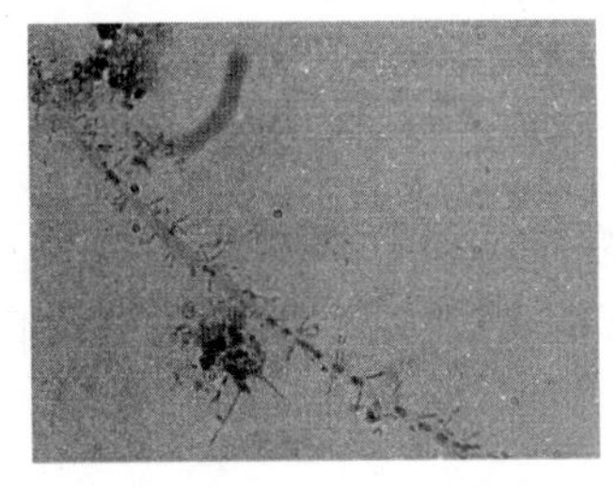
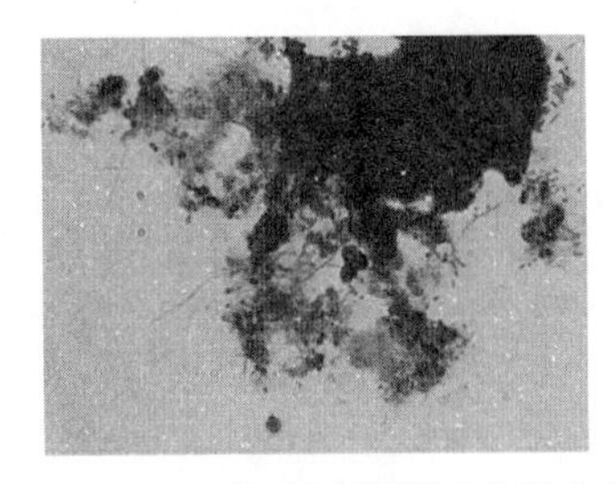
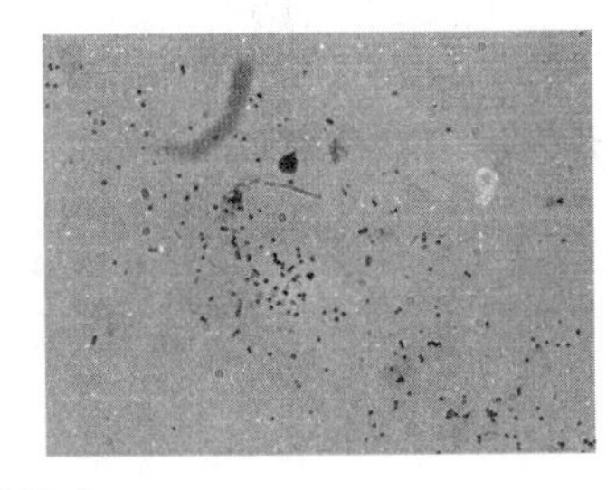

图 3.14　1 000×倍率活性污泥中微生物形态

由图 3.13 可见，由于曝气的冲刷作用，活性污泥中的污泥絮体较动态膜絮体小，且形状很不规则。在 10 倍显微镜下观察时，可观察到活动的后生动物。在 1 000 倍显微镜下观察时，可看到活性污泥内微生物多为球状菌和杆状菌，并且可见大块杂质。

动态膜上及活性污泥内微生物的形态存在较大差异，是由于水力条件、溶解氧浓度、营养条件等微环境的不同引起的。由于曝气作用和机械搅拌，动态膜上的微生物处于相对稳定的环境，因此絮体较大；不断增加的污泥层厚度使得动态膜内部处于厌氧状态，营养的传递也存在一定的障碍[6]，链状菌的生长优势大于普通的胶团菌。动态膜上大量的链状菌和活性污泥中较少的链状菌可以说明，微生物增殖对动态膜微生物组成起着重要的作用。

3.3.3.2　胞外聚合物

1）胞外聚合物含量分析

根据空间位置的不同，将动态膜上的胞外聚合物分为两部分：溶解性 EPS_S 和固着性 EPS_B，主要成分均为多糖和蛋白质[7]。因此可将动态膜上胞外聚合物分为四类：溶解性多糖（EPS_S-多糖）、固着性多糖（EPS_B-多糖）、溶解性蛋白质（EPS_S-蛋白质）和固着性蛋白质（EPS_B-蛋白质）。

不同时期各类 EPS 的含量如图 3.15 所示。

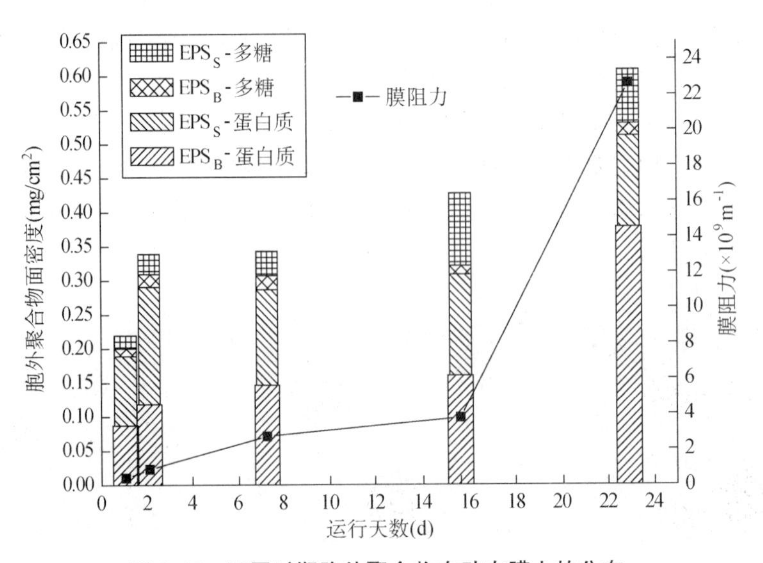

图 3.15　不同时期胞外聚合物在动态膜上的分布

由图 3.15 可知，不同时期动态膜上的蛋白质总含量均大于多糖，蛋白质含量为0.189～0.512 mg/cm^2，约占胞外聚合物总含量的 72.0%～86.2%。而多糖的含量仅为 0.031～0.132 mg/cm^2，约占胞外聚合物总含量的 13.7%～27.9%。EPS_S-多糖含量大于 EPS_B-多糖，且呈递增趋势，说明多糖的溶解性能较好；EPS_S-蛋白质和 EPS_B-蛋白质含量前期较为相近，但 EPS_B-蛋白质含量呈较明显的增长趋势，这也是蛋白质难溶于水的一个佐证。

利用 origin 软件对各组分含量和膜阻力进行相关性统计分析，结果如表 3.9 所示。

表 3.9　各组分与膜阻力相关性统计结果

EPS_S-多糖		EPS_B-多糖		EPS_S-蛋白质		EPS_B-蛋白质	
r	p	r	p	r	p	r	p
0.244	0.693	0.488	0.404	−0.083	0.894	0.994	5.81

由表 3.9 可见，EPS_B-蛋白质对膜阻力具有十分显著的影响，其他组分与膜阻力无线性相关关系。因此，在动态膜运行过程中，减少 EPS_B-蛋白质的产生、延缓凝胶层的形成对延长运行周期、控制动态膜污染具有十分重要的意义。

2）胞外聚合物来源解析

在动态膜反应器整个系统中，胞外聚合物存在于活性污泥混合液、动态膜内和出水中。动态膜上胞外聚合物增加和减少的量，不仅取决于其上微生物内源代谢产生的量，还取决于动态膜对混合液胞外聚合物的部分截留以及该类物质随出水的流失。试验分析了不同时期混合液中、动态膜上和出水中 EPS_S-多糖、EPS_B-多糖、EPS_S-蛋白质和 EPS_B-蛋白质的含量，以此为依据分析反应器内胞外聚合物的流转、产生和平衡关系。

不同时期混合液、出水、动态膜内溶解态、固着态的蛋白质含量见表 3.10。

表 3.10　不同时期各部位蛋白质含量

序号/运行天数	混合液(mg/L)		动态膜上(mg/cm^2)		出水(mg/L)
	EPS_S-蛋白质	EPS_B-蛋白质	EPS_S-蛋白质	EPS_B-蛋白质	EPS_S-蛋白质
1#/1 d	0.100 567 6	0.118 624 6	0.149 738 2	0.087 536 7	0.101 772 99
2#/2 d	0.100 845 4	0.125 014	0.161 683 6	0.118 346 8	0.172 517 8
3#/7 d	0.108 346 0	0.138 626 2	0.170 295 4	0.146 596 66	0.139 920 17
4#/15 d	0.107 234 8	0.189 463 6	0.148 071 4	0.160 022 22	0.147 838 01
5#/22 d	0.138 348 4	0.157 794 4	0.132 236 8	0.378 471 07	0.133 349 0

由于 EPS_B-蛋白质为结合态，其含量受外来蛋白质的影响较小，因此其增减只受其产生源即微生物代谢的影响。混合液中 EPS_B-蛋白质含量基本呈现缓慢上升的趋势，说明混合液中良好的营养物质条件、充足的溶解氧使得微生物持续分泌固着态蛋白质，维持活性污泥絮体良好的群落结构和沉降性能，这个运行过程中未出现营养缺乏、微环境恶化的现象。而动态膜中 EPS_B-蛋白质含量在前期稳步增长的基础上，运行到 22 天时出现陡增，达到0.378 mg/cm^2，主要是由于微环境如溶解氧、营养物质等因素变化引起的。

混合液中 EPS_S-蛋白质含量基本稳定在 0.101～0.138 mg/L，未出现明显的波动。动态膜上 EPS_S-蛋白质含量基本稳定在 0.132～0.170 mg/cm^2，同混合液中 EPS_S-蛋白质趋势类似。而出水中的EPS_S-蛋白质含量则基本稳定在0.101～0.172 mg/L,但基本大于同时期混合液中含量,幅度在0.00～0.07 mg/L。考虑到三者之间的平衡关系,可得知无论动态膜对混合液EPS_S-蛋白质的截留功能如何,出水都将带走部分动态膜上的EPS_S-蛋白质。由此分析,动态膜上的EPS_S-蛋白质除了部分来自截留活性污泥中EPS_S-蛋白质外,自身EPS_B-蛋白质的分解也占相当一部分。

不同时期混合液、出水、动态膜内溶解态、固着态的多糖含量见表3.11。

表3.11 不同时期各部位多糖含量

序号/运行天数	混合液(mg/L)		动态膜上(mg/cm²)		出水(mg/L)	出水EPS_S-多糖与混合液EPS_S-多糖差值
	EPS_S-多糖	EPS_B-多糖	EPS_S-多糖	EPS_B-多糖	EPS_S-多糖	
1#/1 d	0.000 34	0.024 95	0.014 25	0.018 760 39	0.011 350 42	0.011 01
2#/2 d	0.005 69	0.043 14	0.012 11	0.030 3	0.018 53	0.012 31
3#/7 d	0.007 83	0.045 28	0.018 53	0.036 133 75	0.020 480 67	0.012 65
4#/15 d	0.009 97	0.060 26	0.013 18	0.106 622 81	0.012 763 16	0.002 793
5#/22 d	0.013 18	0.032 44	0.016 39	0.111 313 61	0.020 487 5	0.007 31

同固着态蛋白质所呈现的规律类似,混合液中EPS_B-多糖的含量稳定在0.025～0.060 mg/L,前期呈现增长趋势,后期跌至0.032 mg/L,可能是由于反应器内营养物质不足,引起细菌的内源代谢消耗多糖和蛋白质造成的。而动态膜上EPS_B-多糖的含量则在0.018～0.111 mg/cm² 之间稳步增长,说明相对于混合液中复杂多变的环境,其环境一直是稳定的。

混合液中EPS_S-多糖基本稳定在0.000 34～0.013 18 mg/L,呈逐步增长的趋势。动态膜上EPS_S-多糖基本稳定在0.012 1～0.018 5 mg/cm²,无明显的增长或减少趋势。而出水中的EPS_S-多糖则基本稳定在0.011 4～0.020 5 mg/L,远大于同时期混合液中EPS_S-多糖的含量,增加的幅度在0.002 79～0.012 7 mg/L。考虑到三者之间的平衡关系,可得知无论动态膜对混合液EPS_S-多糖的截留功能如何,出水都将带走部分动态膜上的EPS_S-多糖。由此分析,动态膜上的EPS_S-多糖除了部分来自截留的活性污泥中EPS_S-多糖外,自身EPS_B-多糖的分解也占相当一部分,这也是其上EPS_B-多糖变化无明显规律的原因。

3.3.3.3 无机盐

1) 含量分析

为进一步分析膜表面污染物成分,借助X射线能谱仪测定动态膜中的物质含量。必须指出的是,膜表面污染物的形成是一种动态的平衡过程,短期过滤不足以反映膜表面污染物的形成情况,尤其是无机盐沉淀情况。无机盐在膜表面的沉积是在长期运行过程中金属离子和酸根离子不断结合而形成的。反应器内混合液中无机盐类的沉淀、截留或吸附是造成无机盐含量不断增加的主要原因。

4#膜膜面物质的X射线能谱图如图3.16所示,与其对应的元素比例如表3.12所示。

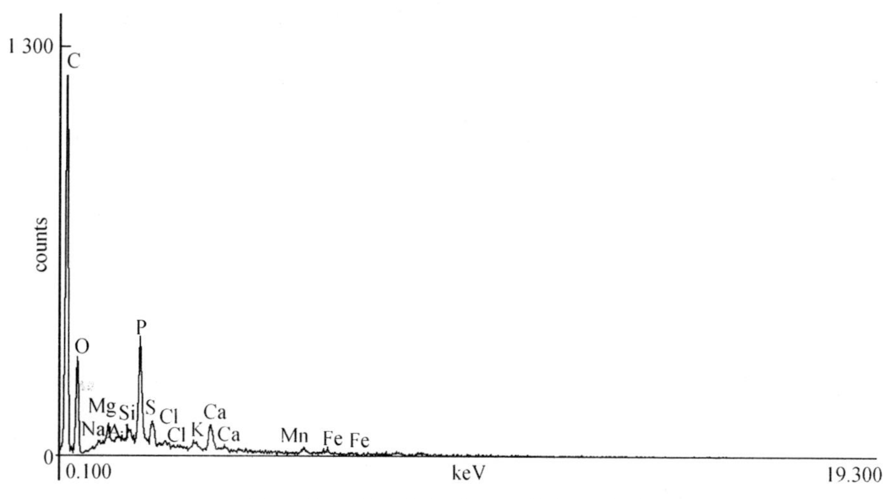

图 3.16　4#膜膜面物质 X 射线能谱图

表 3.12　4#膜膜面物质及相对比例

元素	相对比例	误差率	样本数量	误差范围
C	0.82 792	0.009 24	7 530	84
O	0.097 83	0.002 95	1 690	51
Na	0.001 37	0.000 38	98	27
Mg	0.005 15	0.000 38	431	32
Si	0.002 98	0.000 40	298	40
P	0.028 04	0.000 96	2 974	0
S	0.008 93	0.000 50	880	49
Ca	0.012 55	0.000 53	995	42
K	0.004 24	0.000 79	358	67
Al	0.000 77	0.000 36	75	35
Cl	0.001 71	0.000 39	156	35
Fe	0.003 18	0.000 70	156	34
Mn	0.005 34	0.000 68	269	34

由 X 射线能谱图及所对应的元素表可以看出，样品中含有 C、O、Na、Mg、Si、P、S、K、Ca、Mn、Fe 等元素，而且每个元素都有自己的峰值，根据峰值得出各物质的比例关系。其中 Na、Mg、Si、P、S、K、Ca、Mn、Fe 等无机元素基本属于无机盐沉淀，而 O 除了同上述无机盐类结合之外，基本属于微生物和胞外聚合物。C 基本属于微生物和胞外聚合物。将其中无机盐转化为氧化物形态，因胞外聚合物的含量已通过多糖和蛋白质含量测得，因此可计算得出各类无机盐含量。不同时期各类无机盐含量及与阻力相关性如表 3.13 所示。

表 3.13　不同时期膜面各类无机盐含量及与阻力相关性

沉淀物	1#/1 d (mg/cm²)	2#/2 d (mg/cm²)	3#/7 d (mg/cm²)	4#/15 d (mg/cm²)	5#/22 d (mg/cm²)	相关性	
						r	p
Na_2O	0.001 9	0.002 0	0.015 5	0.016 6	0.055 2	0.981 97	0.002 9
MgO	0.002 8	0.002 8	0.024 0	0.049 7	0.062 9	0.799 15	0.104 74
SiO_2	0.004 0	0.004 0	0.023 9	0.019 8	0.038 4	0.856 82	0.063 62
P_2O_5	0.006 2	0.006 6	0.092 3	0.168 4	0.259 4	0.865 11	0.058 25
SO_3	0.002 2	0.002 2	0.054 1	0.051 4	0.132 8	0.936 97	0.018 82
CaO	0.001 5	0.001 6	0.032 6	0.034 6	0.083 3	0.936 13	0.019 19
K_2O	0.001 5	0.001 6	0.032 4	0.010 5	0.039 3	0.756 24	0.139 06
Al_2O_3	0.001 6	0.001 7	0.010 5	0.005 8	0.027 8	0.967 75	0.006 92
Cl	0.000 2	0.000 1	0.002 0	0.003 6	0.019 8	0.999 12	$<0.000\ 1$
Fe_2O_3	0.000 0	0.000 0	0.018 3	0.009 6	0.064 9	0.980 71	0.003 21
MnO_2	0.000 0	0.000 0	0.003 4	0.009 4	0.015 2	0.884 87	0.046 08

由表 3.13 可见，动态膜中无机盐物质主要有磷酸盐、硫酸盐、镁盐、钠盐、硅酸盐、钙盐等，由于进水采用人工配水，上述元素基本来自配水原料。同时受到反应器运行方式的一些影响。在好氧条件下，微生物具有较强的吸磷作用，因此磷酸盐在动态膜上沉积较为明显；氯化物、钠盐、铁盐、铝盐和钙盐沉淀含量与膜阻力变化相关性较为明显，该类物质的增加可能是造成膜阻力突变的重要因素。

2）无机物来源解析

试验进水采用人工配水。反应器内混合液所含无机盐的浓度如表 3.14 所示。

表 3.14　不同时期混合液内无机盐浓度

沉淀物	1#/1 d (mg/L)	2#/2 d (mg/L)	3#/7 d (mg/L)	4#/22 d (mg/L)
Na_2O	0.037 1	0.069 9	0.040 4	0.086 3
MgO	0.045 5	0.069 3	0.048 7	0.063 8
SiO_2	0.015 1	0.023 8	0.008 3	0.017 0
P_2O_5	0.080 5	0.134 0	0.145 0	0.132 1
SO_3	0.045 5	0.081 8	0.040 8	0.067 0
CaO	0.045 7	0.064 8	0.057 6	0.087 2
K_2O	0.012 2	0.031 4	0.009 7	0.022 5
Al_2O_3	0.004 3	0.008 9	0.003 7	0.011 6
Cl	0.003 1	0.011 9	0.005 8	0.019 4
Fe_2O_3	0.007 4	0.021 8	0.005 6	0.027 7
MnO_2	0.000 0	0.004 8	0.005 8	0.010 3
总量	0.296 4	0.522 4	0.371 4	0.544 9

由表 3.14 可见，混合液中各无机盐的含量基本稳定，未出现大范围的波动情况，总含量则在 0.296～0.545 mg/L 之间波动，并无增长或减少的趋势。其浓度主要受到进水水质的影响：配水中含有大量的镁盐、钙盐、铁盐和磷酸盐、硫酸盐等成分，在储水箱上层、中层和下层的分布存在浓度差，导致进水浓度的差异和反应器内无机盐浓度的波动。但如表 3.13 所示膜上无机盐含量从运行初期的 0.021 9 mg/cm^2 逐步增加到 0.799 0 mg/cm^2，未受混合液中无机盐浓度波动的影响。考虑到动态膜本身并不具备产生无机盐的能力，其主要来源应为混合液内无机盐物质的沉积，且其增长趋势与混合液中无机盐含量并无直接关系。

如上节所述，动态膜内钠盐、钙盐、铁盐和铝盐沉淀的含量在末期均存在陡升，且与膜阻力突变的相关性较为明显。而上述盐类在混合液中的含量亦存在陡增，说明混合液中的无机盐含量对膜堵塞是有一定影响的。但考虑到运行中期这些盐类的浓度亦较高且并未出现膜阻力剧增的现象，说明当时动态膜对无机盐沉淀的截留能力不足。运行末期动态膜具有较强的截留能力可以截留更多混合液中无机盐，从而加快了膜污染过程。

参考文献

[1] 马强. 序批式动态膜生物反应器工艺特性试验研究[D]. [硕士学位论文]. 南京：东南大学土木工程学院，2008.

[2] 乔森，张捍民，张兴文，等. 动态膜技术的研究进展[J]. 中国给水排水，2003，19(12)：29－31.

[3] 林新斌，傅大放. 非织造布动态膜生物反应器处理生活污水的研究[J]. 中国给水排水，2007，23(13)：66－68.

[4] Libing Chu，Shuping Li. Filtration capability and operational characteristics of dynamic membrane bioreactor for municipal wastewater treatment[J]. Separation and Purification Technology，2006，51(2)：173－179.

[5] Sara Arabi，George Nakhla. Impact of protein/carbohydrate ratio in the feed wastewater on the membrane fouling in membrane bioreactors[J]. Journal of Membrane Science，2008，324(1－2)：142－150.

[6] 吴盈禧，蔡强，周小红，等. 基于溶解氧微电极的动态膜特性的在线研究方法[J]. 环境科学，2005，26(2)：113－117.

[7] Yoshiaki Kiso，Yong-Jun Jung，Takashi Ichinari，et al. Wastewater treatment performance of a filtration bio-reactor equipped with a mesh as a filter material[J]. Water Research，2000，34(17)：4143－4150.

第四章 自生动态生物膜系统的脱氮性能

4.1 生物脱氮原理与方法

传统脱氮理论认为，在好氧条件下，自养亚硝酸菌以二氧化碳、碳酸盐或者碳酸氢盐为碳源，将氨氮氧化为亚硝酸盐，硝酸菌再将亚硝酸盐氧化为硝酸盐，然后在缺氧条件下反硝化菌把硝酸盐转化为氮气排出(大部分反硝化细菌是异养菌，少数为自养菌)。在此理论基础上开发出的传统脱氮工艺有 A/O 法、A^2/O、氧化沟和 SBR 等。近年来，随着微生物学研究的发展，脱氮理论和工艺有了许多新的发展和突破。

1) *短程硝化反硝化技术*

短程硝化反硝化是将硝化反应控制在亚硝酸盐阶段，不进行亚硝酸盐至硝酸盐的转化，直接进行反硝化反应。与传统的硝化反硝化技术相比，短程硝化反硝化具有如下优点[1]：好氧阶段节省 25%的氧消耗量；缺氧阶段节省 40%的外碳源消耗量；亚硝酸盐反硝化反应以硝酸盐反硝化反应速率的 1.5～2 倍进行；降低剩余污泥产量。短程硝化反硝化在经济上和技术上均具有较高的可行性，特别是在处理高氨氮浓度和低 C/N 的污水时。

刘超翔等[2]应用 SHARON(Single Reactor for High Activity Ammonia Removal Over Nitrite)工艺处理高氨氮焦化废水，其出水 COD、NH_3—N、TN 和酚的去除率分别达到 83.6%、97.2%、66.4%和 99.6%。Gali 等[3]的研究表明 SBR 和 SHARON 工艺的亚硝化性能相近，但在负荷变化和基质缺乏的情况下 SHARON 工艺的稳定性比 SBR 好。蒋燕等[4]采用膜生物反应器研究了中温(25～30 ℃)条件下短程硝化反硝化生物脱氮的效果，结果表明，在曝气量为 0.15 m^3/h，pH 为 7～8 的条件下，出水氨氮浓度平均为 3.1 mg/L，NO_2^- 得到了富集，出水中基本监测不出 NO_3^-，总氮去除率平均为 86.2%，最高达 94.0%。Zhang 等[5]采用好氧 MBR 与厌氧填充床生物膜反应器的复合系统，接种富含厌氧氨氧化菌的污泥，研究了其短程硝化反硝化的可行性及稳定性，在 HRT 为 28 小时和 24 小时的情况下 TN 去除率达到 99%以上。王欢等[6]采用短程硝化反硝化—厌氧氨氧化工艺处理低 C/N 猪场废水，其氨氮、亚硝态氮、总氮的平均去除率分别为 91.8%、99.3%、84.1%。

2) *同步硝化反硝化技术*

同步硝化反硝化(SND)是指在同样的处理条件下及同一处理空间中同时发生硝化反应和反硝化反应的现象。SND 工艺中[7]，反硝化产生的 OH^- 可以中和硝化产生的部分 H^+，减少 pH 的波动，从而使两个生物反应过程同时受益，提高了反应效率。硝化菌和反硝化菌在同一反应器中同时工作，工艺更加简化而效能却大为提高；将有机物氧化、硝化和反硝化在反应器内同时实现，既提高脱氮效果，又节约了曝气所需和混合液回流所需的能源。如果将硝化过程控制在亚硝化阶段则整个反应过程加快，水力停留时间缩短，反应器容积也相应减小,需氧量降低,节约能耗。

Zhou 等[8-9]的研究发现了好氧反硝化菌和异养硝化菌的存在,从而为同步硝化反硝化的存在可能性提供了生物学上的支持,使得脱氮理论不再局限于硝化反应只能由自养型细菌完成而反硝化只能在厌氧条件下进行的传统观点上。Okabe 等[10-11]的研究表明,SND 效果随 C/N 的升高而增强,其 C/N 在 8.0 左右时脱氮效果较好。唐光明等[12]指出当反应器内 DO 控制在 0.5～1.0 mg/L 左右,游离氨浓度较高,温度为 25～27 ℃, pH 在 8.0 左右时其 SND 效果较好。

3) 厌氧氨氧化技术

厌氧氨氧化(ANAMMOX)工艺是指在厌氧或缺氧条件下,厌氧氨氧化细菌以 NO_2^- 作为电子受体,直接将 NH_4^+ 氧化为 N_2 的过程。与传统工艺相比,ANAMMOX 工艺无需供氧,无需添加有机碳源,无需外加酸碱中和试剂,同时污泥产量减少 90%,是目前已知的最简洁和最经济的生物脱氮途径。但厌氧氨氧化菌的生长速度非常缓慢,世代期约为 11 天,对氧非常敏感[13]。目前该工艺尚处于实验室研究阶段,实际应用较少见。

S. M. Mike 等[14]指出,厌氧氨氧化菌的增长率与产率都非常低,但是对氮的转化率却与传统的好氧硝化相当,其反应适宜温度在 10～43 ℃间,适宜的 pH 为 6.7～8.3。杨洋等[15]研究结果与其一致,但认为该工艺处理的污水中有机物浓度不宜过高。

4) 限氧自养型硝化反硝化技术

限氧自养硝化反硝化工艺(Oxygen Limited Autotrophic Nitrification Denitrification, OLAND) 的关键是控制 DO 值,使硝化过程仅进行到 NH_4^+ 氧化为 NO_2^- 的阶段,在缺乏电子受体的情况下,自养型亚硝化菌的催化使得 NO_2^- 与剩余的 NH_4^+ 形成 N_2,从而达到脱氮的目的。该工艺比全程硝化反硝化工艺耗氧量减少 63%,并完全不需要传统反硝化过程所需的有机物质,不需外投碳源,但是自养型亚硝酸细菌的活性较低,污泥氨氧化速率只有 2 mg/(g・d) [16]。

在 MBR 反应器中,通过对 DO、SRT、温度等条件的控制,以上几种机理均有所报道。这些新型工艺原理的出现,为提高 DMBR 等新型污水生物处理反应器的脱氮性能指明新的道路。

4.2　自生动态生物膜系统脱氮效果

4.2.1　NH_3—N 去除效果

进水 NH_3—N 数值维持在 34.0～54.6 mg/L 之间,平均值为 44.3 mg/L,每天检测进出水的 NH_3—N 值,图 4.1 为控制期 NH_3—N 的去除率及出水 NH_3—N 值。

由图可知,出水 NH_3—N 浓度为 0.7～2.7 mg/L,平均值为 1.6 mg/L,对应出水 NH_3—N 去除率为 94.50%～98.31%,平均去除率为 96.34%。挂膜初期,系统对出水 NH_3—N 去除率均在 96%以下,随着系统运行,NH_3—N 去除率均稳定在 95%以上,这与反应器的运行方式有关。除测定污泥浓度造成少量的泥外排,运行过程中反应器未设置排泥,因此污泥停留时间很长，世代周期长的硝化细菌能得到很好的生长。

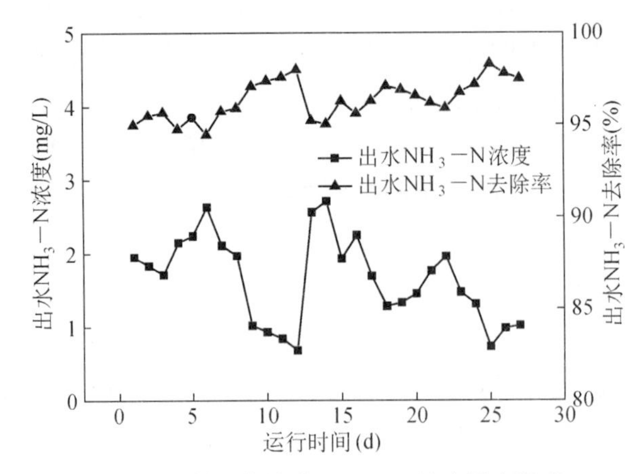

图 4.1　控制期出水 NH_3—N 浓度及去除率

4.2.2　TN 去除效果

进水 TN 数值维持在 34.1～54.7 mg/L 之间，平均值为 44.4 mg/L，每天检测进出水的 TN 值，图 4.2 为控制期 TN 的去除率及出水 TN 值。

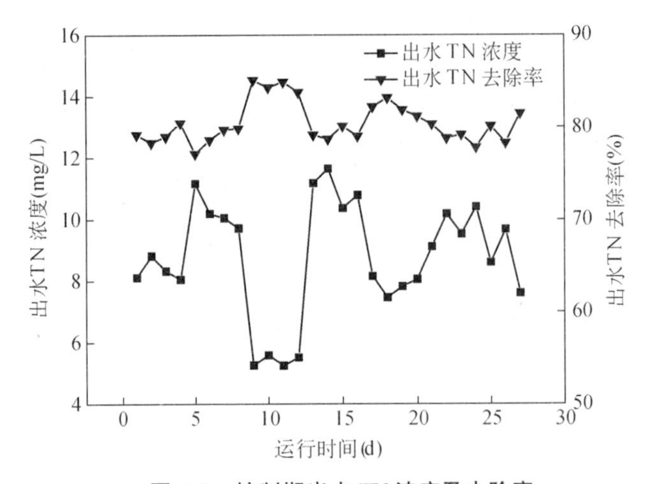

图 4.2　控制期出水 TN 浓度及去除率

由图可知，出水 TN 浓度为 5.3～11.7 mg/L，平均值为 8.8 mg/L，对应出水 TN 去除率为 77.11%～85.1%，平均去除率为 80.43%，连续流有了大幅提高，提高了约 24.20%～46.11%，与张雷[17]的研究结果 82.34%也较为接近。主要原因是采用序批式运行方式，从而使得硝化、反硝化细菌在反应器内得以大量繁殖，为反硝化过程创造了良好的条件。

4.3　聚氨酯填料强化自生动态生物膜系统脱氮工艺

聚氨酯全称为聚氨基甲酸酯，是主链上含有重复氨基甲酸酯基团的大分子化合物的统称。它是由有机二异氰酸酯或多异氰酸酯与二羟基或多羟基化合物加聚而成。20 世纪 40 年代,德国科学家研制出硬质泡沫聚氨酯。聚氨酯通过发泡开孔后可成为一种多孔材料。该材料在满足比表面积大,孔多均匀,亲水性好,机械、化学和生物稳定性强等特点后可用于水处理领域,作为一种微生物负载的有机填料。

20 世纪 80 年代初期,德国 LINDE 股份公司的 Morper 博士研制出一种多孔聚氨酯塑料颗粒作为生物载体,用于污水处理。该种聚氨酯塑料由于其特定的密度、孔隙、比表面积等特点可作为水处理填料使用。聚氨酯填料多为立方体形状,大小从 10 mm×10 mm×10 mm 至 25 mm×25 mm×25 mm 不等。该填料干密度低于水,挂膜后密度近似于水,可在水中处于悬浮状态,流化效果好。聚氨酯填料比表面积可达 $1\times10^3\sim5\times10^3\ m^2/m^3$,大于一般填料。其大比表面积、多孔径的特点为微生物附着在其内部与表面形成均匀的生物膜提供了良好的保证。微生物充满了聚氨酯填料孔隙内,与悬浮微生物不断地进行交换,并在水气的作用下生物膜自身进行新老更替。气泡在填料内外可传质,有机物可进出填料内外,从而避免填料结团。

聚氨酯填料特定的形状结构决定了其内外微生物相的丰富性,为构造内外厌氧—好氧环境提供了良好保证。生长周期较长的反硝化细菌能够自主固定在填料的内部厌氧区,可实现同步硝化反硝化,提高氮的去除效果,同时该填料对磷的去除也有一定的作用。填料内外可长满生物膜,大大提高了反应器内微生物量,填料载体表面及空隙内的生物量通常为 10～18 g/L,最大可达到 30 g/L。反应器内混合液污泥浓度 MLSS 可达 5～10 g/L,大于一般生物膜法,可用于处理有机负荷与水力负荷较大的污水,也可直接投加到原有反应器内用于提标改造。

东南大学市政工程系研制的聚氨酯填料干密度为 0.4～0.5 g/cm^3,挂膜后湿密度为 1 g/cm^3,孔隙率为 90%,孔径为 0.6～1.0 mm,填料尺寸为 20 mm×20 mm×20 mm。该种填料亲水性好,水滴角可达 50°左右,机械性能好,稳定性强。

4.3.1 聚氨酯填料的参数确定

聚氨酯填料,由于其具有较大的孔隙率可为微生物提供附着的固定场所,并由于其一定的厚度在好氧反应器中能够营造出好氧—缺氧—厌氧的环境,为氮的去除提供良好的基础。但在试验基础上适用的改性后亲水性高的聚氨酯填料始终不能达到较好的挂膜效果。为了能够挂膜成功,并取得良好的处理效果,对聚氨酯填料的相关参数的确定十分重要。在此对聚氨酯填料的孔径大小、填料尺寸、曝气强度进行正交实验,确定可行性填料的相关参数,并研究该种填料对各污染物的去除情况。

采用移动床生物反应器试验,在好氧条件下,对聚氨酯填料采取笼式投加,填料投加率为 30%(堆积体积),填料在笼中占 2/3 体积,以保证填料在笼内不因自由空间太小而不能自由流化从而导致填料结块。采用连续进水连续出水的方式运行,试验用水为模拟生活污水。对聚氨酯填料的种类、尺寸、曝气强度进行三因素四水平 16 组正交试验(见表 4.1),通过测定填料上 SS、微生物相的情况来确定填料的优化参数。

表 4.1 聚氨酯参数确定正交试验表

因素	填料	尺寸	曝气强度
试验 1	A1	B1	C1
试验 2	A1	B2	C2
试验 3	A1	B3	C3
试验 4	A1	B4	C4
试验 5	A2	B1	C2
试验 6	A2	B2	C1
试验 7	A2	B3	C4
试验 8	A2	B4	C3
试验 9	A3	B1	C3
试验 10	A3	B2	C4
试验 11	A3	B3	C1
试验 12	A3	B4	C2
试验 13	A4	B1	C4
试验 14	A4	B2	C3
试验 15	A4	B3	C2
试验 16	A4	B4	C1

A1:一号聚氨酯填料孔径 1 mm;A2:二号聚氨酯填料孔径 1.5 mm;A3:三号聚氨酯填料孔径 0.5 mm;A4:四号聚氨酯填料孔径 2 mm;B1:10 mm×10 mm×10 mm;B2:15 mm×15 mm×15 mm;B3:20 mm×20 mm×20 mm;B4:25 mm×25 mm×25 mm;C1:气水比 6∶1;C2:气水比 8∶1;C3:气水比 10∶1;C4:气水比 12∶1。

经过 21 天的培养,一号聚氨酯填料的试验 3 上已经长满生物膜,而二号、三号上生物膜的量不多,四号填料上的 4 组均没有生物膜的固着,见图 4.3。

从图 4.3 中的图 A 可知,第 7 天尺寸为 20 mm×20 mm×20 mm 一号聚氨酯填料在气水比为 10∶1 的条件下平均污泥量为 0.113 3 g/cm^3,且直到第 21 天,污泥量都稳定在 0.113 g/cm^3 左右,在 12 组试验中的挂膜污泥量最高。二号、三号聚氨酯填料的挂膜污泥量依次降低,四号上无生物膜。结合试验 1、试验 5、试验 9 可以看出尺寸为 10 mm×10 mm×10 mm 的聚氨酯填料在不同的曝气强度下的挂膜量都不高,分析其原因为填料尺寸小导致生物膜厚度较小,在气流的冲刷作用下,生物膜固着的能力小于其他几种尺寸填料,微生物很难在填料孔隙里稳定存在,这点从稳定的生物膜都集中在该尺寸填料的几何中心而靠外部几乎没有生物膜得以验证。二号填料该尺寸的填料挂膜量得以反弹是因为其曝气强度较小所致。25 mm×25 mm×25 mm 的一号、二号聚氨酯填料挂膜量不高,可能由于其曝气量比较大导致,而试验 12 里的三号该尺寸聚氨酯填料上的污泥量在本组中较高,但总体比一号、二号要低。该尺寸三种聚氨酯填料在 10 天后污泥量都趋于稳定,且内部外部都有生物膜,但其生物膜较松散,微生物相不丰富,分析原因应该是由于填料厚度过大,有机物、氧气等由填料表面向内部传质阻力大,故填料内部生物膜达不到较高活性,处于老化状态,而生物膜的新老交替又受到营养物质的传质的影响。

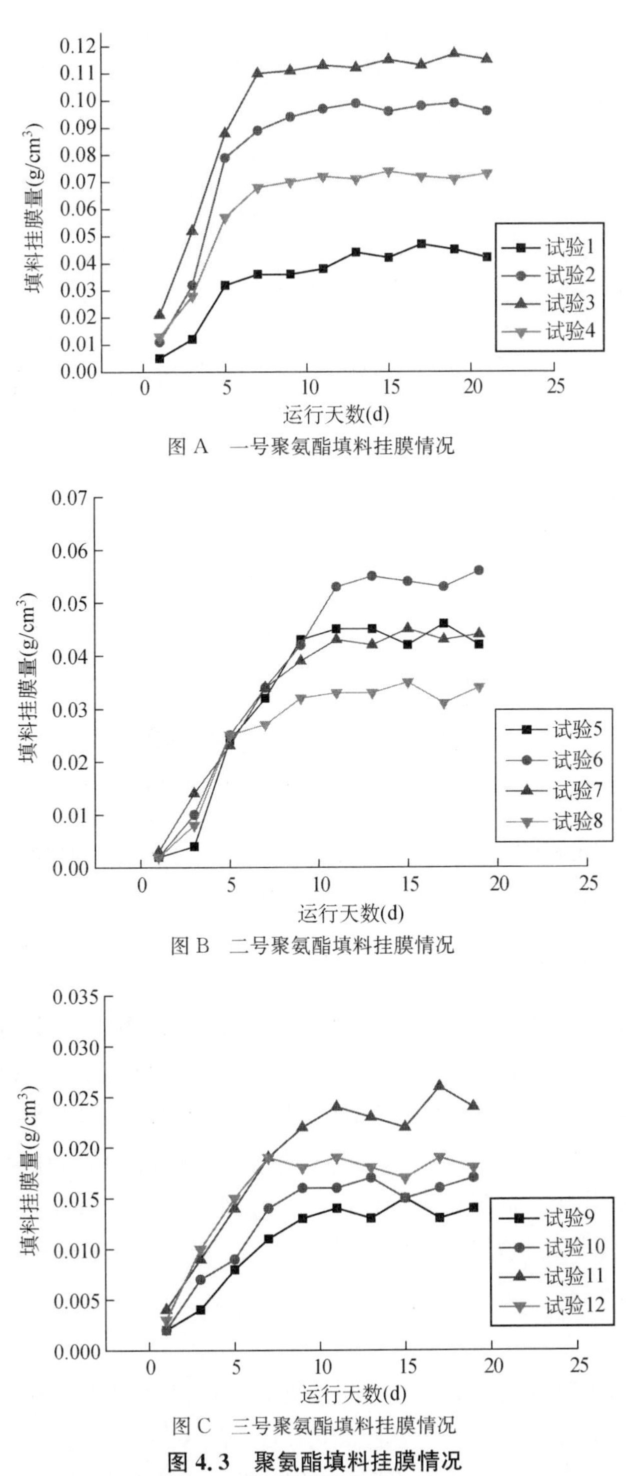

图 A　一号聚氨酯填料挂膜情况

图 B　二号聚氨酯填料挂膜情况

图 C　三号聚氨酯填料挂膜情况

图 4.3　聚氨酯填料挂膜情况

（图 A:一号填料;图 B:二号填料;图 C:三号填料）

三种填料在 10 天后的挂膜量都可趋于稳定。而三种填料中 20 mm×20 mm×20 mm 尺寸的填料在气水比不同的情况下挂膜量都很高。在考虑到填料挂膜时要控制较低的曝气强度，综合 2、3、5、12 四组试验我们可以看出 8∶1～10∶1 的气水比对聚氨酯填料挂膜较适合。在这种情况下运行，反应器中填料微生物相丰富，富含轮虫、钟虫、累枝虫、丝状菌等微生物，挂膜效果良好，聚氨酯填料上微生物显微镜镜检图片如图 4.4 所示。

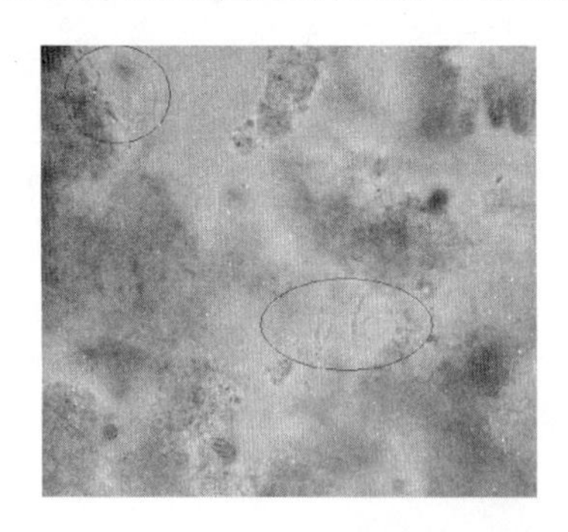

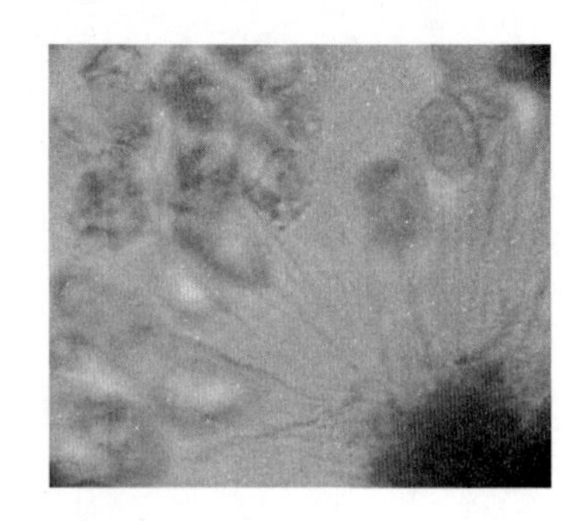

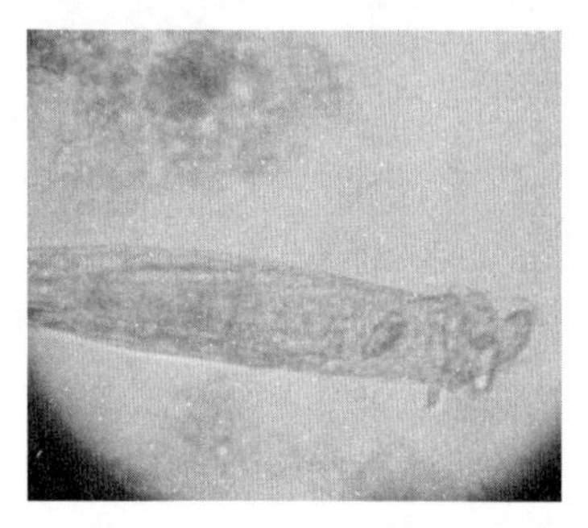

图 4.4　聚氨酯填料上微生物显微镜镜检图片

综上所述，聚氨酯填料的最佳参数为尺寸为 20 mm×20 mm×20 mm、密度为 0.4 g/cm^3、孔隙率为 90%的一号聚氨酯填料，填料挂膜最佳气水比为 8∶1～10∶1。

4.3.2　聚氨酯填料的脱氮性能

本节主要阐述在填料投加比为 30%的情况下复合式动态膜反应器与无填料的动态膜反应器的脱氮效果。组 1 为投加了 30%的聚氨酯填料的反应器，组 2 为未添加聚氨酯填料的动态膜反应器。两组进水水质、水力停留时间、曝气量均相同，采用全好氧工艺运行。对进出水 NH_3—N、TN、NO_3^-—N、NO_2^-—N 进行测量，讨论聚氨酯填料在复合式动态膜反应器中的同步硝化反硝化作用。通过试验数据可以看出，组 1 总氮去除率为 75.2%，出水 TN 稳定值为 11.152 mg/L，满足城镇污水排放一级 A 标准，组 2 总氮去除率为 62.34%，出水 TN 稳定值为 16.878 mg/L。

4.3.2.1　实验装置

两组反应器采用体积为 24 L 的圆柱形反应器，内置圆柱形活性炭海绵动态膜组件。组 1 与组 2 的不同之处在于组 1 中加入 30%的大小为 20 mm×20 mm×20 mm 的聚氨酯填料。反应器全好氧状态运行，HRT 为 8 小时，采用间歇进水间歇出水运行模式，试验用水为模拟生活污水，两组反应器进水水质相同。进水、出水采用时空开关自动控制，回流比为 3∶1。

4.3.2.2　氨氮去除效果

污泥取自漕桥污水处理厂好氧池，污泥活性高，在两组动态膜试验反应器中运行 10 天左右，氨氮出水浓度就趋于稳定（见图 4.5）。组 1、组 2 中稳定阶段氨氮出水浓度维持在 1.5 mg/L 以下，达到城镇污水排放一级 A 标准，去除率都大于 96%。除少量用于测定污泥浓度、填料上污泥的排泥外，基本不排泥。动态膜对微生物有截留作用，同时组 1 中聚氨酯填料的固定作用使得反应器内世代周期较长的硝化菌得以大量繁殖。全好氧的工艺运行使得硝化作用的能力大大加强。动态膜上的厌氧、好氧区与聚氨酯填料内外部的厌氧—缺氧—好氧环境使得反应器内存在同步硝化反硝化作用，对氨氮的去除提供推动作用。

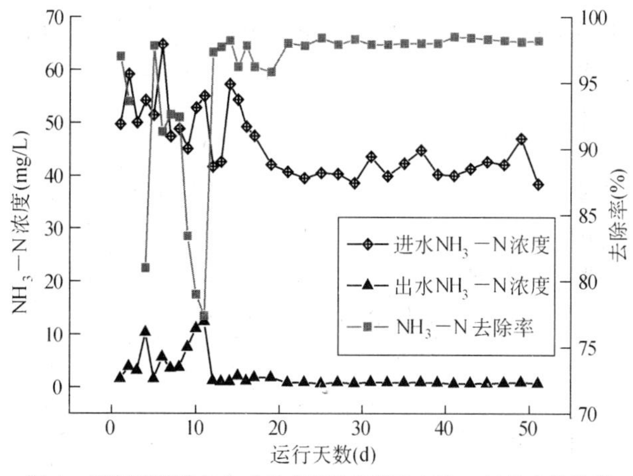

图 A　聚氨酯填料复合式动态膜反应器对 NH_3—N 的去除效果

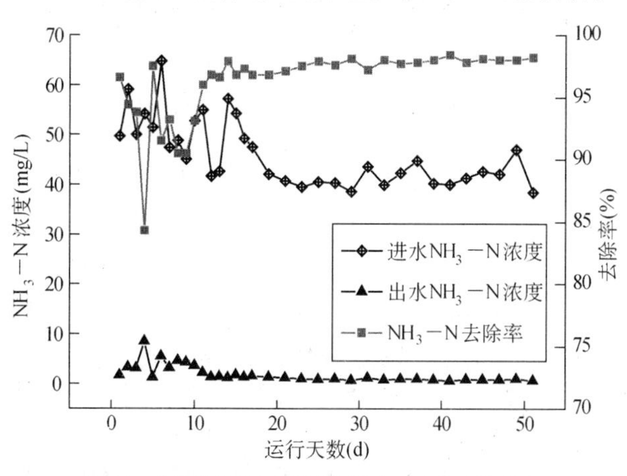

图 B　动态膜生物反应器对 NH_3—N 的去除效果

图 4.5　NH_3—N 的去除效果

从 A 图与 B 图中可以看出，两个反应器对氨氮的去除率在 10 天后都趋于稳定。且去除效果相差不大。两组反应器进水相同，氨氮浓度范围为 38.4～64.8 mg/L，组 1 稳定后出水氨氮浓度为 0.62～0.91 mg/L，出水均值为 0.772 mg/L，平均去除率为98.12%。组 2 稳定后出水氨氮浓度为 0.64～1.2 mg/L，均值为 0.959 mg/L，平均去除率为 97.66%。

有无填料的动态膜反应器中氨氮出水均满足城镇污水排放一级 A 标准，组 1 的氨氮去除率更高，去除效果更稳定。在相同的曝气量、水力负荷、有机负荷的情况下组 1 由于加有填料，其污泥浓度大于组 2，但由于氨氮已经降到很低值，难以被更高程度地降解，故组 1 的氨氮去除率相比组 2 提高得不明显，但组 1 中大量的污泥浓度使得出水氨氮浮动更小，更加稳定,从而面对抗冲击负荷的能力必将大于组 2。虽然两组反应器中都有动态膜的截留,为世代周期较长的硝化菌提供了富集的条件,但组 1 中的污泥浓度与聚氨酯填料上的大量微生物使得其中硝化菌的量大于组 2。就氨氮的去除情况来说组 1 稍好于组 2。

4.3.2.3 总氮去除效果

由于装置为全程好氧运行,为了提高总氮的去除效果,在同一装置内完成同步硝化反硝化,必须保证反应器内溶解氧的值不能过高,否则与反硝化反映的缺氧条件相矛盾。同时,过高的溶解氧有利于 COD 的降解,当 COD 含量过低时,反硝化进程所需要的碳源就难以维持,影响总氮的去除效果,故两组反应器中溶解氧浓度保持在 2.0 mg/L 左右。两组反应器 TN 的去除效果见图 4.6。

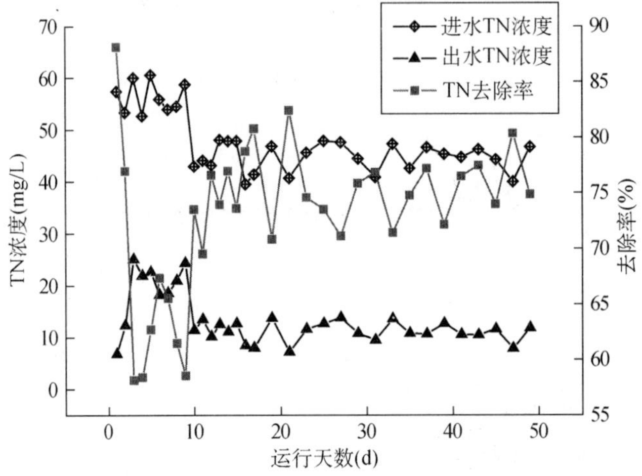

图 A 聚氨酯填料复合式动态膜生物反应器对 TN 的去除效果

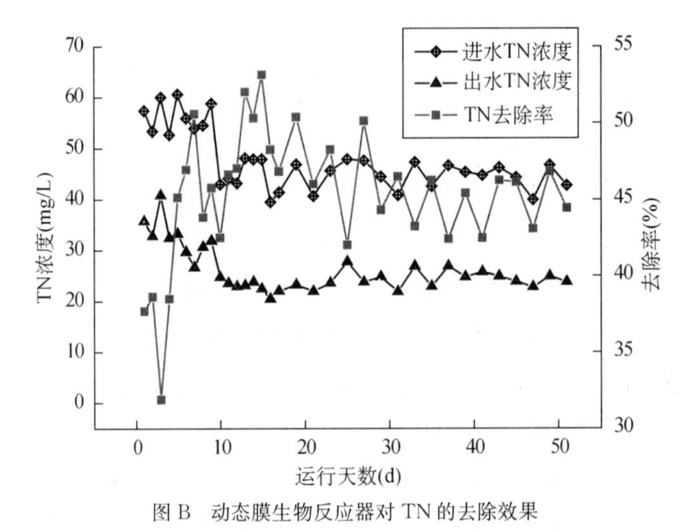

图 B 动态膜生物反应器对 TN 的去除效果

图 4.6 TN 的去除效果

由上面两图可以看出,组 1 与组 2 的总氮去除效果在运行 20 天后均趋于稳定。两组试验进水总氮浓度相同,浓度范围为 39.52～60.57 mg/L。投加聚氨酯填料的组 1 的复合式动态膜反应器总氮去除率稳定在 71.11%～80.36%之间,均值为 75.20%,总氮稳定出水浓度为7.85～13.76 mg/L，出水均值为11.34 mg/L，均小于15 mg/L。组2的动态膜反应器总氮去除率为42.00%～50.12%，均值为45.18%，总氮稳定出水浓度为21.86～27.76 mg/L，均值为24.66 mg/L。

虽然两组氨氮的去除效果相近，但总氮的去除效果明显不同。这主要体现在聚氨酯填料的作用上。聚氨酯填料为立方体，在挂膜成功后其90%以上的孔隙中长满了生物膜。通过研究得出尺寸为20 mm×20 mm×20 mm、孔径为0.5～1.0 mm的改性聚氨酯在较短的时间内(7天)，填料上SS可达到0.113 g/cm^3。此数据远大于一般的动态膜反应器。聚氨酯填料内外共20 mm厚的好氧—缺氧—厌氧双层构造比活性炭海绵动态膜反应器的好氧—缺氧—厌氧层厚。这些条件都决定了同步硝化反硝化在聚氨酯填料复合式动态膜反应器中的总氮去除较普通动态膜反应器更加彻底。聚氨酯填料由于其在三维各方向的20 mm厚度使得填料内部能够在水中有机碳含量过低难以提供反硝化动力时存在一定的有机碳，为反硝化的进一步去除总氮提供保证。

4.3.2.4　氮元素转化

表4.2中数据为聚氨酯填料复合式动态膜生物反应器与普通动态膜生物反应器中氮元素的转化情况。此表中数据为15组稳定进出水水质均值。其中两组反应器进水水质相同，总氮为44.81 mg/L，主要有氨氮和少量的硝态氮、有机氮构成，进水不含亚硝酸氮。四组出水的氮元素主要由硝酸氮和少量的氨氮、亚硝酸氮组成。

表4.2　氮元素转化表

取样	亚硝酸氮(mg/L)	硝酸氮(mg/L)	氨氮(mg/L)	总氮(mg/L)
进水	—	1.376	40.4	44.81
试验1上清液	0.434	10.867	0.223	12.318
试验1出水	0.934	9.162	0.772	11.152
试验2上清液	0.482	24.377	0.743	25.312
试验2出水	0.984	22.216	0.959	23.902

对比试验1与试验2的亚硝酸氮、硝酸氮数据能够清楚地看出，试验1中反硝化的比例更高，由理论反硝化速率公式：反硝化速率＝回流比/(回流比＋1)可以算出，本试验的回流比为3∶1，其相应的反硝化速率应为75%。而本试验硝化程度很高，故反硝化速率约等于总氮去除率，这点在总氮的稳定平均去除率为75.20%上得到了很好的印证。对比两组试验的上清液氨氮出水情况可以看出，两者反应器出水亚硝酸盐含量相近，聚氨酯填料在普通动态膜生物反应器的97.6%氨氮去除率基础上对硝化反应的影响很小，故其在硝化反应方面的作用不大。对比试验1、试验2中上清液硝酸氮情况可以明显看出聚氨酯填料在复合式动态膜反应器中的反硝化作用相比普通动态膜反应器提高了31.25%，而两组反应中亚硝酸氮的含量差距不大，这表明了有聚氨酯填料的好氧动态膜反应器中有良好的反硝化作用。出水膜滤过程亚硝酸氮、氨氮指标有所提高，硝酸氮含量降低，膜滤过程对两者反硝化的影响近似。

从上面的分析可以看出，在好氧反应器中硝化反应一般都可以进行得较为彻底，而脱氮的关键就是反硝化，特别在同步硝化反硝化中，这一直都是一个难题。聚氨酯填料是一个很好的微生物大量富集并提供优良的好氧—缺氧—厌氧微环境的场所。它在适当提高硝化反应的基础上可以提高反硝化速率，对总氮的去除可以有很明显的改观。而且聚氨酯填料投加方便，原先池体无需进行改变，直接进行笼式投加就可以达到提高总氮去除率的问题，适用于水质水量变化的提标改造。德国 LINDER 公司的聚氨酯 LINPOR 填料就曾用于污水处理厂的提标改造，已在国内外有 40 多个工程，我国的辽宁大连春柳河污水处理厂的提标改造就采用的此工艺，并取得了很好的效果。

4.4 添加剂强化自生动态生物膜系统脱氮工艺

本节确定了添加剂的最佳投加量以及这三种添加剂对 COD、NH_3—N、TN 及 TP 的去除效果。通过分析好氧阶段结束时上清液中 COD、NH_3—N、TN、NO_2^-—N 及 NO_3^-—N 的浓度，分析三种添加剂强化系统同步硝化反硝化的效果及机理，计算三个反应器的同步硝化反硝化效率(Efficiency of SND Process，SND 率)并与未投加药剂时进行比较。运用软件 SPSS13.0 对三种添加剂强化污染物去除效果和 SND 率进行统计学分析。

4.4.1 添加剂的选择和投加量的确定

4.4.1.1 添加剂的选择

本试验采用三种添加剂对 DMBR 进行强化脱氮，分别选择无机金属盐类、天然矿土和植物残体三个种类。

1）无机金属盐类

无机金属盐类主要有铁盐和铝盐。两者均有较好的混凝效果，但铁盐具有形成生物铁这一优势，从而能强化生物的去污能力，故选择铁盐。

2）天然矿土

天然矿土主要有硅藻土、高岭土、凹凸棒土(简称凹土)、膨润土。这几种天然矿土的成分相近，主要是二氧化硅，本试验选择凹凸棒土。

3）植物残体

植物残体即有机固体废弃物、固体有机碳源。包括麦秆、稻草、木屑、稻壳、棉花、甘蔗渣、玉米芯、树叶、树皮、丝瓜瓤之类。液态有机碳源反应速度快，导致需要经常补充碳源，且未完全反应的有机碳也可能造成二次污染。固体有机碳源主要用于去除水中尤其是地下水中的硝酸盐，也有在曝气生物滤池中作为碳源和载体，均取得了很好的效果，所以选择了尺寸较小、价格低廉、较易获取的稻壳。稻壳既作为微生物的载体，更为重要的是作为反硝化的碳源，同时可实现农业固废资源化利用。

4.4.1.2 添加剂投加量的确定

1）铁盐和凹土最佳投加量的确定

在生物铁法中，铁在活性污泥中的含量应控制在 1%～10%，铁盐初始投加量应能满足活性污泥开始培养时就所需的含铁量，使微生物在富铁环境下有一个较大的增长。在正常运行时，控制污泥含铁量不低于 3%，以保证生物铁法稳定运行。北京交通大学的杨静等人[18]通过试验研究得出铁盐的投加量最好控制在 MLSS 的 3%～7%之间，当投加量增大到 7%时，生物铁污泥解体为碎小的颗粒，并加剧了膜污染。

东南大学的段文松[19]通过试验研究得出凹土在动态膜生物反应器中的投加量为 5%时，对溶解性有机物有较好的去除效果。

为了寻求铁盐和凹土最佳投加量，进行了一系列烧杯试验。实验分两组，每组取 5 个 1 L 的烧杯，向其中加入相同量的活性污泥以及营养液，测定烧杯中的 MLSS 后，各组再依次分别加入浓度为 MLSS 的 3%～7%的氯化铁和凹土，然后继续培养驯化 2 周。反应器运行稳定后，分别取进水和烧杯上清液测定总氮的去除率，结果如表 4.3 和表 4.4 所示。

表 4.3　不同铁盐投加量下 TN 的去除率

	3%	4%	5%	6%	7%
进水(mg/L)	28.74				
出水(mg/L)	5.71	5.14	4.51	4.55	4.71
去除率(%)	80.13	82.12	84.31	84.17	83.61

表 4.4　不同凹土投加量下 TN 的去除率

	3%	4%	5%	6%	7%
进水(mg/L)	30.13				
出水(mg/L)	7.44	6.39	5.04	5.06	5.22
去除率(%)	75.31	78.79	83.27	83.21	82.68

从表可以看出，当铁盐和凹土的投加量为 MLSS 的 5%时，对 TN 的去除效果最好，分别为 84.31%和 83.27%。

2）稻壳最佳投加量的确定

稻壳在动态膜生物反应器中既作为载体，同时又为反硝化提供固体有机碳源，根据其载体性质确定稻壳的投放比。烧杯实验如下：取 5 个 1 L 的烧杯，向其中加入相同量的活性污泥以及营养液，每个烧杯的稻壳投放比分别为 10%、15%、20%、25%和 30%，然后继续培养驯化 2 周。反应器运行稳定后，分别取进水和烧杯上清液测定总氮的去除率，结果如表 4.5 所示。

表 4.5　不同稻壳投放比下 TN 的去除率

	10%	15%	20%	25%	30%
进水(mg/L)	35.61				
出水(mg/L)	5.80	5.04	3.58	3.84	4.05
去除率(%)	83.71	85.84	89.95	89.22	88.63

从表 4.5 可以看出，当稻壳的投加量为 20%时，对 TN 的去除效果最好，达到了 89.95%。

4.4.2　系统脱氮效果

本节讨论三个反应器中分别投加稻壳（1 号反应器）、铁盐（2 号反应器）和凹凸棒土（3 号反应器）的污染物去除效果及脱氮研究。三个反应器均从同一个配水箱中进水，进水水质相同，一共运行 52 天，主要测定 COD、NH_3—N、TN、TP 含量等指标，同时本节比较了控制组(未投加添加剂)与添加剂投加后系统的污染物去除效果和脱氮效果。

4.4.2.1 COD去除效果

在反应器运行过程中,进水COD数值维持在313.2～612.8 mg/L之间,平均值为457.3 mg/L,定期检测进出水的COD值,图4.7为COD的去除率及出水COD值。

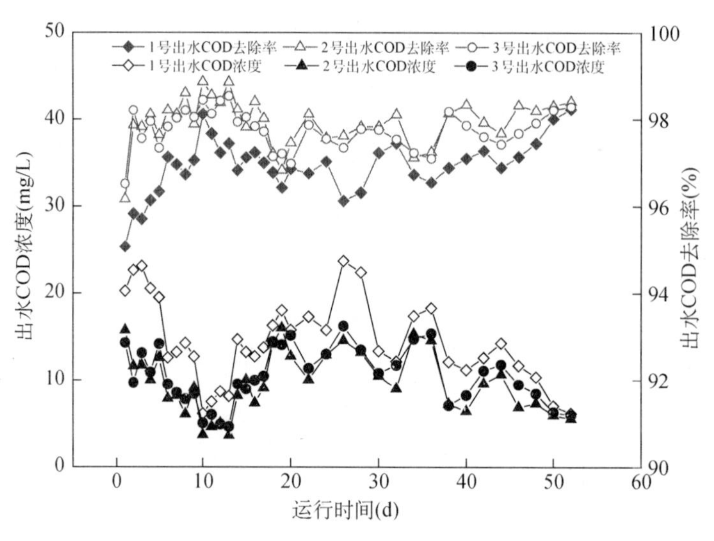

图4.7 出水COD浓度及去除率

由图4.7可知,1号、2号和3号的出水COD浓度分别为6.1～23.7 mg/L、3.6～16.0 mg/L和4.6～16.2 mg/L,平均值分别为14.4 mg/L、9.6 mg/L和10.4 mg/L;相应的出水COD去除率分别为95.08%～98.23%、96.17%～98.87%和96.52%～98.54%,平均去除率分别为96.91%、97.94%和97.76%。

与控制组相比,三个系统的出水COD去除率分别提高了0.18%、1.22%和1.04%。1号反应器中投加的稻壳会持续释放碳源,其出水COD去除率与控制组较为接近,并且在投加稻壳的前3天去除率均在96%以下,主要原因是稻壳投放到反应器中初次会释放较多的碳源,导致出水COD升高,之后去除率均稳定在96%以上;2号反应器的COD去除率提高最大,因为生物铁对有机物的降解有一定的促进作用[20];3号反应器中投加的凹土表面存在的Si—OH基,对有机质具有很强的亲和力,可与有机反应剂直接作用生成有机矿物衍生物,同时其组成成分中含有Mg^{2+}、Fe^{3+}和Al^{3+},对一些反应有一定的催化作用,因此其COD去除率也得到了提高。

4.4.2.2 NH_3—N去除效果

进水NH_3—N数值维持在30.2～58.3 mg/L之间,平均值为39.9 mg/L,定期检测进出水的NH_3—N值,图4.8为NH_3—N的去除率及出水NH_3—N值。

由图4.8可知,1号、2号和3号的出水NH_3—N分别为0.4～2.1 mg/L、0.6～2.3 mg/L和0.3～2.3 mg/L,平均值分别为1.1 mg/L、1.2 mg/L和0.8 mg/L;相应的出水NH_3—N去除率分别为95.45%～98.77%、95.68%～98.40%和96.90%～99.16%,平均去除率分别为97.41%、96.96%和97.99%。与控制组比,三个系统的出水NH_3—N去除率分别提高

了1.07%、0.62%和1.65%。1号反应器中的稻壳为硝化细菌的增殖提供了良好的载体，有利于生长缓慢的硝化菌的增殖。Iversen等人[21]研究表明，MBR中投加$FeCl_3$会限制硝化菌的活性，但系统运行中无单独排泥，硝化菌得到了积累，因此2号反应器中NH_3—N去除率也有了小幅度的增长。3号反应器表现出较好的NH_3—N去除效果，原因主要有：① 凹土对氨氮有一定的吸附效果[22]，有利于微生物的降解；② 凹土的化学成分主要有SiO_2、Al_2O_3、MgO和Fe_2O_3，这和硅藻土的主要成分相似，XiaoLi Yang等人[23]发现在MBR中投加硅藻土后NH_3—N去除率维持在较高的水平。

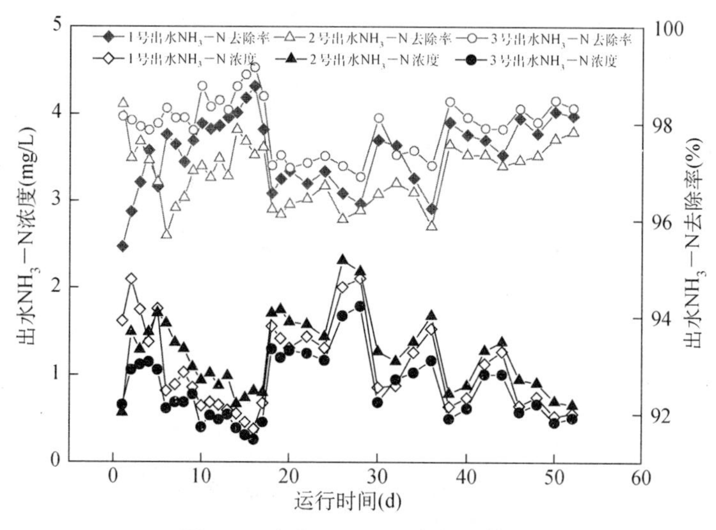

图4.8 出水NH_3—N浓度及去除率

4.4.2.3 TN去除效果

进水TN数值维持在30.4～58.5 mg/L之间，平均值为40.1 mg/L，定期检测进出水的TN值，图4.9为TN的去除率及出水TN值。

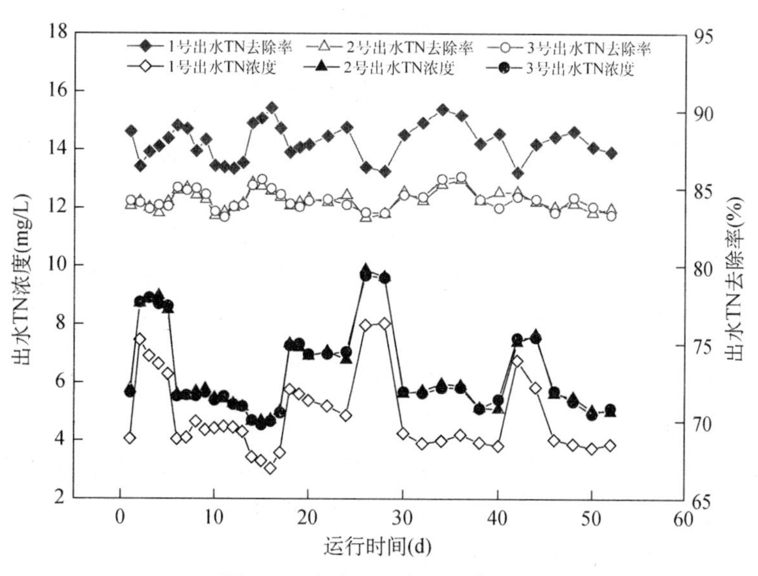

图4.9 出水TN浓度及去除率

由图 4.9 可知，1 号、2 号和 3 号的出水 TN 分别为 3.0～8.0 mg/L、4.7～9.9 mg/L 和 4.5～9.7 mg/L，平均值分别为 4.8 mg/L、6.3 mg/L 和 6.3 mg/L；相应的出水 TN 去除率分别为 86.04%～90.21%、83.11%～85.57%和 83.17%～85.77%，平均去除率分别为 87.99%、84.23%和 84.27%。与控制组相比，三个系统的出水 TN 去除率分别提高了 7.56%、3.80%和 3.84%。1 号反应器的效果比较明显，好氧阶段稻壳作为载体能创造较好的缺氧微环境，更好地实现同步硝化反硝化，在厌氧搅拌阶段其又可作为反硝化的碳源。2 号和 3 号主要是改变污泥的形态，增大污泥絮体的粒径，形成更多的缺氧微环境，好氧阶段为同步硝化反硝化创造条件。

4.4.2.4 TP 去除效果

进水 TP 数值维持在 5.5～7.6 mg/L 之间，平均值为 6.9 mg/L，定期检测进出水的 TP 值，图 4.10 为 TP 的去除率及出水 TP 值。

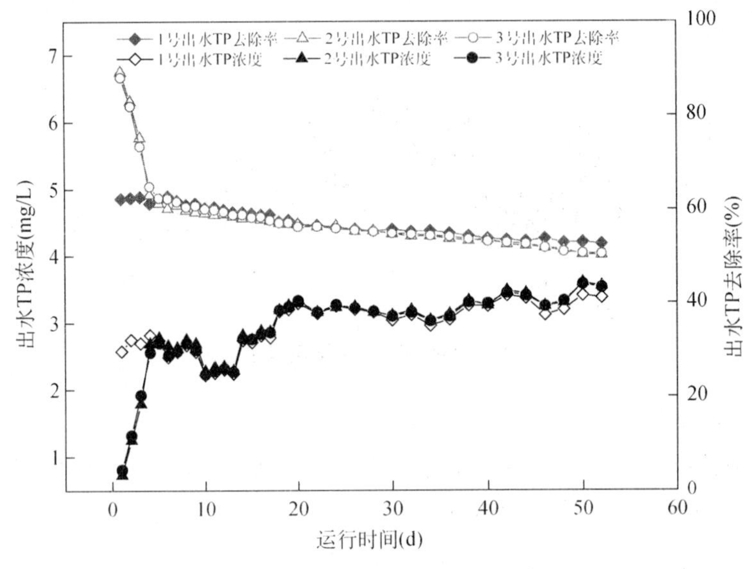

图 4.10 出水 TP 浓度及去除率

由图 4.10 可知，1 号、2 号和 3 号的出水 TP 分别为 2.2～3.4 mg/L、0.7～3.6 mg/L 和 0.8～3.6 mg/L，平均值分别为 2.9 mg/L、2.9 mg/L 和 2.8 mg/L；相应的出水 TP 去除率分别为 52.53%～62.72%、50.14%～89.30%和 50.42%～88.12%，平均去除率分别为 57.64%、58.45%和 58.71%。三个反应器随着污泥增长的减慢，TP 去除率均呈下降趋势，2 号和 3 号反应器在投加添加剂初始阶段，具有较大的 TP 去除率。分析认为，2 号反应中形成金属磷酸盐沉淀($FePO_4$)以及胶体状的 $Fe(OH)_3$，会吸附磷酸盐，从而提高磷的去除能力[24]，同时有研究表明，凹土对磷具有较好的吸附效果[25]。

4.4.2.5 污染物去除效果比较

将投加添加剂后的反应器与控制组的污染物去除效率进行比较，由于控制组共监测 27 组数据，为保持数据的一致性，取三个反应器添加剂投加后的前 27 组数据，运用软件 SPSS 13.0 对这 4 组数据进行一维方差分析，具体数据见表 4.6。

表 4.6　不同反应器中污染物去除效率(n=27)

指标		COD	NH_3—N	TN	TP
DMBR(控制组)	进水(mg/L)	463.4±85.1	44.29±5.72	44.38±5.71	6.84±0.36
	出水(mg/L)	15.6±6.6	1.65±0.59	8.76±1.84	3.39±0.26
	去除率(%)	96.72±12.04	96.34±1.64	80.34±0.22	65.06±2.41
添加剂+DMBR	进水(mg/L)	471.1±0.81	40.9±9.06	41.10±9.07	6.82±0.59
	1号出水(mg/L)	15.4±4.8	1.15±0.52	4.98±1.41	2.80±0.33
	1号去除率(%)	96.79±0.65	97.30±0.78	87.99±0.12	59.04±2.55
	2号出水(mg/L)	10.1±3.6	1.30±0.44	6.51±1.60	2.68±0.62
	2号去除率(%)	97.90±0.60	96.86±0.64	84.22±0.62	60.58±8.41
	3号出水(mg/L)	10.8±3.3	0.87±0.41	6.48±1.60	2.66±0.60
	3号去除率(%)	97.75±0.48	97.96±0.63	84.30±0.66	60.88±8.03

注:数据为平均值±均方差。

分析可知,在 COD 去除效果方面:1 号反应器对于控制组无显著性差异($p>0.05$),并未显著提高 COD 的去除效果,2 号和 3 号反应器对于控制组具有显著性差异($p<0.05$),COD 去除效率优势明显。同时 2 号和 3 号反应器对于 1 号反应器具有显著性差异($p<0.05$),2 号和 3 号反应器之间无显著性差异($p>0.05$),表明三个反应器中 2 号和 3 号优势明显,但两者之间并无显著优势。

在 NH_3—N 去除效果方面:三个反应器对于控制组均具有显著性差异($p<0.05$),NH_3—N 去除效率明显提高。同时 1 号、2 号和 3 号反应器之间均具有显著性差异($p<0.05$),即 3 号反应器 NH_3—N 去除效果优势明显,再者 1 号,最后是 2 号。

在 TN 去除效果方面:三个反应器对于控制组均具有显著性差异($p<0.05$),TN 去除效率明显提高。同时 1 号对于 2 号和 3 号反应器均具有显著性差异($p<0.05$),2 号和 3 号反应器之间无显著性差异($p>0.05$),即三个反应器中 1 号 TN 去除效果优势明显,2 号和 3 号无明显优势。

在 TP 去除效果方面:三个反应器对于控制组均具有显著性差异($p<0.05$),TP 去除效率明显下降。同时 1 号、2 号和 3 号反应器之间均无显著性差异($p>0.05$),即三个系统 TP 去除效果接近。

4.4.3　SND 脱氮过程特性

本节主要考察在一个周期内有机物去除过程、氨氮降解以及总氮降解过程的特性。在运行后第 31 天,以进水时间为零点开始计时,每隔半个小时取样一次,测定三个反应器上清液中 COD、NH_3—N、TN、NO_2^-—N 和 NO_3^-—N 含量的变化情况,本次周期进水 COD、NH_3—N 和 TN 浓度分别为 462.8 mg/L、48.3 mg/L 和 48.4 mg/L。

4.4.3.1　周期内 COD 降解特征

周期内 COD 的降解特征如图 4.11 所示。

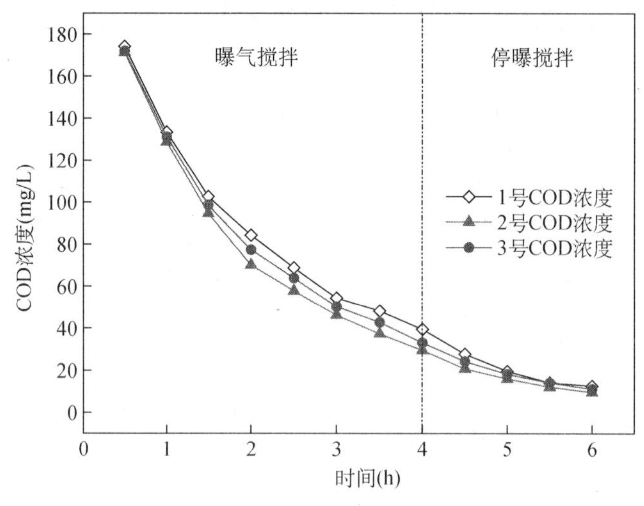

图 4.11 单个周期内 COD 降解特征曲线

由图 4.11 可以看出，在运行 2 个小时之内，反应器内 COD 浓度迅速下降，1 号、2 号和 3 号三个反应器内 COD 浓度迅速降低到 84.3 mg/L、70.1 mg/L 和 77.4 mg/L。这是由于反应器进水曝气后有机物浓度突然增大，微生物首先吸附了大量的有机碳源。

从第 2 小时到第 4 小时，COD 降解速度变缓，COD 浓度分别达到 39.5 mg/L、29.5 mg/L 和 33.1 mg/L，对应的去除率达到了 91.47%、93.63%和 92.85%，1 号反应器的 COD 浓度较高，可为后续的反硝化提供更多的碳源。之后进入厌氧搅拌阶段，COD 降解速度更加缓慢，最终 COD 去除率达到 97.28%、97.93%和 97.6%。

4.4.3.2 周期内 NH_3—N 降解特征

周期内 NH_3—N 的降解特征如图 4.12 所示。

由图 4.12 可以看出，NH_3—N 主要在曝气阶段得到降解，1 号、2 号和 3 号三个反应器内 NH_3—N 浓度迅速降低到 1.4 mg/L、1.7mg/L 和 1.3 mg/L，去除率达到 97.04%、96.54%和 97.29%，这是由于硝化菌是好氧菌，需要在有氧的环境下进行硝化反应。

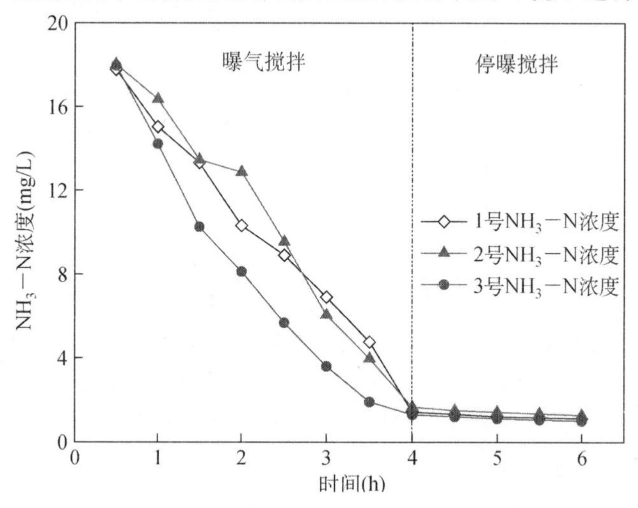

图 4.12 单个周期内 NH_3—N 降解特征曲线

4.4.3.3　周期内 TN 降解特征

典型周期内 TN 的降解特征如图 4.13 所示。

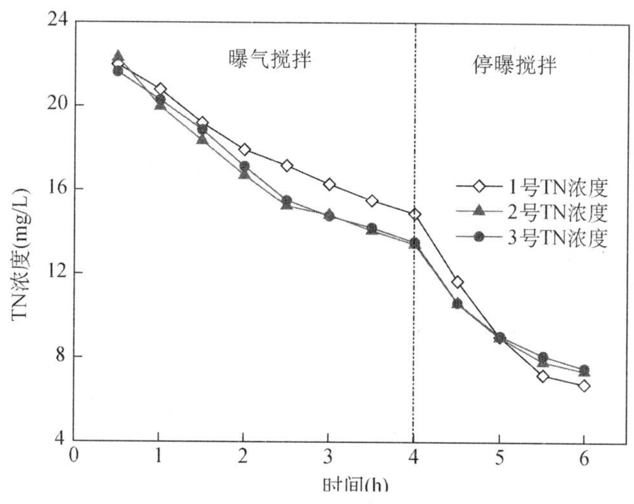

图 4.13　单个周期内 TN 降解特征曲线

由图 4.13 可以看出，曝气结束后 1 号、2 号和 3 号三个反应器内 TN 浓度已下降至 14.9 mg/L、13.4 mg/L 和 13.5 mg/L，去除率达到 69.27%、72.28%和 72.08%。结果表明，本周期开始阶段污水进入反应器，TN 得到了稀释，之后的好氧阶段发生了显著的同步硝化反硝化，导致了可观的 TN 去除率。主要原因是 1 号反应器稻壳的载体作用、2 号和 3 号反应器中铁盐和凹土的絮凝形成了较大粒径的污泥，在污泥絮体内部创造了缺氧微环境。随后的停曝搅拌阶段，TN 去除率又分别提高了 16.77%、12.47%和 12.39%，主要是由于停曝搅拌开始时，1 号反应器较高的 COD 浓度和稻壳作为固体有机碳源为反硝化过程提供更多的碳源，同时，停曝后系统的缺氧环境为反硝化反应的继续进行创造了良好的环境。

4.4.3.4　周期内亚硝氮和硝氮变化特征

典型周期内的 NO_2^-—N 和 NO_3^-—N 的变化特征如图 4.14 和图 4.15 所示。

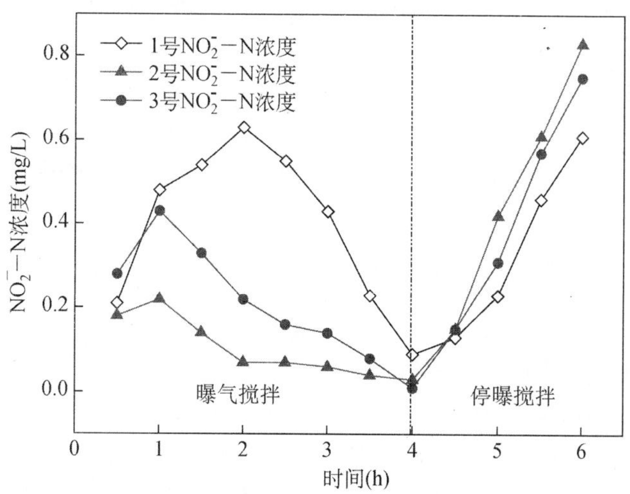

图 4.14　单个周期内 NO_2^-—N 变化特征曲线

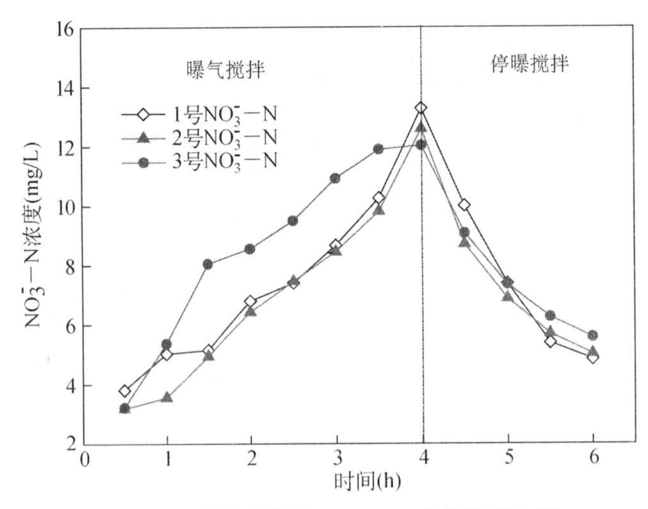

图 4.15 单个周期内 NO_3^-—N 变化特征曲线

由图 4.14 可以看出，曝气搅拌阶段系统中的 NO_2^-—N 浓度呈现出先上升后下降的趋势，主要是由于曝气开始阶段，硝化反应启动，NO_2^-—N 逐渐积累，随着硝化反应的进行，NO_2^-—N 浓度逐渐降低，停曝搅拌阶段由于反硝化作用，NO_2^-—N 得到了积累，周期内 NO_2^-—N 变化特征曲线呈“倒 S”形。

由图 4.15 可以看出，曝气阶段随着 NO_2^-—N 向 NO_3^-—N 的转化，NO_3^-—N 浓度逐渐积累，停曝搅拌阶段，反硝化反应将 NO_3^-—N 转化为 N_2 逸出水面，使得 NO_3^-—N 浓度逐渐降低，NO_3^-—N 变化特征曲线呈“山峰”形。

4.4.3.5 SND 脱氮效果研究

在整个反应周期中，好氧条件下 TN 亏损一直在发生，反应过程中还出现了 NO_3^-—N 及 NO_2^-—N 的积累，即在同一个反应器中实现了有机物氧化、硝化和反硝化 3 个过程，在反应器中发生了同步硝化反硝化过程。

1）SND 率的计算

SND 率的计算采取 Katie 等人[26]提出的公式。

$$SND(\%)=\left(1-\frac{NO^-_{x_{produced}}}{NH_{3_{removal}}}\right)\times 100 \tag{4.1}$$

式(4.1)中，$NH_{3_{removal}}$ 通过系统进、出水中氨氮变化量减去同化和细胞衰减共同作用的氨氮变化量计算得到：

$$NH_{3_{removal}}=NH_{3_{inf}}+NH_{3_{decay}}-NH_{3_{eff}}-NH_{3_{assi}} \tag{4.2}$$

式中：$NH_{3_{inf}}$——进水中的氨氮；

$NH_{3_{decay}}$——细胞衰亡所产生的氨氮；

$NH_{3_{eff}}$——出水中的氨氮；

$NH_{3_{assi}}$——同化作用去除的氨氮。

同化作用去除的氨氮和细胞衰亡产生的氨氮通过剩余污泥的排放量计算：

$$NH_{3_{assi}} - NH_{3_{decay}} = (X_{was} \cdot f_{VSS/SS} \cdot V_{was} \cdot f_{N/biomass})/Q \tag{4.3}$$

式中：X_{was}——剩余污泥浓度，mg/L；

$f_{VSS/SS}$——MLVSS 与 MLSS 之比，一般在 75%左右；

V_{was}——剩余污泥量，L/d（本试验不排泥，取每日污泥增长量）；

$f_{N/biomass}$——N 在生物细胞中的含量，根据活性污泥数学模型 ASMI，假设细胞组成为 $C_5H_7O_2N$，计算得其值为 12.39%；

Q——进水流量，L/d。

式(4.1)中 $NO^-_{x_{produced}}$ 是系统好氧结束时上清液与进水 NO^-_x 的差值，计算方法如下：

$$NO^-_{x_{produced}} = (NO_2—N + NO_3^-—N)_{eff} - (NO_2—N + NO_3^-—N)_{inf} \tag{4.4}$$

2）SND 脱氮分析

为了比较三个反应器 SND 率并和控制组进行对比，取进水和一个周期曝气结束时的上清液和膜出水，测定它们的 NO_2^-—N、NO_3^-—N、NH_3—N、TN 的浓度，各共取 15 次。假设污泥增长是线性的，根据(4.3)式算出控制组、1 号、2 号和 3 号反应器通过污泥增长去除的氨氮量分别为 0.12 mg/L、0.09 mg/L、0.08 mg/L 和 0.09 mg/L。各指标的具体值和相应的 SND 率见表 4.7。

由表 4.7 可以看出，1 号、2 号和 3 号反应器相对于控制组的 SND 率均有了很大的提高，且均具有显著性差异($p<0.05$)；1 号、2 号和 3 号反应器之间两两对比，1 号相对于 2 号和 3 号反应器 SND 率均具有显著性差异($p<0.05$)，但 2 号和 3 号之间无显著性差异($p>0.05$)。

表 4.7　不同反应器中 N 元素分布及 SND 率表(n=15)

指　标		NH_3—N	TN	NO_2^-—N	NO_3^-—N	SND(%)
DMBR(控制组)	进水(mg/L)	44.10±5.61	44.18±5.59	—	—	—
	好氧出水(mg/L)	1.89±0.60	15.17±2.67	0.08±0.04	13.07±2.24	69.15±2.25
	出水(mg/L)	1.56±0.56	8.68±1.80	0.69±0.94	6.22±1.46	
添加剂+DMBR	进水(mg/L)	39.35±8.55	39.54±8.56	—	—	—
	1 号好氧出水(mg/L)	1.32±0.55	9.54±2.20	0.11±0.03	7.95±1.76	78.88±11.89
	1 号出水(mg/L)	1.07±0.49	4.70±1.30	0.54±0.12	2.91±0.88	
	2 号好氧出水(mg/L)	1.56±0.53	11.11±2.41	0.06±0.02	9.34±2.00	75.05±0.93
	2 号出水(mg/L)	1.22±0.45	6.27±1.48	0.79±0.11	4.06±1.06	
	3 号好氧出水(mg/L)	1.10±0.47	11.11±2.41	0.02±0.01	9.84±2.00	74.10±0.86
	3 号出水 (mg/L)	0.85±0.40	6.26±1.45	0.68±0.11	4.57±1.05	

注：数据为平均值±均方差。

4.4.4　系统混合液特性

4.4.4.1　物理特性

1）污泥粒径分布

控制组、1 号、2 号和 3 号反应器混合液污泥粒径分别见图 4.16、图 4.17、图 4.18、

图 4.19 和表 4.8。

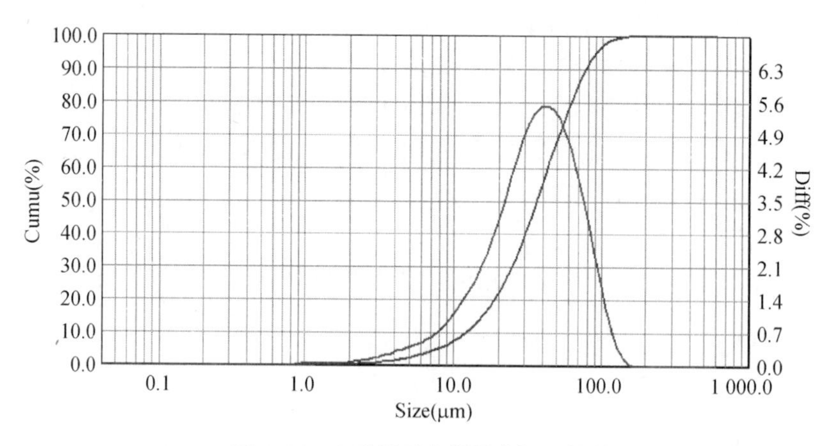

图 4.16　启动期反应器混合污泥粒径

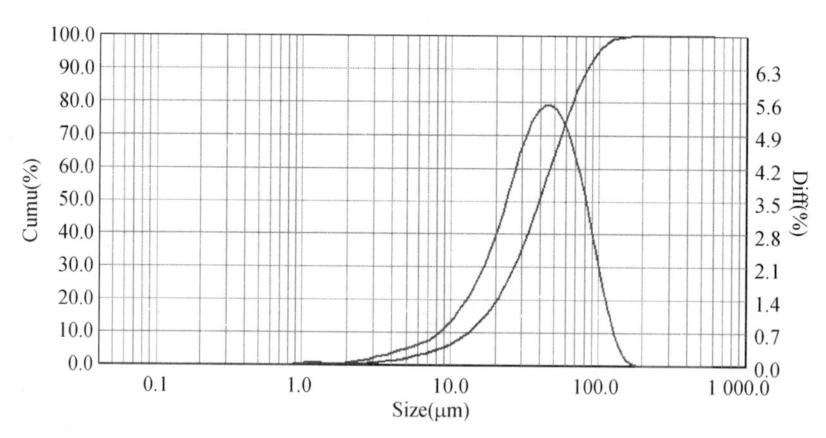

图 4.17　1 号反应器混合污泥粒径

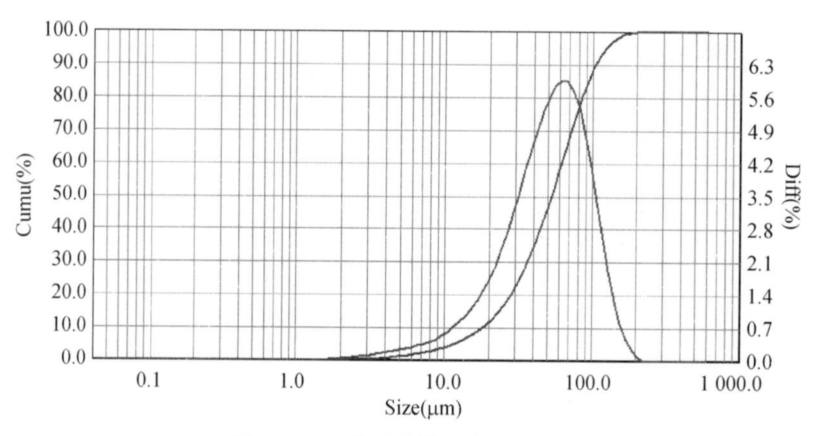

图 4.18　2 号反应器混合污泥粒径

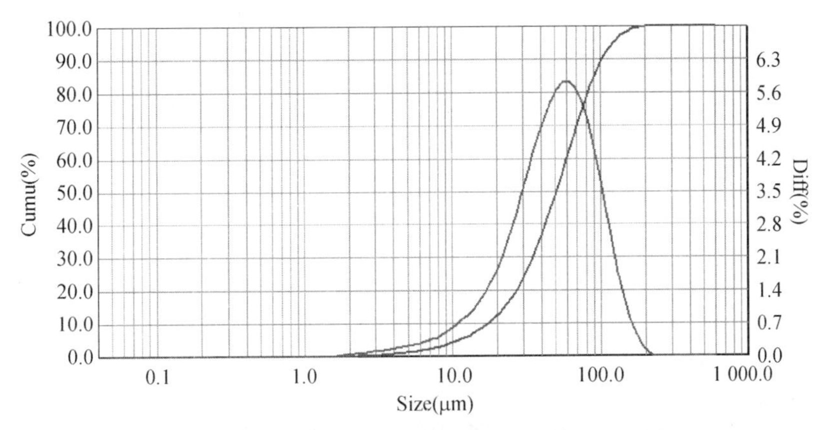

图 4.19　3 号反应器混合污泥粒径

表 4.8　混合液粒径指标

反应器	体积平均粒径(μm)	D10 (μm)	D75 (μm)	D90 (μm)	遮光率	比表面积 (m^2/g)	物质折射率	介质折射率	跨度
启动期	41.08	11.96	55.76	77.18	18.95	0.10	2.420+0.100i	1.333	1.80
1 号	44.48	13.11	60.29	83.37	18.78	0.09	2.420+0.100i	1.333	1.79
2 号	57.77	17.89	77.77	104.89	13.23	0.07	2.420+0.100i	1.333	1.66
3 号	56.30	17.41	75.73	103.11	13.12	0.07	2.420+0.100i	1.333	1.70

絮体粒径的大小，对特定的反应器系统而言，应当有一个最佳粒径范围，才能创造微生物絮体内好氧区与缺氧区的最佳比例。较大粒径的絮体可以导致内部较大缺氧区的存在，有利于反硝化的进行；但粒径过大，絮体过密，也会导致絮体内物质的传质受阻，进而会影响絮体内微生物代谢活动。研究表明[27]，当活性污泥絮体平均粒径由 80 μm 下降至 40 μm 时，SND 贡献率由 52%减小为 21%，并测出了 SND 适宜的污泥絮体粒径尺寸为 50～110 μm，并表明 SND 确实是由于污泥絮体内 DO 扩散的限制造成 DO 浓度梯度而发生的一种物理现象。

启动期污泥平均体积粒径为 41.08 μm，投加稻壳、铁盐和凹土后粒径分别增大到 44.48 μm、57.77 μm 和 56.30 μm，同时 SND 率从 69.15%增大到 78.88%、75.05%和 74.10%，2 号和 3 号的混合液污泥粒径同样属于 SND 适宜的污泥絮体尺寸范围内。1 号反应器中污泥粒径虽比 2 号和 3 号低，但其 SND 率最大，主要是因为 1 号反应器中稻壳作为载体可形成类似移动床生物膜反应器(Moving Bed Biofilm Reactor，MBBR)的工艺，稻壳表面的生物膜内部可形成缺氧区，有利于同步硝化反硝化的进行。

2) 污泥元素分析

2 号和 3 号反应器在铁盐和凹土投放初期对 TP 有较大的去除率，为验证铁盐和凹土对磷的吸附效果，对 1 号、2 号和 3 号反应器污泥进行 X 射线能谱分析，具体见图 4.20、图 4.21 和图 4.22。

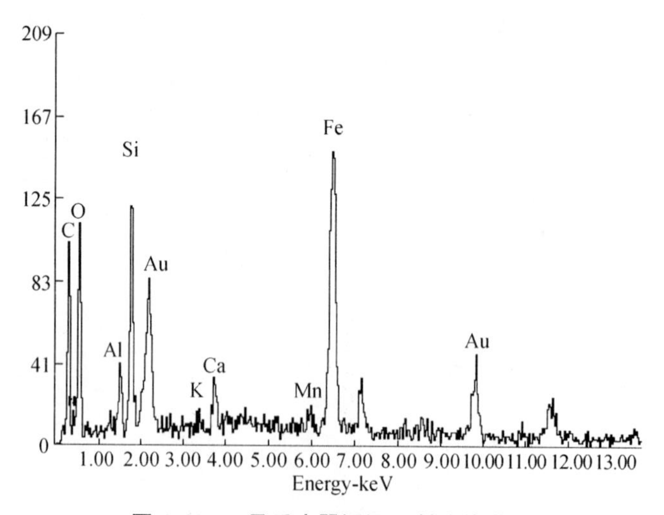

图 4.20　1 号反应器污泥 X 射线能谱图

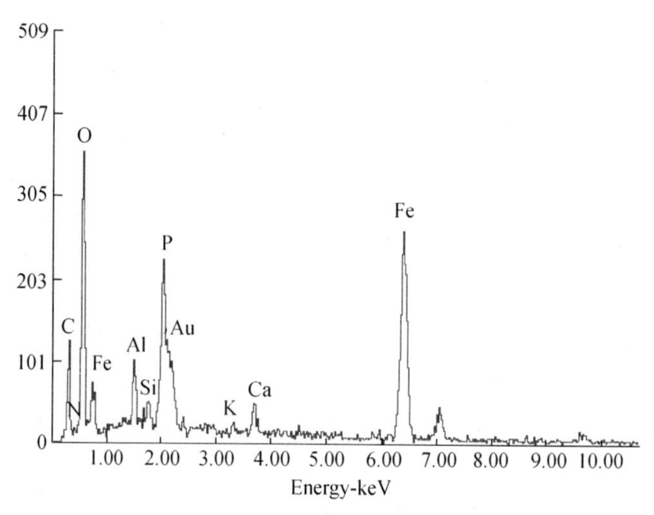

图 4.21　2 号反应器污泥 X 射线能谱图

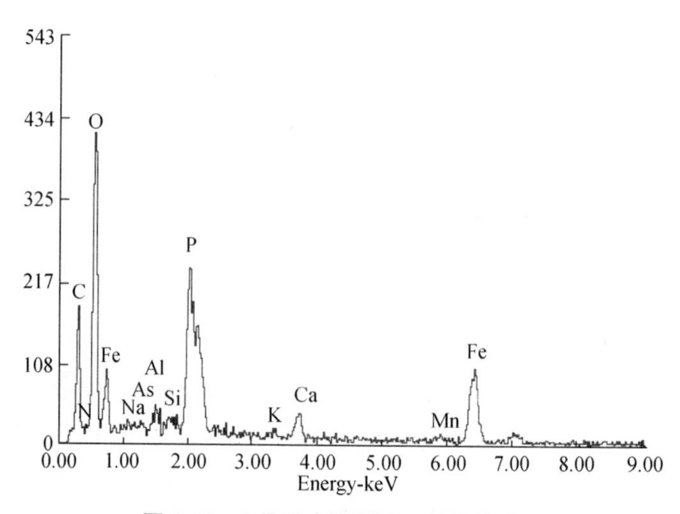

图 4.22　3 号反应器污泥 X 射线能谱图

从污泥 X 射线能谱图和表 4.9 中可以看出，污泥元素除 C、N、O 以外（含量较高），还有众多无机金属元素，包括 Al、Fe、K、Ca、Na、Mn、Si 等，其中 Fe 含量最多，最高分别达到 31.29%和 12.94%。另外，相对于 1 号反应器的污泥，2 号和 3 号反应器里的污泥 P 元素含量明显偏高，验证了铁盐和凹土对 TP 去除主要是化学沉淀和吸附作用。

表 4.9　污泥元素质量百分比

反应器	C(%)	N(%)	O(%)	P(%)	Al(%)	Si(%)	Fe(%)	K(%)	Ca(%)	Na(%)	Mn(%)
1 号	35.76	3.55	16.09	—	1.86	6.29	31.43	0.87	2.46	—	1.69
2 号	24.79	3.96	28.25	6.52	2.36	0.74	31.29	0.51	1.59	—	—
3 号	34.79	3.76	35.58	7.00	0.94	0.56	12.94	0.47	1.65	0.60	0.95

4.4.4.2　生物特性

1）生物活性

（1）污泥脱氢酶活性

对各反应器污泥脱氢酶活性进行了 3 次监测，分别为添加葡萄糖后的总活性、内源呼吸活性和两者做差后的脱氢酶活性。从表 4.10 可以看出，添加剂投加后三个反应器的污泥平均脱氢酶活性（悬浮相）分别为：79.75 mgTF/(L·h)、94.30 mgTF/(L·h)和 89.98 mgTF/(L·h)，相对控制组的71.34 mgTF/(L·h)均有一定程度的提高。其中投加铁盐的反应器脱氢酶的活性最大，其次是凹土，最后是稻壳。龙腾跃等[28]在研究 Fe^{3+} 对活性污泥系统的影响时发现，反应器中存在一定量的 Fe^{3+} 能提高污泥的脱氢酶活性。冀世锋等[29]研究膜生物反应器中生物铁对活性污泥性能的影响时发现脱氢酶活性有一定程度的提高，并认为这可能是因为铁元素影响着生物呼吸链的重要环节，它的存在可以增强微生物的新陈代谢作用。这刚好与投加铁盐的反应器脱氢酶活性提高的现象相吻合。1 号反应器附着相（即稻壳表面污泥）脱氢酶活性为 47.35 mgTF/(L·h)，主要因为稻壳表面的污泥量相对于混合液中的污泥量较少，活性较低。

同时脱氢酶活性的大小可与 COD 去除能力的大小相联系，通过前面的 COD 去除率实验数据发现，投加铁盐的反应器的 COD 的去除率大、去除速度快，取得了较好的有机物去除效果。但同时，COD 去除率快意味着碳源消耗速度快，与同步硝化反硝化的有利因素相矛盾，影响总氮的削减。

表 4.10　反应器脱氢酶活性　[单位：mgTF/(L·h)]

组号		总活性	内源呼吸	活性
控制组	1	114.76	50.62	64.14
	2	156.52	76.11	80.41
	3	134.87	65.39	69.48
	平均值	135.38	64.04	71.34
1 号反应器悬浮相	1	164.73	82.82	81.91
	2	162.3	77.31	84.99
	3	149.3	76.94	72.36
	平均值	158.78	79.02	79.75

续表 4.10

组号		总活性	内源呼吸	活性
1号反应器附着相	1	76.56	30.35	46.21
	2	88.27	37.38	50.89
	3	65.69	20.73	44.96
	平均值	76.84	29.49	47.35
2号反应器	1	188.34	89.08	99.26
	2	173.72	86.47	87.25
	3	191.2	94.80	96.40
	平均值	184.42	90.12	94.30
3号反应器	1	178.73	87.34	91.39
	2	180.24	90.52	89.72
	3	184.49	95.65	88.84
	平均值	181.15	91.17	89.98

（2）污泥硝化与反硝化强度

对各反应器污泥脱氢酶活性进行了3次监测，从表4.11可以看出，添加剂投加后三个反应器的污泥平均硝化强度(悬浮相)分别为2.78 mg/(g·h)、2.63 mg/(g·h)和3.20 mg/(g·h)，相对控制组的2.31 mg/(g·h)分别提高了0.47 mg/(g·h)、0.32 mg/(g·h)和0.89 mg/(g·h)。其中投加铁盐的反应器硝化强度提高最小，Iversen等人[21]研究表明，MBR中投加$FeCl_3$会限制硝化菌的活性。而凹土中还有Mg、Al等提高硝化菌活性的微量元素，这是3号反应器硝化强度最大的原因。1号反应器附着相硝化强度较小，主要因为硝化菌是好氧自养菌，生物膜存在缺厌氧区，导致吸附在稻壳表面的硝化菌数量较少。

表4.11　反应器硝化、反硝化强度　[单位:mg/(g·h)]

组号		硝化强度	反硝化强度
控制组	1	2.12	1.49
	2	2.45	1.68
	3	2.37	1.39
	平均值	2.31	1.52
1号反应器悬浮相	1	2.96	1.76
	2	2.73	1.88
	3	2.65	1.62
	平均值	2.78	1.75
1号反应器附着相	1	1.73	3.94
	2	2.12	3.73
	3	1.87	4.06
	平均值	1.91	3.91

续表 4.11

组号		硝化强度	反硝化强度
2 号反应器	1	2.8	2.13
	2	2.63	2.55
	3	2.46	2.46
	平均值	2.63	2.38
3 号反应器	1	3.45	2.32
	2	2.97	2.10
	3	3.18	2.08
	平均值	3.20	2.17

三个反应器的污泥平均反硝化强度(悬浮相)分别为 1.75 mg/(g·h)、2.38 mg/(g·h)和 2.17 mg/(g·h),相对控制组的 1.52 mg/(g·h)分别提高了 0.23 mg/(g·h)、0.86 mg/(g·h)和 0.65 mg/(g·h)。1 号反应器与控制组的平均反硝化强度相当,2 号和 3 号反应器的反硝化强度较大,是由于投加的铁盐和凹土改变了污泥的形态,污泥粒径增大,有利于反硝化。稻壳表面污泥的平均反硝化强度为 3.91 mg/(g·h),得益于生物膜中的缺氧环境,有利于反硝化菌的积累。

2) 生物相

(1) 电子显微镜

从 1 号、2 号和 3 号反应器污泥电子显微镜照片(见图 4.23、图 4.24、图 4.25)可以看出,三个反应器的生物相均非常丰富,微生物生长良好,污泥上附着生长着大量的固着型纤毛虫,其中主要为钟虫类。这些钟虫凭借其长柄,伸展到颗粒周围,不断地吞食细菌和固体食物颗粒,并形成群体性钟虫如累枝虫等。此外,在颗粒周围还有很多轮虫以及草履虫、变形虫等纤毛虫。种类繁多、形态各异的巨大的原、后生动物群(试验观察到反应器上清液中存在大量肉眼可见的后生动物),这些动物可以吞食细菌难以降解的大颗粒污染物,强化有机物的代谢反应,大大提高了反应器对污染物的处理能力和处理效果,而且还增强了反应器的耐冲击负荷能力。

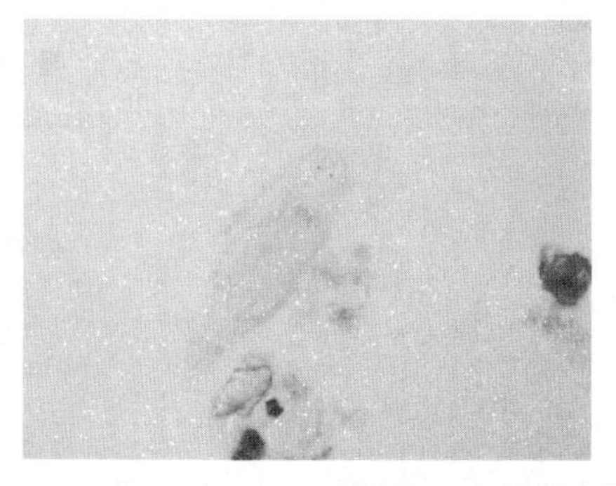
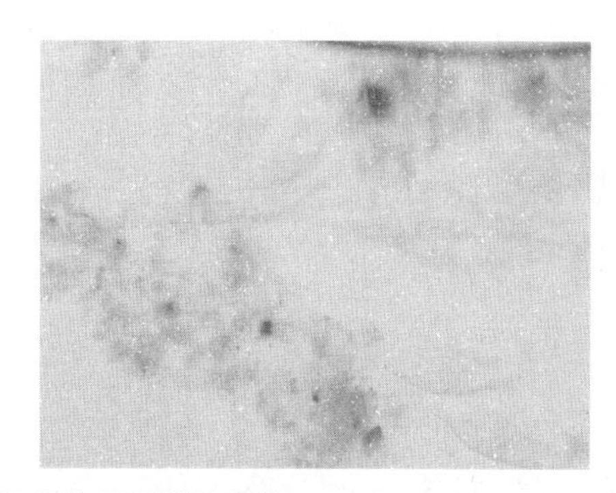

图 4.23　1 号反应器污泥电子显微镜照片

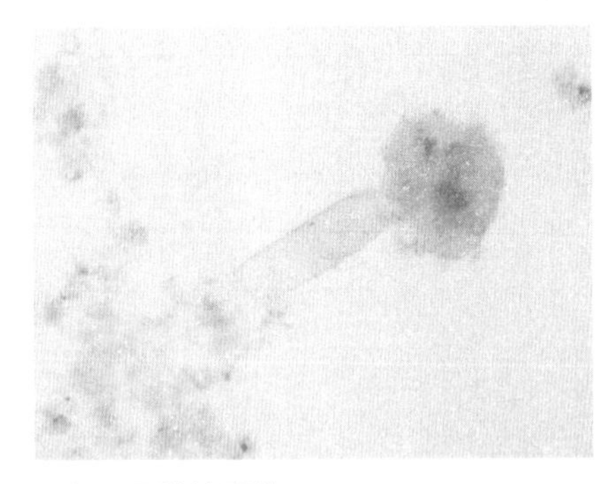

图 4.24　2 号反应器污泥电子显微镜照片

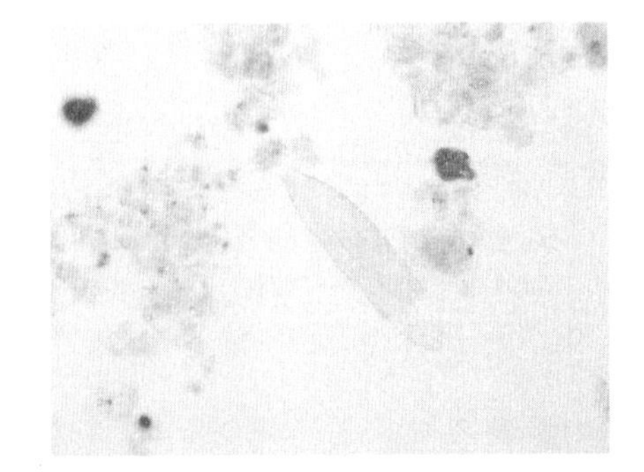

图 4.25　3 号反应器污泥电子显微镜照片

(2) 扫描电镜

通过三个反应器的扫描电镜照片(见图 4.26、图 4.27、图 4.28)可以清晰地看到污泥中有大量的球菌和杆菌,丝状菌较少。其中 2 号、3 号反应器的微生物胶团较大,微生物结合紧密,数量上相对于 1 号反应器的较多。主要原因是投加的铁盐和凹土有一定的絮凝吸附作用,污泥结合在一起,粒径增大,污泥结构改变,有利于细菌包覆成团。

图 4.26　1 号反应器污泥 SEM

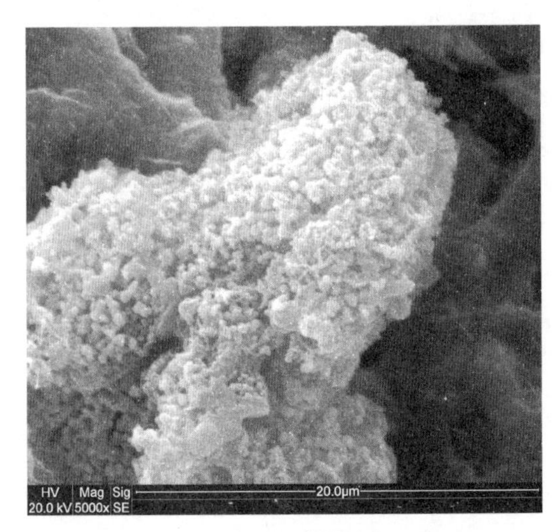

图 4.27　2 号反应器污泥 SEM

图 4.28 3 号反应器污泥 SEM

3）细菌数量

由表 4.12 可以看出，反应器悬浮相中的细菌总数在同一数量级，1 号、2 号和 3 号反应器相对于控制组的细菌总数均有一定程度的增加，其中 2 号和 3 号反应器增长较大，主要原因是铁盐和凹土能促进污泥的增长，这与秦许河等[30]研究铁盐能刺激污泥增长的结论一致。由于细菌中优势菌群为异养菌，而异养菌为 COD 去除的主要承担者，因此细菌总数的大小与 COD 的去除能力有一定的相关性。通过比较发现，细菌总数的大小与 COD 去除率大小呈现出一致性，同时也与脱氢酶活性的大小趋势相符合。反应器之间的亚硝化细菌与硝化细菌相差不大，其中硝化细菌数量均比亚硝化细菌高出一个数量级，这与亚硝化细菌比增殖速率较小有关。

表 4.12 反应器中细菌数($n=3$) （单位：个）

细菌种类	控制组	1 号反应器		2 号反应器	3 号反应器
		悬浮相	附着相		
总细菌	2.29E+10	2.4E+10	2.8E+09	3.33E+10	2.98E+10
亚硝化细菌	7.39E+08	8.8E+08	7.9E+07	8.18E+08	8.97E+08
硝化细菌	1.42E+09	1.6E+09	1.5E+08	1.74E+09	1.82E+09

通过下面的硝化反应的过程发现，亚硝化细菌的数量将影响硝化反应第一步的进行，而生成的亚硝态氮可迅速转化为硝态氮，因此第一步成为限制硝化反应的主要因素。通过试验监测 NO_2^-—N 和 NO_3^-—N 的浓度在周期内的变化趋势发现，一个完整的反应周期内 NO_2^-—N 的浓度低、积累很少，这一现象很好地体现了系统内亚硝化细菌和硝化细菌数量差别。

硝化反应：

在硝化菌的作用下，氨氮进一步氧化分解，分为两个阶段进行，首先在亚硝化细菌的作用下，使氨氮转化为亚硝态氮，反应式为：

$$NH_4^+ + 1.5O_2 \longrightarrow NO_2^- + H_2O + 2H^+$$

然后，亚硝态氮在硝化细菌的作用下，进一步转化为硝态氮，反应式为：

$$NO_2^- + 0.5O_2 \longrightarrow NO_3^-$$

参考文献

[1] 祝贵兵，彭永臻，郭建华. 短程硝化反硝化生物脱氮技术[J]. 哈尔滨工业大学学报，2008，40（10）：1552－1557.

[2] 刘超翔，胡洪营，彭党聪，等. 短程硝化反硝化工艺处理焦化高氨废水[J]. 中国给水排水，2003，19（8）：11～14.

[3] A Gali，J Dosta，MCM van Loosdrecht，et al. Two ways to achieve an anammox influent from real reject water treatment at lab-scale：Partial SBR nitrification and SHARON process[J]. Process Biochemistry，2007，42（4）：715－720.

[4] 蒋燕，陶冠红. MBR工艺短硝化反硝化处理生活污水的研究[J]. 环境工程学报，2007，1（3）：62－65.

[5] Zhang Yunxia，Zhou Jiti，Zhang Jinsong，et al. An innovative membrane bioreactor and packed-bed biofilm reactor combined system for shortcut nitrification-denitrification [J]. Journal of Environmental Sciences，2009，21（4）：68－574.

[6] 王欢，裴伟征，李旭东，等. 低碳氮比猪场废水短程硝化反硝化－厌氧氨氧化脱氮[J]. 环境科学，2009，30（3）：815－821.

[7] 吕其军，施永生. 同步硝化反硝化脱氟技术[J]. 昆明理工大学学报（理工版），2003，28（6）：114－117.

[8] Christine Helmer，Sabine Kunst. Simultaneous nitrification/denitrification in an aerobic biofilm system [J]. Water Science and Technology，1998，37（4－5）：183－187.

[9] Zhou S Q. Theoretical stoichiometry of biological denitrification[J]. Environmental Technology，2001，22（8）：218－223.

[10] Okabe S，Ozawa Y，Hirata R，et al. Relationship between population dynamics of nitrifiers in biofilm and reactor performance at various C∶N ratios [J]. Water Research，1996，30（7）：1563－1572.

[11] 高景峰，彭永臻，王淑莹. 有机碳源对低碳氮比生活污水好氧脱氮的影响[J]. 安全与环境学报，2005，5（6）：11－15.

[12] 唐光明，吴文卫，杨逢乐. 同时硝化反硝化的生态因子研究进展[J]. 环境科学导刊，2009，28（1）：8－12.

[13] 盖书慧，张宁，张雁秋. 新型脱氮工艺—厌氧氨氧化（ANAMMOX）[J]. 环境科学与管理，2009，34（4）：98－105.

[14] S M Mike，Jeuen，Marc Strous，et al. The anaerobic oxidation of ammonium[J]. FEMS Microbiology Reviews，1999，22（5）：421－437.

[15] 杨洋，左剑恶，沈平，等. 温度、pH值和有机物对厌氧氨氧化污泥活性的影响[J]. 环境科学，2006，27（4）：691－695.

[16] L Kuai，W Verstraete. Ammonia removal by the oxygen-limited autotrophic nitrification denitrification system[J]. Applied and Environmental Micorbiology，1998，64（11）：4500－4506.

[17] 张雷. 活性炭海绵基材动态膜生物反应器及在提标改造中的应用[D]. [硕士学位论文]. 南京：东南大学土木工程学院，2011.

[18] 杨静，王锦，于小霞. 生物铁膜生物反应器（SMBR）处理生活污水的试验研究[J]. 江苏环境科技，2008，21（2）：26－28.

[19] 段文松. 动态膜生物反应器结构性能及微生物群落研究[D]. [博士学位论文]. 南京：东南大学市政工程系，2012.

[20]　李雅婕，潘峰，葛红光，等. 好氧移动床动态膜生物反应器中填料投加量的影响研究[J]. 水处理技术，2009，35(5)：57－59.

[21]　Iversen V，Koseoglu H，Yigit N O，et al. Impacts of membrane flux enhancers on activated sludge respiration and nutrient removal in MBRs[J]. Water Research，2009，43(3)：822－830.

[22]　YaPing Wang，Yun Liu，YuanHua Dong，et al. Adsorption of palygorskite on ammonia nitrogen in waste water[J]. Journal of Agro-Environment Science，2008，27(4)：1525－1529.

[23]　XiaoLi Yang，HaiLiang Song，JiLai Lu，et al. Influence of diatomite addition on membrane fouling and performance in a submerged membrane bioreactor[J]. Bioresource Technology，2010，101(23)：9178－9184.

[24]　XiaoLi Yang，HaiLiang Song，Ming Chen，et al. Characterizing membrane foulants in MBR with addition of polyferric chloride to enhance phosphorus removal[J]. Biotechnology and Bioengineering，2011，102(20)：9490－9496.

[25]　潘敏. 凹凸棒石铁/铝氢氧化物纳米复合材料[D]. [硕士学位论文]. 合肥：合肥工业大学环境工程系，2009.

[26]　Katie A Third，Natalie Burnett，Ralf Cord-Ruwisch. Simultaneous nitrification and denitrification using stored substrate(PHB)as the electron donor in an SBR[J]. Biotechnology and Bioengineering，2003，83(6)：706－720.

[27]　Pochana K，Keller J. Study of factors affecting simultaneous nitrification and denitrification(SND)[J]. Water Science and Technology，1999，39(6)：61－68.

[28]　龙腾锐，孟雪征，赖震宏. Fe^{3+} 对活性污泥系统的影响[J]. 给水排水，2004，30(12)：15－17.

[29]　冀世锋，高春梅，奚旦立，等. 膜生物反应器中生物铁对活性污泥性能的影响[J]. 环境科学研究，2009，22(6)：707－712.

[30]　秦许河，刘旭东，李慧. 生物铁—MBR 处理生活污水的试验研究[J]. 工业用水与废水，2010，4(5)：52－62.

第五章　自生动态生物膜系统去除溶解性有机物的性能

东南大学市政工程系傅大放教授及其课题组对动态膜生物反应器去除污染物的效果和机理进行了较为深入的研究。他们在试验中采用活性炭纤维滤网为基材的动态膜生物反应器，以及在动态膜反应器中投加生物铁，来强化去除污水中的 DOM，比较分析了纤维滤网、活性炭纤维滤网、投加生物铁的活性炭纤维滤网三种不同条件下反应器中常规污染物的去除效果以及 DOM 的特性、去除效率及去除机理。具体的试验有如下几组。

试验 1 同时运行纤维滤网和活性炭纤维滤网为基材的两个反应器，将污水处理厂取回的污泥均分后置入两个反应器中，控制出水压头、膜通量、溶解氧浓度、搅拌速度、运行方式等基本相同，以确保反应器中起始微环境相一致。启动时反应器起始污泥浓度控制为3 000 mg/L 左右，一段时间后动态膜逐渐保持稳定直至出现膜堵塞，最后进行水力反冲洗。

试验 2 同时运行活性炭纤维滤网为基材以及相同基材下投加生物铁的两个反应器，在反应器启动之前先进行烧杯实验，确定生物铁的最佳投加量，然后启动反应器，与试验 1 操作运行方式基本相同，并保持反应器内微环境基本一致，起始浓度在 2 500 mg/L 左右，该阶段在膜堵塞后不进行水力反冲洗。在两个部分的同一时期，均取反应器进水、混合液、出水中的 DOM 进行三维荧光光谱分析、凝胶色谱分析、树脂分级、BDOC 去除率测定、粒径分布等试验。

为了考察动态膜在去除 DOM 中所起的作用，在动态膜稳定运行后期，将膜组件小心取出，并置入没有污泥的营养液中，运行一个周期后测量出水水质。拆膜阶段，将膜取出之后剪取适当面积的膜组件分别测定污泥层面密度并摄取表面微生物显微镜照片。

5.1　溶解性有机物的特性

随着社会的进步和技术的发展，对溶解性有机物（DOM）特性表征的技术手段也越来越先进，如通过三维荧光光谱可以了解 DOM 中各类物质的组分特性，通过凝胶色谱可以了解 DOM 的相对分子质量分布信息，通过树脂快速分级法可以解析 DOM 的亲疏水性及酸碱性变化规律，还可以通过测量 BDOC 来掌握 DOM 的可生物降解性等等。本章即通过上述技术手段测量了两个试验的 DMBR 中，进水、混合液（快出水前所取的样品）、出水的 BDOC，三维荧光光谱，相对分子质量分布，亲疏水性及酸碱性，从而更详细、深入地考察有机物的内在组成特性，克服常规 TOC、COD 等指标的模糊性和不确定性。

5.1.1 DOM的可生物降解性

可生物同化性有机碳(AOC)和可生物降解性溶解性有机碳(BDOC)作为给水系统中微生物的主要能量来源,一直是评价水生物稳定性的两个重要指标[1]。但AOC的测定方法比较繁琐,实验数据不稳定,重复性较差,而BDOC测试技术相对比较成熟稳定,因而实用性更强。在污水处理中可用BDOC来衡量污水是否容易被微生物降解,从而更好地指导设计污水处理工艺。

BDOC的测定原理是通过悬浮生长法测定时先将待测水样经膜过滤去除微生物,然后接种一定量的同源细菌,即在与待测水样相同水源环境中生长的细菌,在恒温条件下(20 ℃)培养28天,测定培养前后溶解性有机碳的差值即为BDOC。

但常规的BDOC方法需要在恒温下培养28天,测定时间过长,不能及时反映水中BDOC浓度的变化,因此在实际应用中受到了限制。但清华大学学者[2]研究认为$BDOC_3$占整个BDOC值的40%左右;此外,哈尔滨工业大学李欣等人[3]也通过试验研究得出$BDOC_3/BDOC_{28}=40.22\%$,且$BDOC_3/BDOC_{28}$值绝大多数在35%～50%之间,沿40%水平线均匀分布,故以测定$BDOC_3$代替测定$BDOC_{28}$的值是可行的,而且能更及时地反映水中BDOC的含量。本试验也采用测定$BDOC_3$的值来反映水中DOM的可生化降解性。

如表5.1和表5.2所示,试验1进水中由于加入乙酸钠,DOM的可生化降解性比试验2高出约110 mg/L左右。而混合液跟出水都非常低,原因也很明显,是因为经过一个周期的微生物降解后,剩下的可生物降解性有机碳含量必然很低。但相对于给水系统中的BDOC(一般小于0.5 mg/L)而言,依然相当高。而Escobar等人[4]认为微生物生存的最低BDOC限制为0.15～0.3 mg/L,由此可见,反应器出水的DOM依然具有很好的可生物降解性。

另外,通过比较混合液与出水可以计算出动态膜对BDOC的去除率,其中活性炭纤维滤网动态膜对BDOC的去除率约为40%,纤维滤网动态膜为37%左右,分析认为是由于膜上的微生物继续降解所造成的。比较进水与混合液即可看出,BDOC的去除主要还是依靠混合液中的微生物长时间的降解与代谢。另外一方面,试验1中两个反应器的动态膜对BDOC的去除差别不大,说明活性炭纤维滤网对BDOC的去除作用微乎其微,原因很明显,是因为BDOC的去除主要靠微生物的降解作用。

表5.1　试验1中两个DMBR的BDOC的变化规律及比较

项目	进水(mg/L)	活性炭混合液(mg/L)	无炭混合液(mg/L)	活性炭出水(mg/L)	无炭出水(mg/L)
$BDOC_0$	250.40	49.61	51.30	33.55	41.16
$BDOC_3$	66.04	48.19	49.17	32.09	39.8
RV/%	1.2～5.0	1.1～4.2	2.1～6.6	1.1～2.2	1.1～5.5
BDOC	184.36	2.42	2.13	1.46	1.36

再观察表5.2,可以发现投加生物铁的DMBR混合液及出水中BDOC含量都相当低,分析原因是生物铁的投加导致微生物的降解能力有了较大的提高,从而使得微生物对混合

液中的 DOM 降解变快,从而在相同的时间内降解的 DOM 含量也增加,所以剩下的 BDOC 则很小。

表 5.2 试验 2 中两个 DMBR 的 BDOC 的变化规律及比较

项目	进水(mg/L)	生物铁混合液(mg/L)	无铁混合液(mg/L)	生物铁出水(mg/L)	无铁出水(mg/L)
$BDOC_0$	98.16	13.83	28.34	10.58	21.88
$BDOC_3$	24.95	12.86	26.50	9.79	20.47
RV/%	1.0~3.7	0.1~1.4	0.5~1.3	0.3~8.1	1.6~3.7
BDOC	73.21	0.97	1.84	0.79	1.41

其中,$BDOC_3$ 为三个平行样的平均值,RV 为三个平行样的相对偏差。

5.1.2 DOM 的组分特性

自 1949 年 Kalle 开创性地利用荧光光谱表征有机物的物理化学特性以来,人们利用荧光发射光谱、同步荧光光谱以及三维荧光光谱来表征各种来源的 DOM。其中三维荧光光谱具有高灵敏度、高选择性、高信息量且不破坏样品结构等优点,逐渐取代红外光谱、核磁共振、GC-MS 等方法。

三维荧光光谱是将荧光强度表示为激发波长—发射波长两个变量的函数,即三维荧光光谱(Three-Dimensional Excitation Emission Matrix Fluorescence Spectrum, 3DEEM),它能够表示激发波长(λ_{ex})和发射波长(λ_{em})同时变化时的荧光强度信息,用于水质测定时能够揭示有机污染物的分类及其含量信息。图 5.1 给出了水环境中所有可能出现的 DOM 荧光峰中心位置[5]。其中,Class Ⅰ 为类腐殖酸荧光,Class Ⅱ 和 Class Ⅳ 为类富里酸荧光,Class Ⅲ 为类蛋白荧光。北京工业大学高景峰等人[6]综合了国外十几位学者的研究成果,并给出了详细的荧光峰位置:(1) Peak A:E_x/E_m=225~240 nm/340~350 nm;(2) Peak B:E_x/E_m=240~270 nm/370~440 nm;(3) Peak C:E_x/E_m=260~290 nm/300~350 nm;(4) Peak D:E_x/E_m=310~360 nm/370~450 nm;(5) Peak E:E_x/E_m=350~440 nm/430~510 nm。其中,(1)和(3)为类蛋白荧光峰,(2)和(4)为类富里酸荧光峰,(5)为类腐殖酸荧光峰。

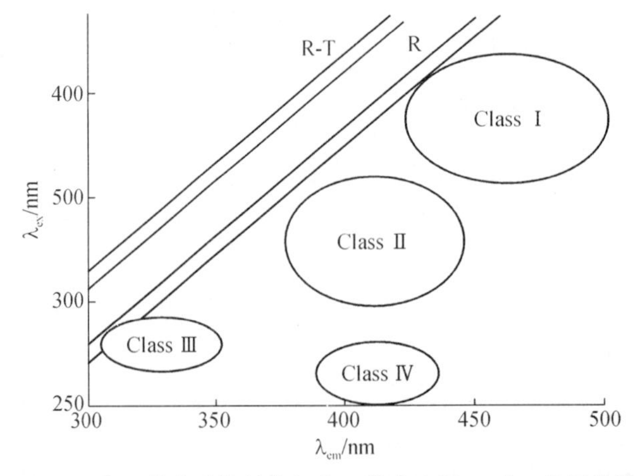

图 5.1 水环境中溶解性有机物三维荧光峰 $\lambda_{ex}/\lambda_{em}$ 常见位置

图 5.2 为两个试验不同 DMBR 中 DOM 的三维荧光光谱等高线分布图(星号为峰的示意位置)。结合表 5.3 可以清楚地看到除图 5.2(a)有三个荧光峰外,其他图只有两个荧光峰,并且荧光峰的位置和荧光强度均发生了显著的变化。图 5.2(a)所示的三个荧光峰为类蛋白荧光峰 A、类蛋白荧光峰 B、类富里酸荧光峰。有研究学者认为荧光峰 A 与芳香类蛋白质有关,荧光峰 B 与色氨酸蛋白质有关,其中荧光峰 B 与污水中易被生物降解组分联系最紧密[7],此外 B/A 值反映了类蛋白的结构组成,也可作为污水的荧光特性之一[8]。一般生活污水的 B/A 值约为 1.6,而本试验中进水中的 B/A 值为 1.28,可见进水中易降解物质的比例稍低。图 5.2(b)中没有类富里酸荧光峰,分析认为是由于试验测量时样品稀释 5 倍后荧光峰被“屏蔽”了。另外,混合液与出水的类蛋白荧光峰变为一个峰,应该是由于微生物降解导致其中某一峰的消失而另一个峰则出现了偏移。

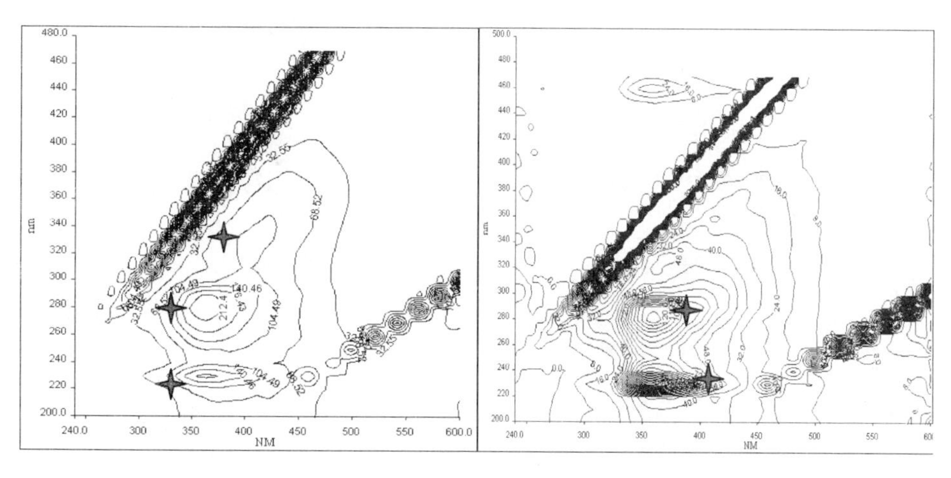

(a) 试验 1 进水　　　　(b) 试验 2 进水

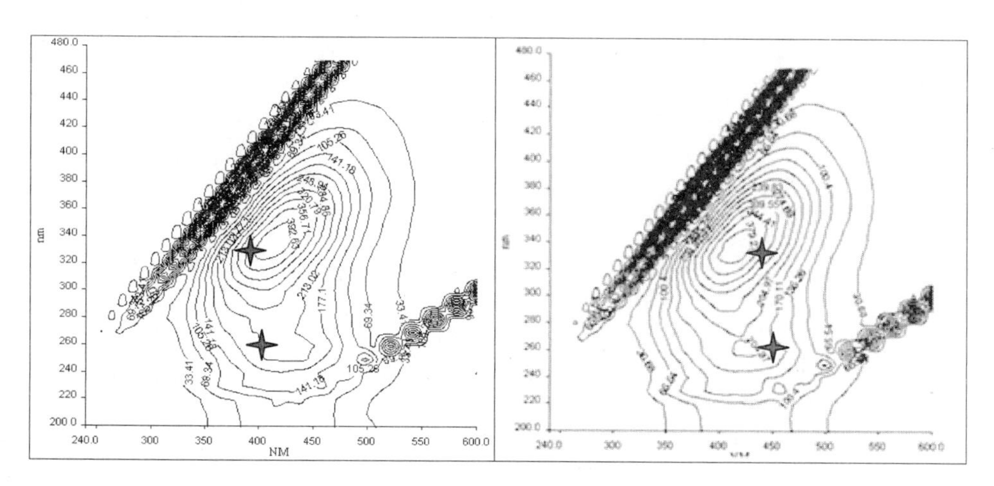

(c) 纤维滤网 DMBR 混合液　　　　(d) 纤维滤网 DMBR 出水

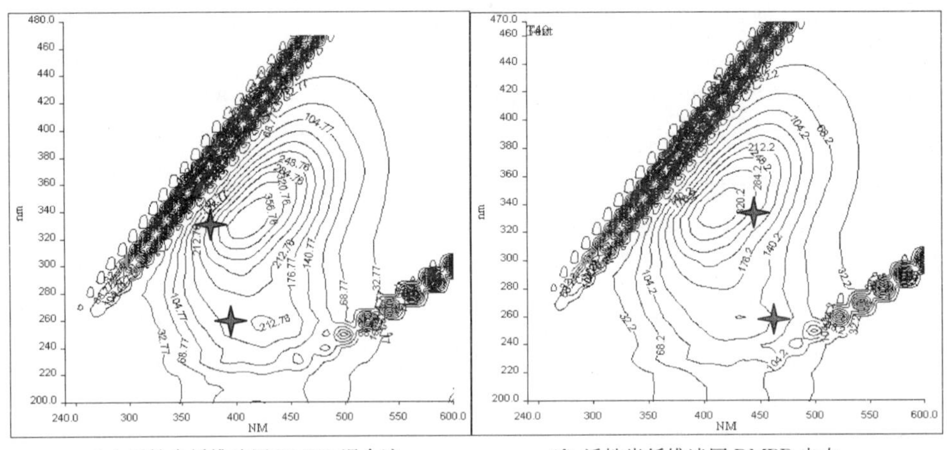

(e) 活性炭纤维滤网 DMBR 混合液　　(f) 活性炭纤维滤网 DMBR 出水

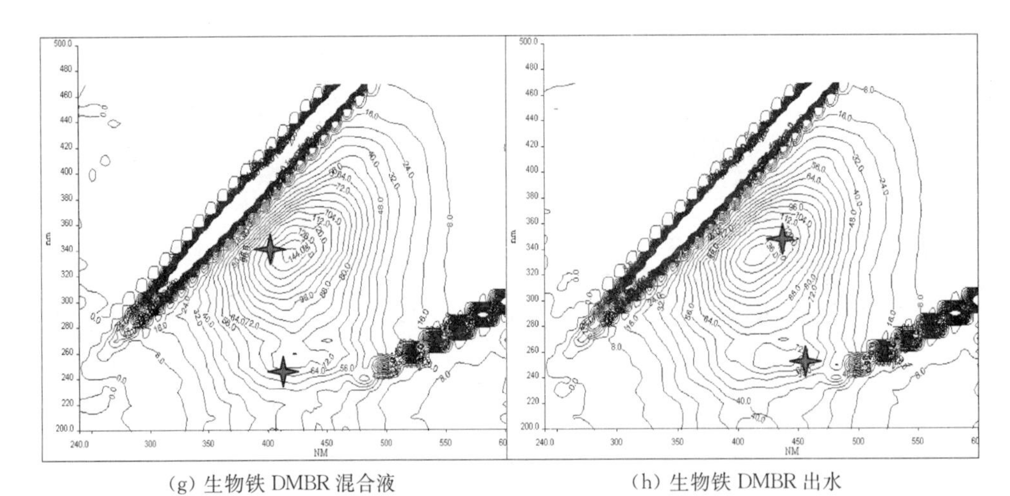

(g) 生物铁 DMBR 混合液　　(h) 生物铁 DMBR 出水

图 5.2　两个试验 DMBR 中 DOM 的三维荧光特性变化规律及比较

表 5.3　两个试验 DMBR 中 DOM 的荧光特性变化规律及比较

水样来源	类蛋白荧光峰 B		类蛋白荧光峰 A		类富里酸荧光峰	
	$\lambda_{ex}/\lambda_{em}$	FI	$\lambda_{ex}/\lambda_{em}$	FI	$\lambda_{ex}/\lambda_{em}$	FI
试验 1 进水	280/363	1 204.6	230/363	940.3	330/405	568.1
活性炭混合液			260/423	223.7	340/417	390.0
无炭混合液			260/420	235.8	340/417	427.0
活性炭出水			260/423	176.6	340/414	320.2
无炭出水			260/425	211.5	340/410	413.2
试验 2 进水	280/360	669	240/356	476		
生物铁混合液			260/423	80.21	340/419	146.96
生物铁出水			260/427	65.01	340/420	111.59

从表 5.3 可以看出，试验 1 活性炭纤维滤网和纤维滤网 DMBR 混合液的类蛋白荧光强度(FI)相差不大，去除率都在 80%左右，这是因为两个反应器的微生物来源相同，因而降解效果也相差不大。由于类富里酸是难降解类物质，所以两个反应器的去除效果均不好。比

较出水和混合液可以计算出动态膜的去除率，与纤维滤网相比，活性炭纤维滤网对类蛋白质FI的去除率要高14.8%，对类富里酸FI的去除率也要高14.7%，由此可见，活性炭对类蛋白质和类富里酸均有较好的去除效果。

生物铁对类蛋白质FI去除率为83.2%，而试验1的活性炭纤维滤网只有76.2%，说明生物铁的投加起着显著的作用。

蓝移与氧化作用导致的结构变化有关，如稠环芳烃分解为小分子，芳香环和共轭基团数量的减少以及特定官能团如羰基、羟基和氨基的消失。红移则与荧光基团中羰基、羧基、羟基和氨基的增加有关[9]。可以发现，自进水段至出水段，类蛋白荧光峰A"消失"了，分析认为极有可能是被完全降解或已经低于最低检测浓度，唐淑娟、王志伟等人[10]的研究结论是可能是进水水质存在很大的差别。另外，类蛋白荧光峰B出现了红移现象，红移了20～80 nm，类富里酸荧光峰也红移10 nm左右，主要是由于一部分分子结构中羰基、羧基等官能团的含量增加。

5.1.3　DOM的亲疏水性及酸碱性

溶解性有机物由于其结构的复杂性和物理化学性质的多样性，一直是环境科学工作者的研究重点和热点。目前为止还不可能做到对水中DOM中每一有机成分进行逐一分析和定量，传统的测试项目如COD、TOC等只能从总体上了解水体中DOM的内在特性，对于水处理工艺研究的指导带有较大的模糊性和不确定性。

自20世纪70年代初，国外出现了DOM化学特性研究的新方法——树脂吸附法[11-12]，利用不同化学性质的水体有机物在不同树脂上的专属吸附，结合特定实验方法，将化学性质相似的有机物进行分类分级或分离，这样既可以从整体上了解有机物组成特性，又可分别对各个分级组分做深入研究，从而可更详细地了解有机物的内在特性。因此，对于水处理工艺研究来说将有机物按某种物理或化学性质进行分级分类研究更有实际意义。

化学分级树脂吸附方法在国内外已有一定范围的应用(国内基本直接引用国外相关方法)，但分级定义和实验参数未达到统一，分析结果不能完全相互参考，且有的分析分离步骤繁琐，不适合常规分析。本试验方法如第二章所述，采用中国科学院魏群山等人的方法，也是目前应用最为广泛的方法。本试验结果如图5.3所示。

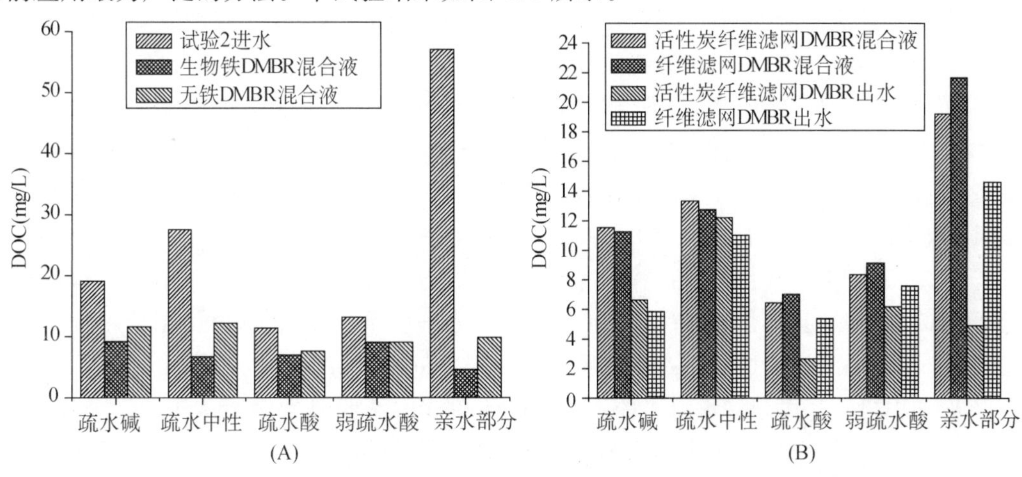

图5.3　两个试验DMBR中DOM的亲疏水性变化规律及比较

由于试验 1 进水浓度较高，且只为考察两个反应器膜材料的不同对 DOM 亲疏水性、酸碱性的影响，所以没有将进水绘入图中一起进行比较。同理，试验 2 由于膜材料相同，且只为考察生物铁的作用，所以没有将反应器的出水进行比较。

观察图 5.3(A)可以发现，活性炭纤维滤网和纤维滤网两个反应器混合液不同种类有机物组分基本一致，但出水却出现了较大的差别，主要表现在疏水酸和亲水成分，活性炭纤维滤网 DMBR 的出水中明显低出许多，可以计算出，活性炭 DMBR 对疏水酸的去除率为 58.8%，对亲水成分的去除率为 74.5%，而纤维滤网 DMBR 对疏水酸和亲水成分的去除率分别只有23.3%和 32.6%，由此可以说明活性炭纤维滤网 DMBR 对 DOM 组分中的疏水酸和亲水物质有着较好的去除作用。

从图 5.3(B)可以看出，进水 DOM 中各物质组分中由大到小的次序依次为亲水成分、疏水中性、疏水碱、弱疏水酸、疏水酸。比较投加生物铁的 DMBR 和未投加铁的 DMBR 可以发现，前者对亲水成分、疏水中性有机物去除效果更好，可以计算出生物铁 DMBR 对亲水成分去除率高达 91.8%，对疏水中性为 75.5%，而未投加铁的 DMBR 分别只有 82.7%和 55.7%，分析认为由于微生物活性的增强，它们对这两种有机物呈现明显的“偏好”，也就是说它们更易于被微生物降解。此外，两个反应器对疏水酸和弱疏水酸的去除效果均较低，在 40%以下。

5.1.4 DOM 相对分子质量分布

对污水中溶解态有机物，按相对分子质量大小进行分组，便可研究不同处理工艺对不同相对分子质量区段有机物的去除特性，以找到具有针对性的处理工艺或方法，从而提高有机物去除率，这也是研究 DOM 相对分子质量分布的一个重大意义[13]。

对水中有机物相对分子质量分布的测定目前有两种方法：高效体积排阻色谱法和超滤法。超滤法是用不同孔径的超滤膜对水中有机物进行分割，由于超滤膜的孔径等级不多，超滤膜截留相对分子质量标号的误差较大，所以该方法仅在要求不高的场合使用。故本研究采用了高效体积排阻色谱法（High Performance Size Exclusion Chromatography, HPSEC)，也可称之为凝胶渗透色谱法(Gel Permeation Chromate-graphy, GPC)和凝胶过滤色谱法(Gel Filtration Chromatography, GFC)。

凝胶色谱法的原理[14]是以多孔性填料(凝胶)作固定相，淋洗液作流动相的一种柱色谱，当含有不同相对分子质量的有机物试样进入色谱柱时，被淋洗液带动流经多孔性凝胶，有机物分子由于扩散等原因会进出凝胶孔，试样中相对分子质量较大的有机物(分子体积也大)，由于比凝胶所有的孔都大，不能进入凝胶内部孔洞，只能在凝胶颗粒间的空隙处流动，故最早被淋出柱外；相对分子质量比较小的有机组分，能进入凝胶中较大的孔，并能再次扩散出来，故占有的淋洗液体积较多，在稍后时间被淋出柱外；而相对分子质量最小的有机组分，能进入凝胶中所有孔洞，占有淋洗液体积最多，所以最后被淋出柱外。因此，被测试样中各组分的淋出时间(体积)取决于该组分的相对分子质量大小，再测淋出组分不同时间的浓度变化，便可得到被测试样中有机物质相对分子质量的分布状况。

但利用凝胶色谱法测量得出的只是 DOM 在柱中洗脱时的保留体积，必须对凝胶柱进行相对分子质量的校正，才能得到 DOM 的相对分子质量[14]。相对分子质量校正的原理就是利用一个与被测 DOM 相同结构的已知相对分子质量的窄分布的物质作为标准物质，在与 DOM 相同的实验条件下测量出标准物质的保留体积，可以推出标准物质的相对分子质量与保留体积之间的关系，即校正曲线。实验过程中测量出的 DOM 的保留体积，由校正曲线可以求出 DOM 的相对分子质量。本试验采用 6 种已知相对分子质量的聚乙烯乙二醇化合物(平均相对分子质量分别为 850 KDa、340 KDa、160 KDa、79 KDa、40 KDa、26 KDa)来校准所测 DOM。

图 5.4 为两个部分不同 DMBR 中 DOM 的凝胶色谱图，其中进水是在稀释 5 倍情况下测量的，由此可以分析，反应器对不同相对分子质量的 DOM 均有较好的去除效果。

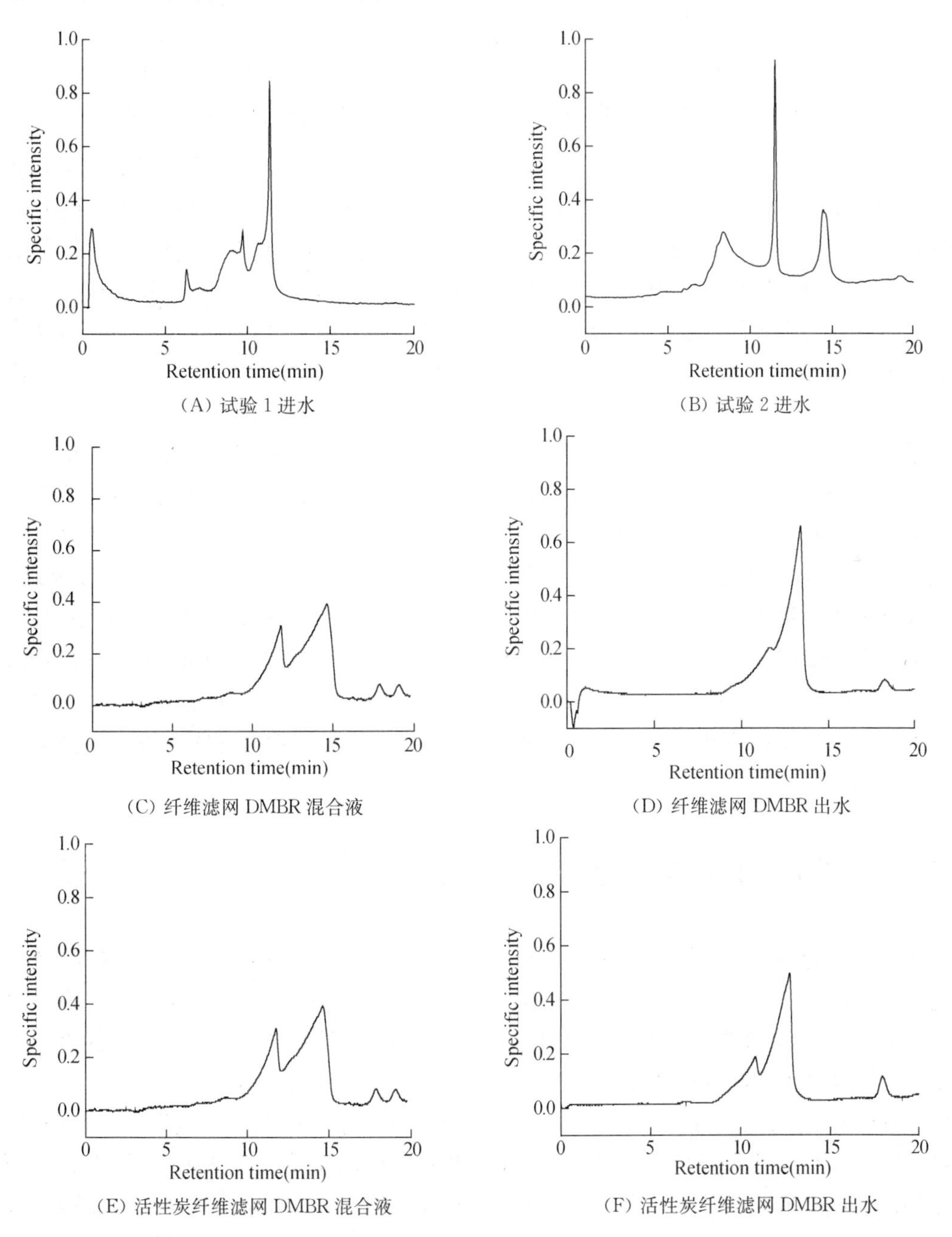

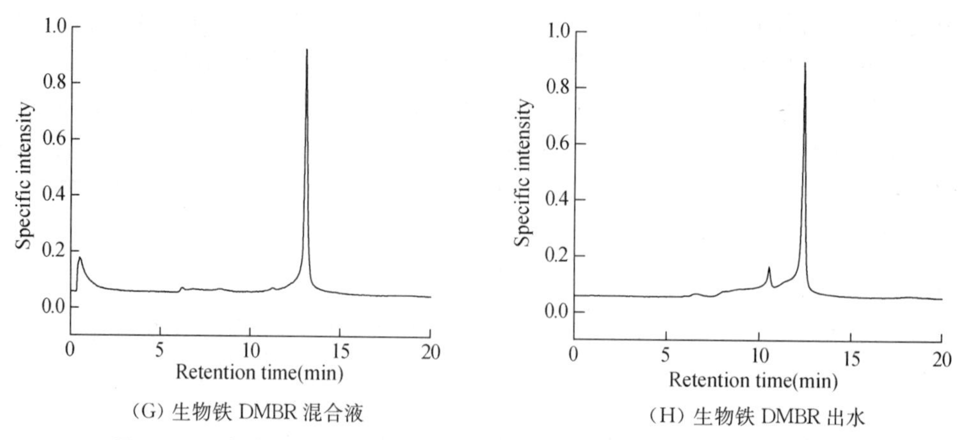

图 5.4　两个试验 DMBR 中 DOM 的相对分子质量迁移转化规律及其比较

比较试验 1 中的进水、混合液、出水，可以明显看出，混合液及出水峰明显发生了右移而且分布峰变宽。右移即是指 DOM 由大分子物质转化成了相对较小的物质，因为随着时间的延长，进水中的大相对分子质量有机物被微生物消耗分解成小相对分子质量物质，从而发生右移现象。分布峰变宽的原因分析认为是由于反应器的曝气对微生物絮体形成了较大的剪切力，使得一部分微生物破裂分解，而释放出 EPS，如多糖、蛋白质等大分子物质，从而使得混合液及出水峰变宽。此外，SRT、温度等操作条件也会影响相对分子质量的迁移与转化。

活性炭纤维滤网 DMBR 与纤维滤网 DMBR 的混合液中的 DOM 相对分子质量几乎相似，但出水却有较大的差别，比较图 5.4(D)与图 5.4(F)可以观察到，活性炭纤维滤网 DMBR 的出水峰要比纤维滤网 DMBR 的出水峰偏左，说明出水中的大相对分子质量物质相对较多，也就是小分子物质所占比例相对较小，由此可以说明活性炭纤维滤网对 DOM 中的小相对分子质量物质有着较好的去除效果，而对复杂的大分子有机物吸附效果不是很好，这与刘通等人[15]的研究结论一致。生物铁 DMBR 混合液峰相对于试验 1 的两个反应器而言，变得相对较窄，且大相对分子质量物质峰几乎消失，说明微生物的活性很强，即由于曝气等作用产生的微生物絮体破碎而产生的多糖、蛋白质等大分子物质也可能会被微生物重新迅速分解利用。

5.2　溶解性有机物的去除效果

下图 5.5 为两个试验的 DMBR 对 DOC 的去除效果比较。试验 1 进水 DOC 的平均浓度为 198.3 mg/L，比试验 2 进水 DOC 浓度 118.1 mg/L 高出 80 mg/L 左右。试验 1 中纤维滤网 DMBR 及活性炭纤维滤网 DMBR 的平均去除率分别为 79.3%、84.8%，试验 2 不投加生物铁以及投加生物铁的活性炭纤维滤网 DMBR 平均去除率分别为 79.8%、90.1%。由此可见，DMBR 对 DOM 在高浓度及低浓度进水条件下均有较好的去除效果。但是，通过两个部分的活性炭纤维滤网 DMBR 可以看出，进水浓度高，去除效率也相应提高了 5%左右。而生物铁在进水浓度低的情况下仍然达到 90%的平均去除率，由此，通过中间比较对象，可以成功地比较出三种形式的反应器的去除效果由差到好依次为纤维滤网 DMBR、活性炭纤维滤网 DMBR、投加生物铁的活性炭纤维滤网 DMBR。但是考虑到进水浓度等其他一些因素的影响，因而不能直接对三者的去除率进行定量分析比较。

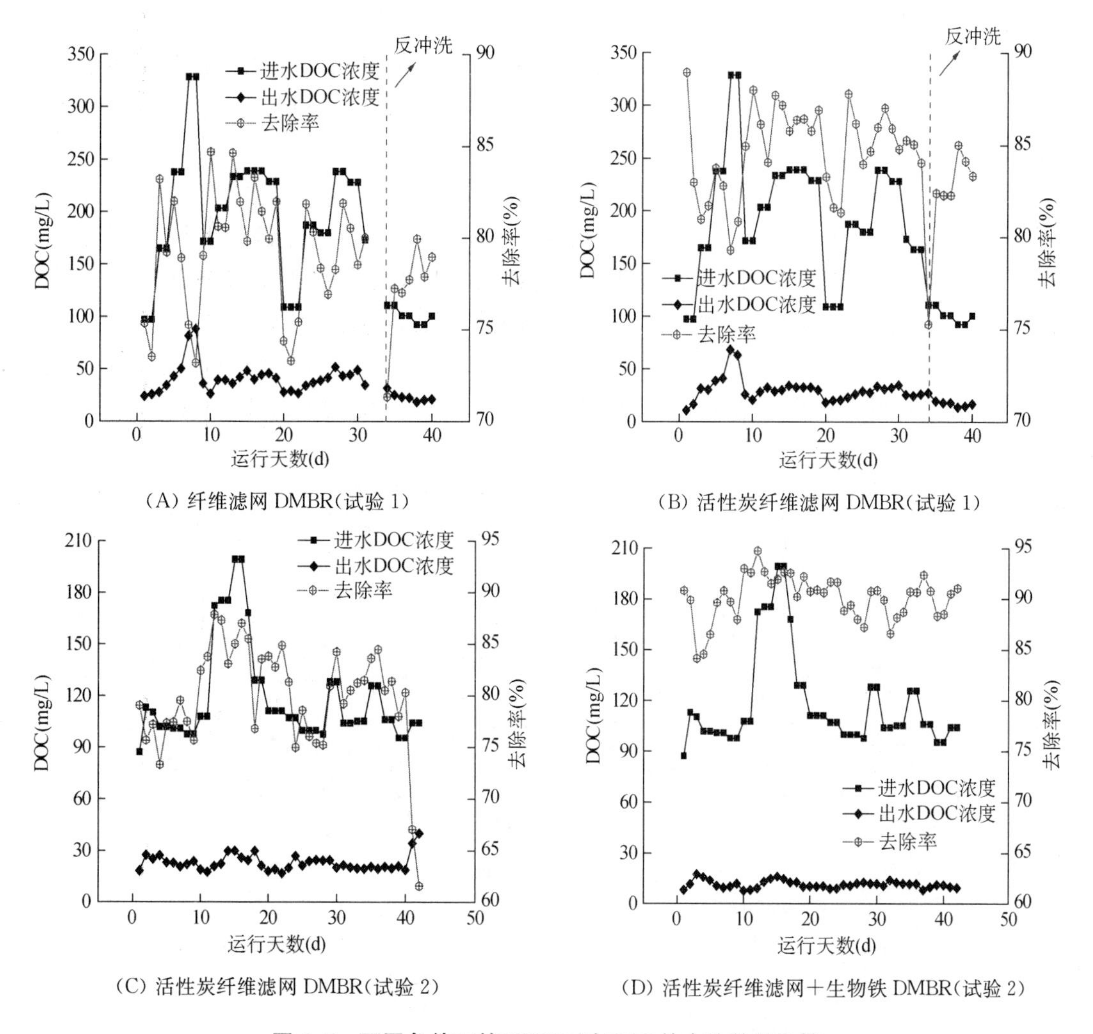

(A) 纤维滤网 DMBR(试验 1)　　(B) 活性炭纤维滤网 DMBR(试验 1)

(C) 活性炭纤维滤网 DMBR(试验 2)　　(D) 活性炭纤维滤网+生物铁 DMBR(试验 2)

图 5.5　不同条件下的 DMBR 对 DOC 的去除效果比较

图 5.5(B)与图 5.5(A)比较可以看出，活性炭纤维滤网 DMBR 在初期对 DOM 有着较强的吸附作用，去除率比纤维滤网 DMBR 高出 12%左右。随着时间的推延，活性炭纤维滤网 DMBR 去除率有所下降，但仍好于纤维滤网 DMBR，特别在反应器运行稳定阶段，去除率高出约 5%～10%。分析认为可能是由于活性炭纤维滤网在改性后孔径变小，其上形成的滤饼层、凝胶层更加致密，对 DOM 的物理拦截起着一定的作用，但起主导作用的可能是生物与活性炭的协同作用，也就是微生物将活性炭吸附的 DOM 通过自身的新陈代谢而降解，从而使得活性炭能够持续吸附 DOM，并以此循环，可以称之为“活性炭的生物再生作用”，这在后面也会作进一步的论证分析。

从图 5.5(C)和图 5.5(D)可以比较出，投加生物铁的 DMBR 在起始阶段就达到 90%的去除率，主要是活性炭吸附与生物铁之间的共同作用。稳定运行阶段，生物铁 DMBR 去除率要高出未投加铁的 DMBR 约 8%～15%，可见生物铁引起的微生物降解能力的增强对 DOM 的去除起着一定的作用，另外也间接说明了 DMBR 的混合液在去除 DOM 中起着主导性作用，这与许多学者[16-17]不断研究向反应器中投加各类化学药剂来增强反应器的性能和处理效果是不谋而合的。

UV_{254}虽不及 DOC 可以表征 DOM 的综合含量，但是它能够反映水中有机物的饱和度和生化性，并可反映芳香族化合物或具有共轭双键的各类有机物总量[18]，这类化合物是较难分解的物质。

图 5.6 为两个试验中的 DMBR 对 UV_{254}的去除效果比较。试验 1 的 UV_{254}进水平均浓度为 0.189，试验 2 为 0.253。试验 1 纤维滤网 DMBR 及活性炭纤维滤网 DMBR 的平均去除率分别为 35.8%、43.0%，试验 2 不投加生物铁以及投加生物铁的 DMBR 平均去除率分别为 35.5%、43.4%。跟 DOC 类似的是，进水浓度低则去除率也会降低。

从下图中也可看出，反应器的出水 UV_{254}最低也超过了 0.10 cm^{-1}，可能是反应器处理的一个"最低限制"。因而当进水值低于 0.2 cm^{-1}时，可以发现，去除效果均有所下降。

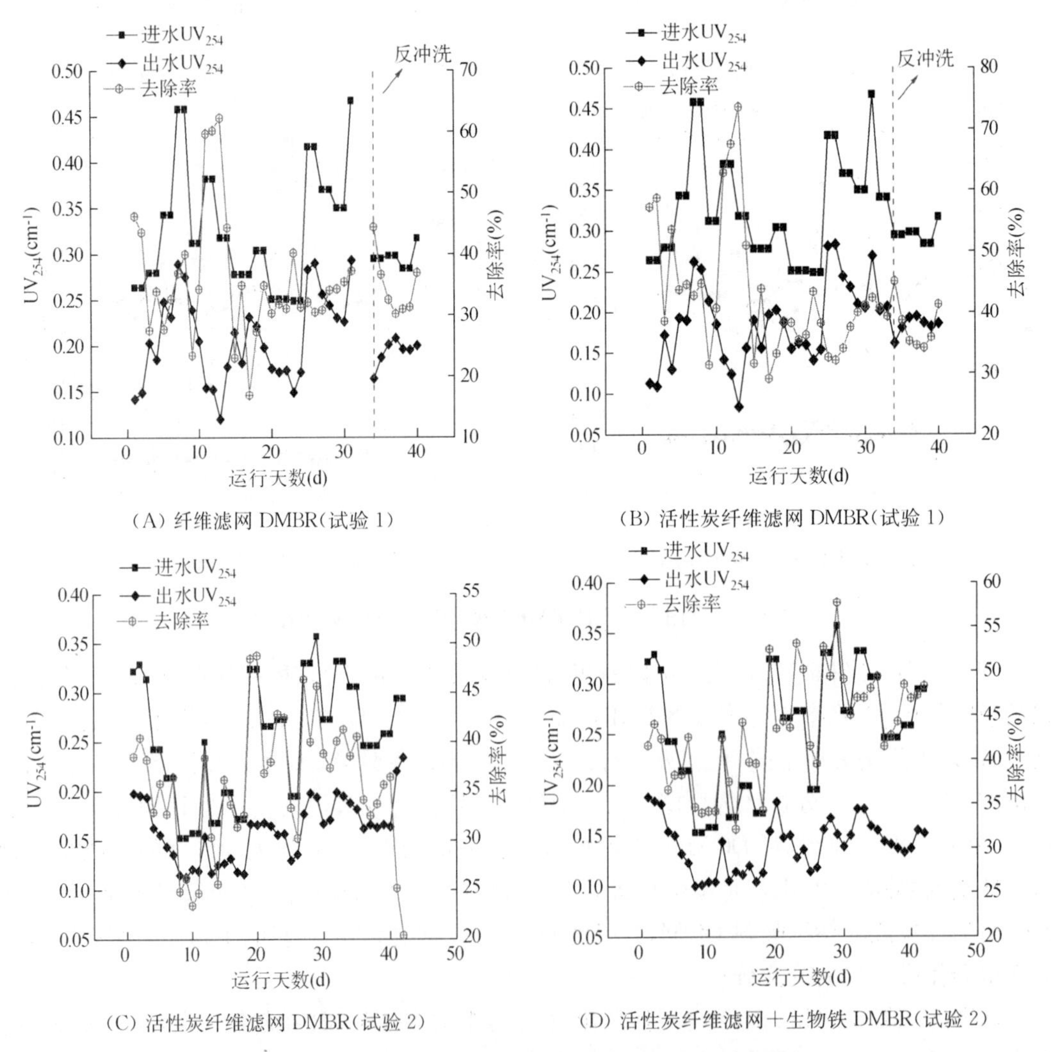

(A) 纤维滤网 DMBR(试验 1)　　(B) 活性炭纤维滤网 DMBR(试验 1)

(C) 活性炭纤维滤网 DMBR(试验 2)　　(D) 活性炭纤维滤网+生物铁 DMBR(试验 2)

图 5.6　不同条件下的 DMBR 对 UV_{254}的去除效果比较

另外，通过比较图 5.6(C)和图 5.6(D)还可以看出，生物铁 DMBR 比未加铁的 DMBR 去除率高出 10%以上，这是因为 UV_{254} 所代表的有机物多为羧酸和羟基等极性基团，呈负电性，而生物铁所形成的絮体污泥带正电，有类似于“混凝”的作用而易于去除。

比紫外吸光值(SUV_{254})是 Edzward 及其合作者[19]首次提出的概念，即单位溶解性有机碳的紫外吸收值，可以反映水中有机物的芳香构造化程度，简称芳香度。

从图 5.7 中可以看出，随着反应器运行时间的延长，SUV_{254} 均有不同程度的提高，这表明易分解的物质被逐步消耗而导致富含芳香环结构的腐殖质物质占总溶解性有机物的比例逐步上升，但最终随着反应器对 DOM 的去除达到稳定，SUV_{254} 也会逐渐保持稳定。

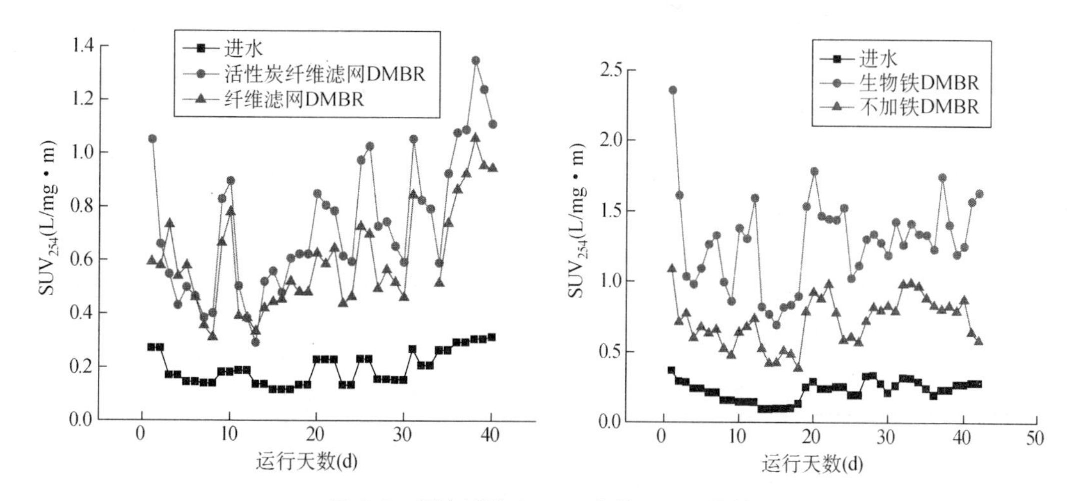

图 5.7　两个试验 DMBR 中的 SUV_{254} 比较

5.3　强化去除溶解性有机物的作用机理

试验过程中主要是从两个角度考虑来强化去除溶解性有机物，一方面是改变动态膜生物反应器膜基材料(从纤维滤网到活性炭纤维滤网)，另一方面则是改变混合液的性质[向反应器中投加 $Fe(OH)_3$ 形成生物铁絮体]。从前面两章的试验结果可以看出，两种方法均起了一定的效果，为了弄清它们在去除溶解性有机物中所起的作用机理，本章通过考察污泥层面密度、动态膜的去除效率、对溶解性有机物持续吸附的作用机理、MLSS、污泥活性、微生物相等指标来进行阐述。

5.3.1　活性炭强化作用机理

1) 污泥层面密度分析

污泥层面密度(Area Density of Sludge on Membrane，以下简写为 ADSM)是指单位面积上膜基质截留的各组分的质量，以 mg/cm^2 计，可反映动态膜的形成程度，该值越大，说明膜基质截留的物质越多，动态膜平均厚度越大。

由于试验 2 采用相同的膜基材料，故试验只测定了试验 1 两个反应器中动态膜上的污泥层面密度，如下表 5.4 所示：

表 5.4　试验 1 中两个反应器污泥层面密度

项目	活性炭纤维滤网 DMBR	纤维滤网 DMBR
污泥质量(mg)	3 780.84	19 551.18
膜面积(cm^2)	49.00	49.00
污泥层面密度(mg/cm^2)	77.16	399.02

上表所测量的污泥层面密度为拆膜阶段进行的。可以看出纤维滤网反应器污泥层面密度比活性炭纤维滤网反应器高出约 330 mg/L 左右，分析认为一方面是由于活性炭纤维经过改性之后，孔径变小，因此吸附的滤饼层、凝胶层质量也减小；另外，活性炭呈疏水性，不利于水中微生物及杂质的吸附生长。此外，熊江磊[20]通过试验研究认为污泥层面密度与动态膜的过滤能力并无直接关系，仅需少量的堵塞或沉积物便可使动态膜达到较高的过滤精度。

2）动态膜对有机物的去除效果

DMBR 对污水的处理主要是依靠混合液和动态膜的协同作用，为考察动态膜单一因素对污水处理的贡献，进行了如下试验：将反应器中的混合液排放干净，然后向反应器加入等量无污泥的营养液，加营养液过程中要注意尽量不要冲落膜上的污泥层。然后再控制搅拌、曝气等与原先的操作条件相同，运行一个周期后测定出水的一系列指标，结果如表 5.5 所示。

表 5.5　试验 1 中两个反应器动态膜对有机物的去除效果

指标	进水(mg/L)	无炭出水(mg/L)	无炭去除率(%)	活性炭出水(mg/L)	活性炭去除率(%)
COD	56.0	48.0	14.3	52.0	7.1
NH_3—N	5.9	4.8	19.5	4.8	18.5
TN	27.2	24.9	8.4	23.3	14.3
TP	4.6	3.9	14.7	4.087	11.2
UV_{254}	0.136	0.124	8.8	0.128	5.9
DOC	21.53	14.75	31.5	16.01	25.6

从表 5.5 可以看出，动态膜对有机物的去除作用相对混合液而言均较低，COD、NH_3—N、TN、TP、UV_{254} 的去除率均低于 20%，DOC 的去除率也只在 20%～40%之间，因此 DMBR 对有机物的去除主要还是依靠混合液中的微生物降解作用，但动态膜在对混合液的过滤、为出水做最后的把关等方面却有不可替代的作用。

此外，可以明显看出，活性炭纤维滤网动态膜对 COD、NH_3—N、TN、TP、UV_{254}、DOC 的去除率均要高于纤维滤网动态膜，一方面可能是由于活性炭纤维滤网改性后孔径变小，形成的滤饼层、凝胶层更致密，因而对有机物的去除也更好，另一方面活性炭对有机物有很好的吸附去除作用，此外，膜上吸附的微生物也会对有机物进行降解。

3）活性炭纤维滤网对 DOM 的持续吸附作用

综合前面的研究结果可以推断，活性炭纤维滤网除了初期对 DOM 有着很强的吸附作用外，后期也存在很好的吸附效果，说明必然存在某种作用使得活性炭纤维滤网能够持续吸附 DOM，为了论证此设想，进行如下试验：

(1) 将全新的活性炭纤维滤网贴在膜组件上,完全干燥后放入反应器,然后向反应器通入污水,一段时间后连续测两次 UV_{254} 和 DOC 的值,如果两次结果相差在 5%以内,则停止测量,并记下此时的 UV_{254} 和 DOC 的值,则为清洁活性炭纤维滤网的吸附值(以下简称清洁膜吸附值)。

(2) 在试验 1 运行结束时,将反应器中的混合液排放干净,并通入污水,一个周期后测定出水的 UV_{254} 和 DOC 的值(称之为污染膜吸附值)。

(3) 将步骤(2)中的膜组件取出,用高压水流冲洗膜组件上的污泥杂质,然后晾干后搁置数天,以确保其上没有残留的有活性的微生物存在,然后将此膜组件放入反应器中重复进行(1)步骤,并记下最终的 UV_{254} 和 DOC 的值(称之为空膜吸附值)。

试验所测得的数据如表 5.6 所示。

表 5.6　不同膜对溶解性有机物的吸附值

吸附值	清洁膜		污染膜		空膜	
	UV_{254}	DOC	UV_{254}	DOC	UV_{254}	DOC
起始值(mg/L)	0.161	48.92	0.166	51.53	0.201	47.96
终值(mg/L)	0.125	28.03	0.140	38.85	0.166	42.73
去除率(%)	22.4	42.7	15.9	24.6	17.4	10.9

清洁膜与空膜对 DOM 是纯粹的吸附作用,可分别简称它们为吸附作用 A 和 B,污染膜与空膜是同一个膜组件,因此,在忽略其他的作用因素下,并且假设吸附作用 C 与微生物降解作用 D 之间不存在协同作用,可以认为污染膜的作用是由吸附作用 B 与微生物降解作用 D 单独构成的。比较污染膜与空膜的去除率,可以得出微生物作用 D 对 DOC 的去除率为 13.7%;比较清洁膜与空膜可知,吸附作用 B 比吸附作用 A 衰减了 31.8%;比较清洁膜与污染膜可知,吸附作用 C 与微生物作用 D 之和比吸附作用 A 衰减了约 18.1%,然后再扣除微生物作用 D 对 DOC 的 13.7%的贡献值,可以得到吸附作用 C 只比吸附作用 A 衰减了 4.4%,而从前面分析可以看出吸附作用 C 如果没有与微生物作用 D 之间存在某种协同作用,理论上应该与吸附作用 B 是相等的,但实际上却相差了惊人的 27.4%,这相当于活性炭纤维滤网对 DOM 的吸附负荷提高了 14.9 mg/L,通过这种矛盾可以判断出,吸附作用 C 与微生物作用 D 之间必然存在着某种作用,使得这种衰减程度得到了极大的降低。分析认为就是活性炭纤维滤网吸附 DOM 之后,通过微生物对活性炭纤维滤网上所吸附的 DOM 不断进行生物降解,从而使得活性炭纤维滤网能够对 DOM 有着持续的吸附效果,而这种作用即为"活性炭的生物再生作用"。虽然通过这种方法不能简单地对活性炭的生物再生作用进行定量分析,但是完全可以认为这种作用是存在的,并且在对 DOM 的去除作用中有很大贡献。由此也可说明前面分析讨论活性炭纤维滤网对 DOM 所起的作用都是十分合理的。

5.3.2　生物铁强化作用机理

1) 污泥浓度的变化

从表 5.7 可以看出,反应器中的污泥浓度随着时间的推移,均有一定程度的增长,其中,活性炭纤维滤网 DMBR 与纤维滤网 DMBR 无论是第 15 天还是第 25 天后的增幅均相差不大,原因很明显,是因为基材的改变对混合液的污泥浓度影响很小。试验 2 中,投加生物铁与不投加生物铁 DMBR 的增幅则明显不一致,投加生物铁的 DMBR 由于污泥活性的增强、新陈代谢的速度加快,更有利于微生物繁殖,因此污泥浓度增幅几乎是未投加生物铁 DMBR 的两倍。

表 5.7　不同条件下混合液污泥浓度的变化

MLSS	试验 1		试验 2	
	活性炭纤维滤网	纤维滤网	生物铁	未加铁
起始浓度(mg/L)	3 000	3 000	2 500	2 500
第 15 天浓度(mg/L)	4 624	4 587	5 638	3 742
第 25 天浓度(mg/L)	5 337	5 249	6 993	4 491

由生物铁导致的污泥量增加势必会影响反应器对 DOM 的去除,为了探究其影响,试验过程中通过烧杯模拟实验来阐述。实验方法为:在试验 2 的第 25 天,取三只相同的 1 L 烧杯 A、B、C,并向 A 中倒入未加铁反应器中的污泥,B 中倒入投加生物铁反应器中的污泥,C 中也倒入投加生物铁反应器中的污泥,其中 A 跟 B 取相同的污泥量(7 000 mg/L),C 中则倒入比 B 烧杯少 2 500 mg/L 的污泥量(通过测量 MLSS 计算出),然后倒入相同的营养液,控制搅拌、曝气与试验的操作条件一致,一个周期后测量的结果如表 5.8 所示。

比较 A 烧杯和 C 烧杯结果,可以发现在相同 MLSS 条件下,投加活性炭的 DMBR 比未投加生物铁的高 7.86%。另外,比较 B 烧杯和 C 烧杯试验结果,可以看出,C 烧杯由于污泥量的减少,DOC 的去除率也随之下降,但 DOC 的去除率只下降了 4%左右,污泥浓度却下降了近 36%,不呈比例关系,分析认为污泥的增加势必会导致由于自身的代谢、分泌或者细胞的破裂分解等因素造成 DOC 的含量增加,也从反面说明了生物铁 DMBR 在污泥量较高的“不利情况下”,去除效果仍然高于不投加铁的 DMBR。由此可见,生物铁对混合液的作用十分明显。

表 5.8　不同烧杯中 DOM 的含量变化

类别	起始点		结束点		去除率(%)	
	UV_{254}(cm^{-1})	DOC(mg/L)	UV_{254}(cm^{-1})	DOC(mg/L)	UV_{254}	DOC
A 烧杯	0.197	22.59	0.172	16.52	12.7	26.9
B 烧杯	0.181	27.97	0.148	17.17	18.2	38.6
C 烧杯	0.182	22.43	0.161	14.64	11.5	34.7

2) 污泥活性的比较

试验过程中,一个周期内,每隔 45 分钟测定混合液的 DOC 浓度,由此得出混合液中 DOC 的在线降解曲线如图 5.8 所示。

从图中可以很明显地看出,试验 1 两个反应器的降解曲线的斜率基本保持一致,由于两个反应器只是更换了膜基材料,所以混合液中的污泥活性相差不大。而试验 2 不投加生物铁的反应器在 45 分钟后,曲线斜率渐渐减小,即说明污泥活性的降低,由此可以说明投加生物铁在改善污泥活性方面起着至关重要的作用。

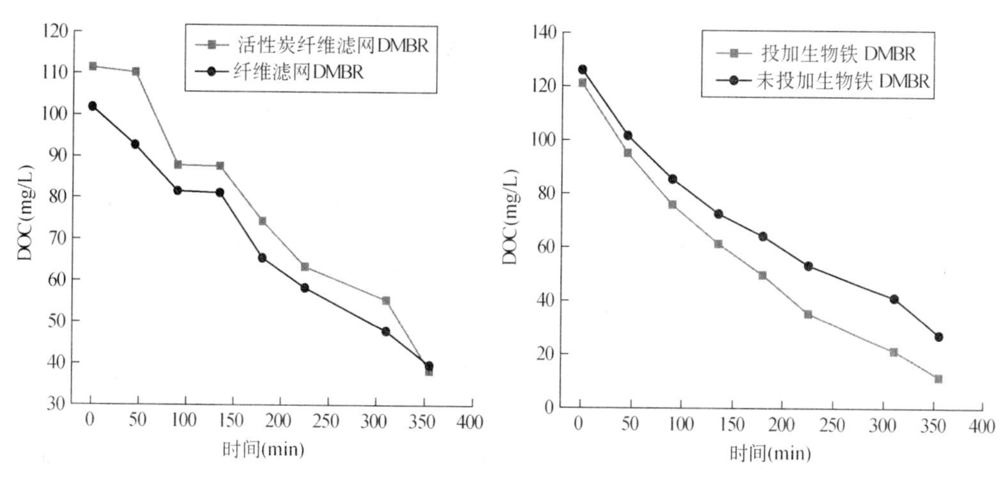

图 5.8　两个试验 DMBR 中的在线降解曲线比较

3）微生物相分析

由于试验 1 中的两个反应器的混合液区别不大，故试验未对它们进行比较。图 5.9 是试验 2 的两个反应器中 40×倍率显微镜下混合液中不同部位的微生物形态。可以看出，未投加生物铁 DMBR 中主要为一些丝状菌、链状菌以及个体较小较分散的或者单个存在的原生动物。而驯化成熟的污泥絮体的特性发生了显著改变，污泥的结构紧密，呈团粒状，同时生物铁污泥颗粒上附着生长着大量的固着型纤毛虫，其中主要为钟虫类（如图 B 中试验观察到的巨大“钟虫树”），这些钟虫凭借其长柄，伸展到颗粒周围，不断地吞食细菌和固体食物颗粒。此外，在颗粒周围还有很多轮虫以及草履虫、变形虫等纤毛虫。种类繁多、形态各异的巨大的原、后生动物群（试验观察到反应器上清液中存在大量肉眼可见的后生动物），这些动物可以吞食细菌难以降解的大颗粒污染物，强化有机物的代谢反应，大大提高了反应器的处理能力和处理效果，而且还增强了反应器的耐冲击负荷能力[21]。

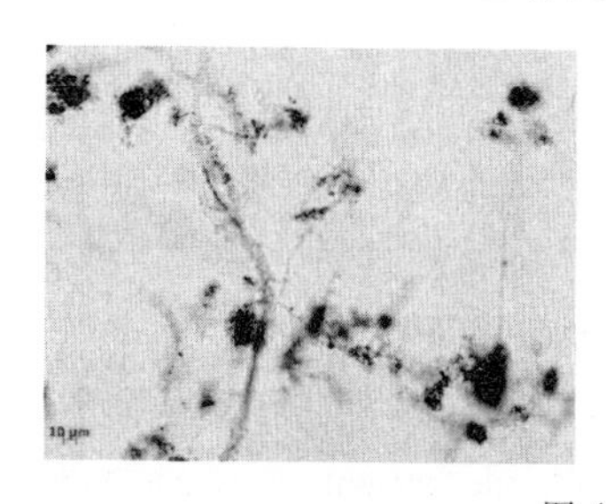
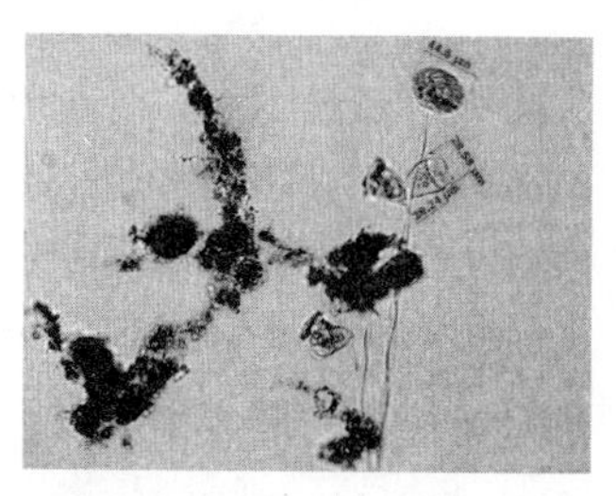
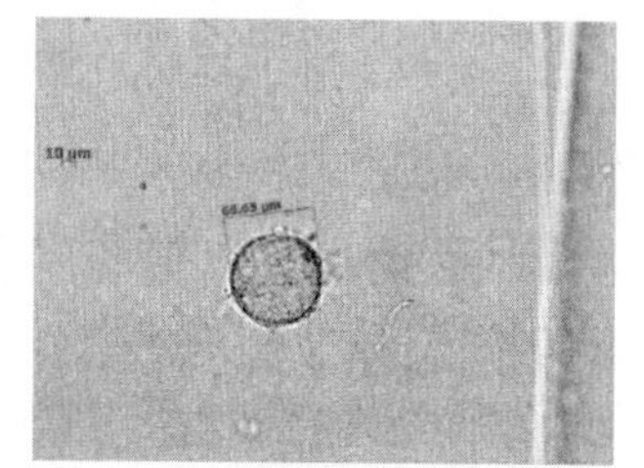

图 A　未投加生物铁 DMBR 中的微生物形态

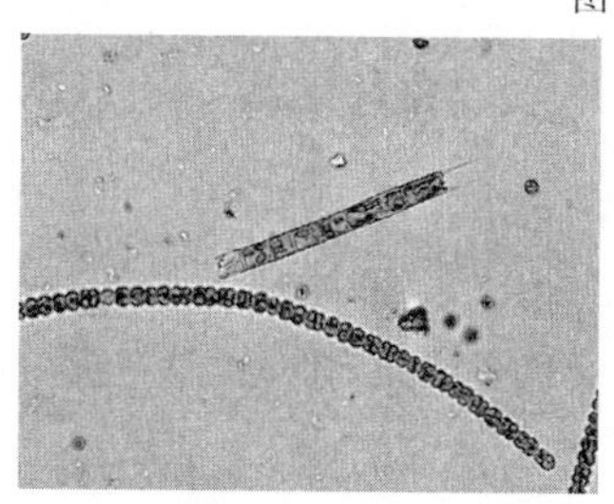
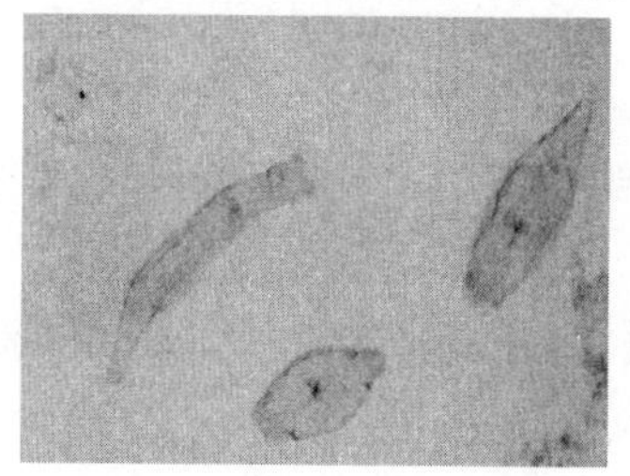
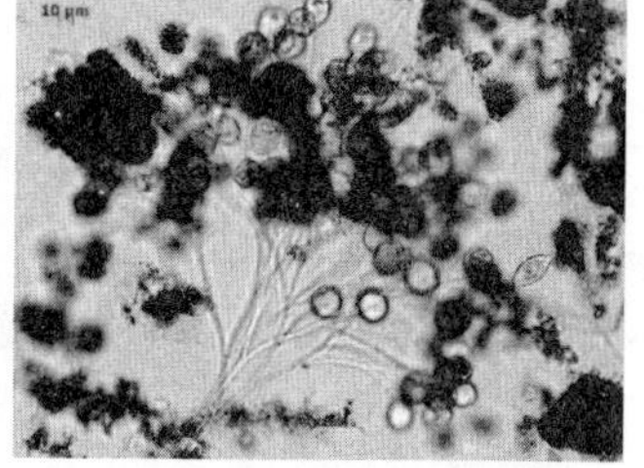

图 B　投加生物铁 DMBR 中的微生物形态

图 5.9　试验 2 中 DMBR 中 40×倍率显微镜下混合液的微生物形态

参考文献

[1] 李欣,王郁萍,赵洪宾. 给水管网中细菌再生长的研究[J]. 哈尔滨工业大学学报,2002,34(3):337-339.

[2] 刘文君,吴红伟,王占生. 饮用水中BDOC测定动力学研究[J]. 环境科学,1999,20(4): 20-21.

[3] 李欣,马建薇. 生物可降解溶解性有机碳(BDOC)降解动力学研究[J]. 哈尔滨工业大学学报,2005,37(9):1183-1184.

[4] Escobar I C, Randall A A,et al. Assimilable organic carbon and biodegradable organic carbon removal by nanofiltration: full and bench scale evalution[J]. Water Science and Technology Water Supply, 2001, 1(4):35-42.

[5] LEENHEER J A,CROUE J P. Characterizing aquatic dissolved organic matter [J]. Environmental Science & Technology,2003,37(1):18-26.

[6] 高景峰,郭建秋,等. 三维荧光光谱结合化学分析评价胞外多聚物的提取方法[J]. 环境化学,2008,27(5):662-664.

[7] Reynolds D M. The differentiation of biodegradable and non-biodegradable dissolved organic matter in wastewaters using fluorescence spectroscopy[J]. Journal of Chemical Technology and Biotechnology, 2002,77(8):965-972.

[8] Sheng G P, Yu H Q. Characterization of extracellular polymeric substances of aerobic and anaerobic sluge using three-dimensional excitation and emission matrix fluorescence spectroscopy[J]. Water Research,2006,40(6):1233-1239.

[9] Uyguner C S, Brkbolet M. Evaluation of humic acid photocatalytic degradation by UV-vis and fluorescence spectroscopy[J]. Catalysis Today,2005,101(3-4):267-274.

[10] 唐淑娟,王志伟,吴志超,等. 膜生物反应器中溶解性有机物的三维荧光分析[J]. 中国环境科学,2009,29(3):290-295.

[11] Aiken G R,Thurman E M,Malcolm R L. Comparison of XAD macroporous resins for the concentration of fulvic acid from aqueous solution[J]. Analytical Chemistry,1979,51(11): 1799-1803.

[12] Malcolm R L,MacCarthy P. Quantitative evaluation of XAD-8 and XAD-4 resins used in tandem for removing or-ganic solutes from water[J]. Environmental International,1992,18: 597-607.

[13] 丁恒如. 给水处理中去除有机物的研究现状[J]. 水处理技术,1995,21(5):282-284.

[14] Zhiwei Wang,Zhichao Wu. Distribution and transformation of molecular weight of organic matters in membrane bioreactor and conventional activated sluge process[J]. Chemical Engineering Journal, 2009,150(2-3):396-402.

[15] 刘通,孙贤波,刘勇弟. 活性炭吸附对生化出水中不同种类有机物的去除效果[J]. 环境化学,2009,28(3):369-371.

[16] 赵玉华,琚冉,傅金祥,等. 混凝法控制膜生物反应器污泥膨胀的试验[J]. 沈阳建筑大学学报,2005,21(6):19-21.

[17] Wu Jinling,Chen Futai, et al. Using inorganic coagulants to control membrane fouling in a submerged membrane bioreactor[J]. Desalination,2006,197(1-3):124-136.

[18] 王晟，王晓昌，张玉先，等. 污水厂二级出水的臭氧反应动力学研究[J]. 中国给水排水，2003(19)：56－57.

[19] Edzward J K，Becker K C，et al. Surrogate parameters for monitoring organic matter and THM precursors[J]. Journal of the American Water Works Association，1985，77(4)：122－132.

[20] 熊江磊. 自生动态膜的形成过程及其过滤性能研究[D]. [硕士学位论文]. 南京：东南大学，2010.

[21] 王勇，孙寓姣，黄霞. 膜生物反应器中微型动物变化与活性污泥状态相关性研究[J]. 环境科学研究，2004，17(5)：48－51.

第六章　自生动态生物膜系统的微生物多样性分析

污水生物处理工艺中污染物的去除涉及生物降解、物理和化学作用等多种途径的共同作用，但微生物是污水生物处理的主体部分，是其功能的主要承担者，所以对生物处理系统中微生物群落研究具有重要意义。近年来，随着现代分子生物技术的发展，国内外有关不同污水生物处理工艺内的微生物群落结构的研究均取得了一定的成果[1-2]，许多学者也对动态膜生物反应器中微生物群落的多样性和演变规律进行了深入研究。据报道，动态膜生物反应器内存在丰富的微生物群落，而在动态膜生物反应器中投加凹凸棒土(简称凹土)形成凹土生物载体，可协同动态膜强化去除溶解性有机物。以动态膜生物反应器内混合液及动态膜表面污泥为对象，应用 PCR-DGGE、克隆测序等技术对从接种驯化至形成较为稳定的混合液及动态膜内一个完整运行周期内污泥中微生物群落结构的演变进行研究，对不同状态微生物结构的多样性进行统计计算、相似性和聚类分析，并对自生动态膜内主要优势种群进行克隆测序并将测序结果在 GenBank 中进行比对和鉴定之后，可揭示动态膜生物反应器内部微生物群落的演替规律以及投加的凹凸棒土对反应器中混合液及动态膜内微生物群落的影响，为进一步优化系统运行及处理效果提供了理论依据。

6.1　常规污水处理工艺微生物多样性分析

1）活性污泥微生物

活性污泥是由细菌、真菌、原生动物和后生动物等各种生物和部分无机物所组成的污泥状的絮凝物，絮凝物主体是菌胶团形成菌和丝状菌。活性污泥中的生物成分十分复杂，以细菌为主，还有大量原生动物，也会有一些后生动物，并有一些真菌交织在其中。

(1) 细菌

细菌在活性污泥中起主导作用，有多种细菌存在，以异养型的原核细菌为主。活性污泥中优势菌种随废水性质、构筑物形式及运行条件的不同而不同。综合多种报道，优势菌种有产碱杆菌属、动胶菌属、丛毛单胞菌属、微球菌属、假单胞菌属、黄杆菌属、芽孢杆菌属、无色杆菌属、棒状杆菌属、不动杆菌属、球衣菌属、诺卡氏菌属、短杆菌属、八叠球菌属和螺菌属等。根据活性污泥的醌谱图(Quinone Profiles)分析结果，丛毛单胞菌(假单胞菌)是主要优势菌种。

活性污泥中的细菌大多数包含在胶质中，以菌胶团形式存在，呈游离状态的较少。随水质条件及优势菌种的不同，菌胶团絮状体有球形、分枝、蘑菇、片状、椭圆及指形等各种形状。最早被发现的菌胶团形成菌是生枝动胶菌，一种革兰氏阴性无芽孢杆菌，在灭菌污水中通气培养可形成良好的絮凝体结构。现已知像埃希氏菌属、假单胞菌属、产碱杆菌属、芽孢杆菌属的一些菌株均可以产生菌胶团。

在活性污泥中还有一些丝状细菌，如球衣菌属、贝日阿托氏菌属和发硫菌属等，这些细菌往往附着在菌胶团上或与之交织在一起，成为活性污泥的骨架。丝状菌过量生长会造成污泥膨胀，一般认为引起污泥膨胀的丝状菌主要是球衣菌，最常见的是浮游球衣菌。贝日阿托氏菌和发硫细菌可将水中硫化氢氧化为硫，并以硫粒形式存在于菌体内。

(2) 真菌类

一般来说，真菌在活性污泥中不占优势。据报道，青霉属、头孢霉属、枝孢属、镰孢属、地霉属以及假丝酵母属、红酵母属出现在活性污泥池中。其中，霉菌显著增长会引起污泥膨胀，降解性能恶化。活性污泥中的真菌主要为丝状真菌，分属酵母菌及霉菌两大类。

(3) 原生动物

活性污泥中的原生动物曾被发现有225种以上，主要有纤毛虫类、鞭毛虫类和肉足虫类三种，其中以纤毛虫为主，占160多种。

纤毛虫又可分为游泳型、固着型和匍匐型三类。游泳型纤毛虫常见的有草履虫、肾形虫、豆形虫、漫游虫、裂口虫、四膜虫、斜管虫和膜袋虫等；固着型纤毛虫代表种类有钟虫、累枝虫、盖虫、聚缩虫和独缩虫等；匍匐型纤毛虫主要有楯纤虫、尖毛虫、棘尾虫、游仆虫等。

鞭毛虫的特征是具有1～2根或多根鞭毛，有两类鞭毛虫，即植鞭毛虫和动鞭毛虫。

肉足虫类最常见的代表为变形虫，活性污泥中常见有大变形虫、辐射变形虫等。它们常在有机质浓度较高的水体和污水处理效果差时或培菌初期大量出现，还有细胞外覆盖有外壳的肉足虫、表壳虫也常在活性污泥中出现。

(4) 后生动物

活性污泥中出现的后生动物有轮虫类和线虫类，但个体不多。偶尔也出现寡虫类、甲壳类和腹毛类。它们很少占优势，只有在低负荷活性污泥如延时曝气法活性污泥中，有时轮虫类和寡毛类能成为优势菌种。

(5) 其他生物

活性污泥中有时还含有藻类等，但数量和种类都较少，这与活性污泥生境有关，而且有一定的季节性。

2) 生物膜微生物

生物膜存在着一个由细菌、真菌、藻类、原生动物和其他动物构成的食物链，微生物组成随季节和废水组成而改变。不同滤层深度污水的组成也不一样，因此不同深度微生物区系组成也不同，表层的微生物种类多、数量大，底层的微生物种类少、数量少。

(1) 细菌

细菌形成生物膜的基本营养级，无论是数目上还是生物量上都占优势，有好氧菌、厌氧菌和兼性厌氧菌。好氧菌主要有动胶菌、假单胞菌、产碱杆菌和黄杆菌，硝化细菌、亚硝化单胞菌和硝化杆菌，专性厌氧菌有脱硫弧菌和产甲烷菌等。丝状细菌如浮游球衣菌、贝日阿托氏菌也经常出现，但很少占优势。

(2) 真菌

真菌在生物膜中比在活性污泥中多，而且首先定殖在基质上。主要的真菌有白地霉、水生镰孢、瘤孢、红浆霉和多孢丝孢酵母等。

在特定的情况下，真菌会多于异养细菌。如低温情况下，细菌、原生动物、后生动物活动减弱，但某些适宜低温生活的真菌种繁殖起来。在 pH＜5.0 时真菌增加，白地霉会成为优势种。另外，高碳水化合物、高碳氮比以及高有机负荷都会促使真菌繁殖。

(3) 藻类

生物滤池、生物转盘等受到太阳照射的部分会有藻类生长，常见藻类有小球藻、绿球藻、裸藻、丝藻、席藻、毛枝藻以及颤蓝藻等。

(4) 原生动物

生物膜中有大量原生动物存在。据报道，生物滤池 1 mL 污泥中原生动物的个体数为：肉足类 100～4 600 个，鞭毛虫类 200～13 000 个，纤毛虫类 500～10 000 个。综合不同报道，出现频率最高的原生动物有植鞭毛虫类如屋滴虫，肉足虫类如变形虫、简便虫、表壳虫，纤毛虫类如独缩虫、盖虫、斜管虫等。

(5) 后生动物

生物膜中出现的后生动物主要有轮虫类、线虫类、环节动物、昆虫类、甲壳类等。生物膜中的轮虫数目比活性污泥中的轮虫数目要多得多，旋轮虫较多，有时比原生动物生长还快而成为优势种属。线虫在生物膜中也比活性污泥中多，占全部生物量的 2%～10%，而且线虫个数与季节变化没有多大关系。环节动物主要是寡毛类，如爱胜蚓、颤蚓、水丝蚓等。昆虫类中最多的是毛蠓，并有“污水蝇”之称，在滤池中很普遍，有时甚至在每平方米滤料中可达 3 万多个。

3) 厌氧生物处理法中微生物

厌氧活性污泥一般呈灰色至黑色，污泥中数量最多的是细菌，真菌虽能存活，但数量较少，藻类和原生动物也偶有发现。细菌以兼性或专性厌氧菌为主，由于进水带入的缘故，有时也可观察到好氧细菌。在沼气发酵型的厌氧生物处理中，以下述四种菌群为主。

(1) 初级发酵菌

初级发酵菌主要为兼性及专性厌氧型异养微生物，其优势菌随水质和环境条件不同而异。主要有梭菌属、拟杆菌属、丁酸弧菌属、真杆菌属、双歧杆菌属等。

(2) 产氢产酸菌

该类菌产氢及乙酸，供产甲烷菌利用，沼气发酵中常见的有沃氏共养单胞菌、沃氏共养杆菌及脱硫弧菌属的某些种。

(3) 同型产乙酸菌

它们是有机无机混合营养型的专性厌氧菌，以 CO_2 作为最终受氢体生成乙酸，主要有伍氏醋酸杆菌、威氏醋酸杆菌、热自养梭菌等。

(4) 产甲烷菌

产甲烷菌是兼性厌氧细菌，在沼气发酵中包括两类细菌，即氧化氢的产甲烷菌和利用乙酸的产甲烷菌。

6.2 微生物种群测定及分析方法

目前，分子生物学分析方法不断发展改进，通过采用 PCR-DGGE 技术可对动态膜生物反应器内悬浮污泥絮体及自生动态膜内两种污泥体系进行微生物种群多样性的测定，同时可对反应器的接种污泥中微生物群落也进行测定，以揭示动态膜生物反应器内部微生物群落的演替规律。

1）样品的采集制备

各类污泥样品采集均待反应器运行成熟、处理效果稳定后方可进行，所取样品均在曝气阶段后期采集。

悬浮污泥絮体：取经 30 分钟静沉的污泥混合液沉淀部分 10 mL，在 6～10 ℃、11 000 r/min下高速离心 10 分钟；倒掉上清液，加灭菌蒸馏水至 10 mL 并振荡混匀，在 6～10 ℃、11 000 r/min 下高速离心 10 分钟；重复上述操作一次；弃去上清液后取约 500 mg 污泥样品用于总 DNA 的提取。

动态生物膜：① 使用灭过菌的剪刀将拆下的膜基材纵剖，观察动态膜层的分界。② 使用灭过菌的手术刀将外层好氧层（黄褐色污泥层）切下收集于 10 mL 离心管中，加灭菌蒸馏水至 10 mL 并振荡混匀，在 6～10 ℃、11 000 r/min 下高速离心 10 分钟；重复上述操作一次；弃去上清液后取约 500 mg 污泥样品作为动态膜好氧层样品用于总 DNA 的提取。③ 内层厌氧层能刮离部分先刮离收集于 10 mL 离心管中，然后将海绵浸泡于 100 mL 的灭菌蒸馏水中，使用注射器冲洗海绵，将收集到的混合液在 6～10℃、11 000r/min 下高速离心 10 分钟，倒掉上清液后将沉淀部分与刮离得到的厌氧层部分转移到同一支 10 mL 离心管中，加灭菌蒸馏水至 10 mL 并振荡混匀，在 6～10℃、11 000 r/min 下高速离心 10 分钟；重复上述操作一次；弃去上清液后取约 500 mg 污泥样品作为 DMS 的厌氧层用于总 DNA 的提取。

2）总 DNA 的提取

总 DNA 的提取可以采用如下两种方法进行：

（1）参考 LaPara 等人[3]的总 DNA 提取方法并略加改进，采用化学裂解法直接从制备好的样品中提取总 DNA，具体步骤如下：

① 于 10 mL 的离心管中加入 500 mg 污泥样品，4 mL 裂解液（100 mmol/L Tris-HCl，20 mmol/L EDTA，1.4 mol/L NaCl，1%CTAB，调至 pH=8.0）和 100 μL 溶菌酶（50 mg/mL），37 ℃恒温水浴 1 小时。

② 加入 1 mL 10% SDS 和 40 μL 蛋白酶（20 mg/mL），55 ℃恒温水浴 2 小时；然后将混合液于 6～10 ℃、14 000 r/min 下高速离心 10 分钟，取上清液。

③ 加入与上清液等体积的酚/氯仿/异戊醇（体积比为 25：24：1）进行 DNA 抽提，轻柔振荡混合均匀后，将混合液于 6～10 ℃、14 000 r/min 下高速离心 10 分钟，取上层水相。

④ 加入与上清液等体积的氯仿/异戊醇（体积比为 24：1），轻柔振荡混合均匀后，将混合液于 6～10 ℃、14 000 r/min 下高速离心 10 分钟，取上层水相；重复该操作一次。

⑤ 加入 2 倍体积的无水冰乙醇，混匀后于 −20 ℃下静置过夜；混合液于 6～10 ℃、14 000 r/min 下高速离心 10 分钟，弃去上清液。

⑥ 加入 70%冰乙醇清洗沉淀，重新混匀后于 6～10 ℃、14 000 r/min 下高速离心 10 分钟，弃去上清液；重复该操作一次。

⑦ 将 DNA 沉淀自然晾干后，溶于 100 μL 的 TE 溶液（10 mmol/L Tris-HCl，1 mmol/L

EDTA,调节至 pH=8)中备用。

⑧ 测定 DNA 样品的 A260/A280 和 A260/A230 及其浓度,以初步确定所得的 DNA 样品的纯度和浓度。将 DNA 样品在 1%的琼脂糖凝胶电泳中检测,电泳电压为 100 V,电泳时间为 30 分钟,以确定片段的完整度。

(2) 采用试剂盒提取总 DNA。选用试剂盒为某公司的土壤基因组 DNA 提取试剂盒(非离心柱型),目录号为 DP330。测定纯度等方法同上。

3) PCR 方案

传统测定微生物的方法需要对微生物菌种进行纯化培养分离后才能进行测定,耗时长,且仅 1%的微生物能够分离培养。

聚合酶链式反应(Polymerase Chain Reaction,PCR)技术是体外酶促合成特异 DNA 片段使目标 DNA 得以迅速扩增的一种方法。其技术原理是,双链 DNA 在高温时可以发生变性解链成单链,当温度降低后又可以复性成为双链;DNA 单链在 DNA 聚合酶与启动子的参与下,根据碱基互补配对原则可以复制成同样的两分子拷贝。因此,通过温度变化控制 DNA 的变性和复性,并设计引物做启动子,加入 DNA 聚合酶、dNTP 就可以完成特定基因的体外复制。类似于 DNA 的天然复制过程,其特异性依赖于与靶序列两端互补的寡核苷酸引物。

PCR 由变性—退火—延伸三个基本反应步骤构成。① 模板 DNA 的变性:模板 DNA 经加热至 94 ℃左右一定时间后,使模板 DNA 双链解链成为单链,以便它与引物结合,为下轮反应作准备;② 模板 DNA 与引物的退火(复性):模板 DNA 单链在温度降至 55 ℃左右时,与引物的互补序列配对结合;③ 引物的延伸:DNA 模板—引物结合物在 TaqDNA 聚合酶的作用下,以 dNTP 为反应原料,靶序列为模板,按碱基互补配对与半保留复制原理,合成一条新的与模板 DNA 链互补的半保留复制链,重复循环变性—退火—延伸三过程,就可获得更多的"半保留复制链",而且这种新链又可成为下次循环的模板。每完成一个循环需 2~4 分钟,2~3 小时就能将待扩目的基因扩增放大几百万倍。

该方法具有特异性强、灵敏度高、操作简便、省时等特点,所以一般均采用 PCR 技术进行微生物种群的多样性检测。

(1) PCR 体系

PCR 反应体系主要由六个要素组成,即目标 DNA 模板、引物、DNA 聚合酶、dNTPs、PCR 缓冲液和二价金属离子(Mg^{2+})。本试验选择 50 μL 的反应体系,具体各要素含量如下:

① DNA 模板:选择对 16S rDNA 基因的 V3 区进行扩增,该区碱基片段长度约为 240 bp,模板量约 50 ng。

② 引物:选用 16S rDNA 基因的 V3 区通用引物对 F357-GC 和 R518,每种引物各 0.5 μmol/L。

F357-GC 序列为:

5'-CCGCCGCGCCCCGCGCCCGGCCCGCCGCCCCCGCCCCCCTACGGGAGGCAGCAG-3'。

R518 序列为:

5'-ATTACCGCGGCTGCTGG-3'。

③ DNA 聚合酶:加入 Taq 酶 2.5U。

④ dNTPs: 200 μmol/L。

⑤ PCR 缓冲液(不含 Mg^{2+} 的缓冲液):5 μL。

⑥ Mg^{2+}:20 mmol/L。

⑦ 加入无菌双蒸水补足到 50 μL。

(2) PCR 反应策略

采用降落式 PCR 的反应策略,该策略可以大幅提高 PCR 的特异性和效率,具体程序如下:

① 94 ℃下预变性 5 分钟。

② 20 个循环:94 ℃下变性 1 分钟,65~55 ℃下退火 1 分钟(从 65 ℃开始,每经过一个循环,退火温度下降 0.5 ℃),72 ℃下延伸 1 分钟。

③ 10 个循环:94 ℃下变性 1 分钟,55 ℃下退火 1 分钟,72 ℃下延伸 1 分钟。

④ 72 ℃下延伸 8 分钟。

(3) 产物检测

将 PCR 的扩增产物在 2%的琼脂糖凝胶中电泳检测,以确定目标 DNA 片段是否得到正确扩增。电泳时间为 30 分钟,电压选用 150 V,加样时取 PCR 产物 5 μL 与加样缓冲液 1 μL 混匀后加入每个加样孔。

4) DGGE 方案

DGGE(Denaturing Gradient Gel Electrophoresis),即变性梯度凝胶电泳,是根据 DNA 在不同浓度的变性剂中解链行为的不同而导致电泳迁移率发生变化,从而将片段大小相同而碱基组成不同的 DNA 片段分开。具体而言,就是将特定的双链 DNA 片段在含有从低到高的线性变性剂梯度的聚丙烯酰胺凝胶中电泳,随着电泳的进行,DNA 片段向高浓度变性剂方向迁移,当它到达其变性要求的最低浓度变性剂处时,双链 DNA 形成部分解链状态,这就导致其迁移速率变慢,由于这种变性具有序列特异性,因此 DGGE 能将同样大小的 DNA 片段理想地分开。DGGE 现已广泛应用于生物多样性调查、亲缘关系鉴定、基因突变检测等多个领域。

通过 DGGE 后得到的指纹图谱,每一个条带代表某个微生物优势菌群,通过测序和序列比对,可以得出此优势菌群的种类。目前,DGGE 电泳图谱的分析最常用的是相似性聚类分析法。DGGE 胶通过扫描仪输入计算机,通过软件进行条带分析及相似性分析。

采用 DGGE 对 PCR 扩增所得到的产物进行电泳分离分析,以确定各样品中微生物种群的异同,同时割胶回收各菌种的 DNA 以进行测序。具体步骤如下:

① 变性梯度凝胶的制备

采用变性剂浓度从 30%到 60%的 8%聚丙烯酰胺凝胶,变性剂浓度在胶的垂直方向上从上向下依次递增。使用 Bio-Rad 的 DGGE 电泳仪配套的梯度混合器制备。100%的变性剂凝胶组分为:40%丙烯酰胺/甲叉双丙烯酰胺液(37.5∶1)20 mL,50×TAE 2 mL,去离子甲酰胺 40 mL,尿素 42 g,加蒸馏水至 100 mL。变性剂为其中的尿素和去离子甲酰胺,不同浓度的变性剂按比例改变这两个组分含量即可,其余组分量不变。在 60%和 30%的变性剂凝胶液配好全部定容后,分别加入 10%过硫酸铵 180 μL 和 TEMED 18 μL,混匀后立即加入梯度混合器中将其注入模具中。

② PCR 扩增产物的加样

待胶完全凝固后，将胶板放入装有电泳缓冲液的 DGGE 电泳装置，每个加样孔加入 10 μL 含加样缓冲液的 PCR 扩增样品(PCR 产物与加样缓冲液按 1∶1 的体积比混匀)。

③ 电泳参数

在 150 V 的电压下，于 60 ℃电泳 6 小时。电泳前，需先将电泳装置加热至 60 ℃后才能开启电泳。电泳完毕后，将凝胶拆下进行硝酸银染色，以备成像使用。

④ DGGE 指纹图谱的 DNA 条带分析

使用 Bio-Rad 的凝胶成像系统对凝胶进行拍照，然后应用分析软件 Quantity One 对扫描所得的 DGGE 图谱进行条带识别并进行相似性聚类分析。

5）DNA 测序与比对

将 DGGE 凝胶在紫外线下进行割胶回收特异性条带，切下的胶条带用无菌水清洗后浸于 100 μL 无菌水中，于 4 ℃下孵育过夜；取该溶液适量再进行 PCR-DGGE 操作，确定为 PCR 产物送至生物公司测序，将测序结果与 GenBank 数据库中的序列比对，Blast 分析及克隆测序即可确定该条带所代表的菌种。

6.3 微生物群落结构分析

6.3.1 PCR 扩增和 DGGE 图谱分析

6.3.1.1 PCR 扩增结果分析

对生物反应器内混合液和自生动态膜及接种污泥的微生物群落总 DNA 进行了提取，并对样品的总 DNA 液的纯度和含量进行紫外线检测，并在 1%的琼脂糖凝胶中电泳检测其完整性和分子片段大小。样品编号及 DNA 测定结果如表 6.1 所示。

表 6.1 总 DNA 的平均产量和纯度

污泥来源	DNA 产量(ng/μL)	A260/A280	A260/A230	MLVSS/MLSS
接种污泥(G1)	107.4	1.72	0.36	0.615
凹土混合液(G2)	307.4	1.92	0.76	0.755
凹土动态膜(G3)	218.7	1.84	0.88	0.745
混合液(G4)	140.9	1.77	0.62	0.643
动态膜(G5)	182.6	1.99	0.82	0.619

5 个样品提取的总 DNA 溶液均近似于无色，接种污泥(G1)微生物总 DNA 产量为 107.4 ng/μL，生物反应器中混合液(G4)和动态膜(G5)微生物总 DNA 产量为 140.9 ng/μL、182.6 ng/μL。投加凹土后，生物反应器内混合液 G2 和动态膜 G3 微生物 DNA 产量最高，分别为 307.4 ng/μL 和 218.7 ng/μL，MLVSS/MLSS 比值增大，说明投加凹土后有利于微生物群落的繁殖，微生物数量增加。所有样品微生物总 DNA 的 A260/A280 的值基本处在 1.7～2.0 间，这表示所提取得到的 DNA 溶液的纯度较高，干扰的蛋白质较少。样品的相对

分子质量均大于 23 kb，条带集中且拖尾现象较少，表明本次提取的 DNA 分子结构较完整，未发生明显的降解现象。因此，本次提取的样品 DNA 原液可以用于后续的 PCR 扩增操作。

将接种污泥以及两个体系生物反应器内污泥样品(G1，G2，G3，G4，G5)提取所得的 DNA 原液在 50 μL 体系中进行 PCR 的体外扩增。选用的引物是 16S rDNA 基因 V3 区的通用引物。其 PCR 产物的 1%琼脂糖凝胶中电泳检测结果如图 6.1 所示。

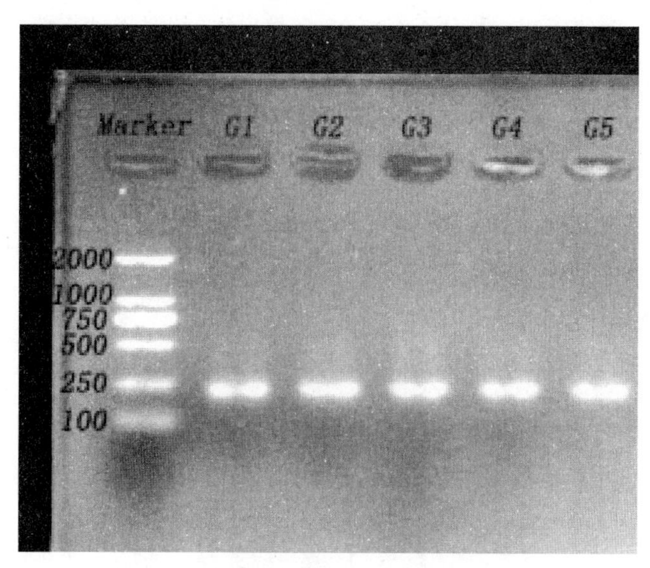

图 6.1　微生物的总 DNA 琼脂糖电泳结果

16S rDNA 基因序列普遍存在于各种细菌的细胞中，由保守区和可变区组成，保守区对真细菌界的所有细菌均具有同源性，可变区则记录了各种细菌的独特遗传信息，因此通常采用 16S rDNA 中的保守区作为引物，以可变区作为模板进行 PCR 反应。16S rDNA 序列长度适中，所有原核生物体都具有各自独特的 16S rDNA，且非常保守，另外目前已有相当完备的 16S rDNA 基因资料库[4-5]，因此非常适合用于分类学上的研究。Yu 和邢德峰等[6-7]研究了 16S rDNA 的不同可变区的 PCR 扩增产物及其 DGGE 结果，表明 V3 区引物扩增结果的 DGGE 图谱的条带最丰富。因此，可采用 F357-GC 和 R518 扩增 16S rDNA 的 V3 区。

从图 6.1 可以看出，5 个样品的 PCR 扩增产物的条带较集中，片段大小在 250 bp 左右，根据 Marker 对比，可以看出 V3 区的片段大小在 240 bp 左右，可见得到扩增的确实是目的片段，可以作为下阶段 DGGE 电泳的样品。

6.3.1.2　PCR 扩增产物 DGGE 图谱分析

对 5 个样品 PCR 扩增的产物进行 DGGE 分析，如图 6.2 所示，5 个样品微生物种群的结构发生了较大的变化。5 个样品微生物种群均含有各自独有的一些菌种，这些菌种在各自适宜的生长环境下成为优势菌种，一旦环境改变，则丧失其优势地位。5 个样品体系间也存在一些相似菌种。

由于进水水质组成成分稳定，因此，在反应器运行稳定后微生物群落结构组成也较为稳定。接种污泥 G1 的种群结构较其他样品的微生物群落结构发生了变化，这是因为采取的接种污泥是某城市污水处理厂浓缩池内剩余污泥，活性不高，某些种群的绝对优势地位明显，使得微生物总体结构多样性较低。对于样品 G2、G3、G4、G5 微生物群落结构而言,反应器生化条件方面的稳定性与微生物群落维持相对稳定状态的特点相结合,使得两个动态膜生物反应器在这一时期具有较高的污染物去除率,这也说明这些细菌能够很好地适应动态膜中的环境,对于污水处理效果的提高起了至关重要的作用。样品 G2、G3、G4、G5 既有共同的优势菌种,又有差异性较大的菌种,这是由于混合液样品 G2、G4 内微生物处于悬浮状态,受反应器运行状态的影响较大,而对于 G3、G5 样品来说,其属于动态膜附着型微生物群落,是从悬浮态向附着态转变。附着生长环境下的微生物菌群稳定性较高,间歇性的压力作用对其菌群结构的影响不大,通过 DGGE 电泳条带结果直观地表明动态膜中的确生长着大量的活体微生物,且较厚的动态膜层所构建出的厌氧层有助于厌氧优势微生物的产生。但是对于 G2、G4 以及 G3、G5 来说,各自存在着不同的微生物种群,这可能是由于两个反应器内运行条件的差异所致,由于两个动态膜生物反应器内凹凸棒土不同,凹凸棒土成为微生物群落的生物载体,丰富了反应器中微生物群落结构。

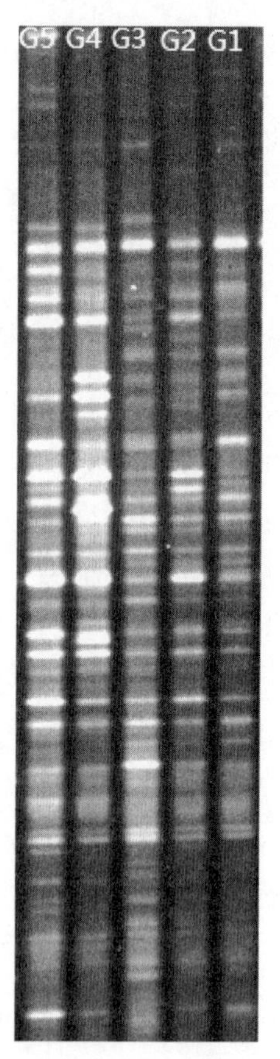

图 6.2 微生物总 DNA 的 DGGE 图谱

6.3.2 微生物相似性和 Shannon 指数分析

利用软件对 5 个样品微生物群落相似性进行了测定,如图 6.3 可见,接种污泥列为 G1,两个动态膜生物反应器内 4 个样品 G2、G3、G4、G5,主要微生物种群多样性与接种污泥 G1 相比,其条带的相似性只有 65%,说明接种来的污泥内菌群结构在动态膜生物反应器运行期间经历了较大的变化，这也说明污水处理运行工艺的改变对于污泥内部微生物种群结构有着较大的影响。而对于样品 G2、G3、G4、G5 各自的微生物多样性、相似性得到了提高，分别为 75%、76%，这说明反应器运行稳定，保证了两个反应器对有机污染物的去除效率。

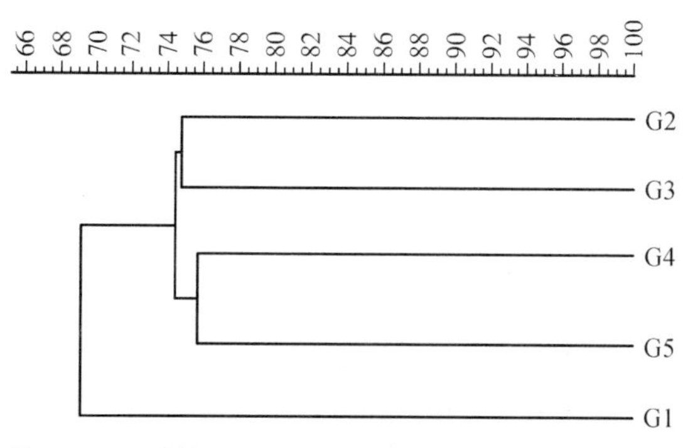

图 6.3　三种体系微生物的相似性 UPGMA 聚类分析

Shannon 指数是由样品中微生物种属的数量和每个种属的丰度所决定的。从图 6.4 中可以看出，三个体系样品的总细菌 Shannon 指数的演变经历了一个逐渐增大的过程，这也说明接种来的污泥进入反应器后，由于环境的改变微生物种群数量有一定的增加，DMBR 环境中适应性较好的菌种能较好地存活下来，在试验驯化期之后，Shannon 指数变化幅度较大(3.7～4.0 之间)，样品 G2、G3 总微生物 Shannon 指数最高，这是由于凹土的添加，改变了反应器内微生物的生存环境，凹土与活性污泥结合形成生物载体，有利于微生物的生长及优势菌的繁殖所致。

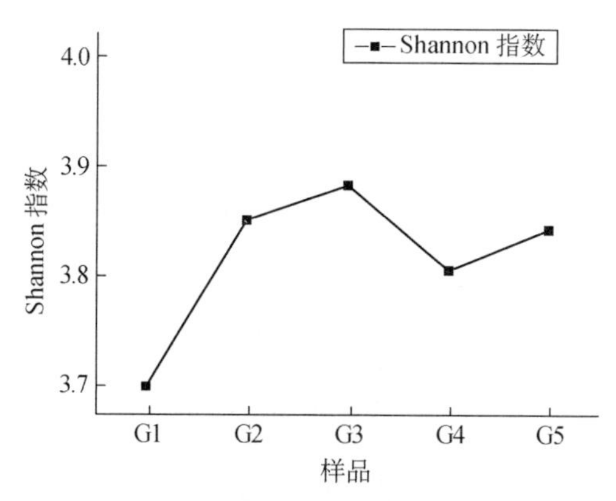

图 6.4　微生物群落 Shannon 指数分析

6.4　投加凹凸棒土对微生物群落的影响

目前，Genbank 数据库中已存有大量各类微生物的基因组和保守性序列可供检索、比对，这为微生物的分类鉴定提供了丰富的生物信息学资源。一般来说，当微生物的 16S rDNA 同源性达到 97%或以上时，可以将这些菌划为一个种，同源性达到 94%或以上时，可以将这些菌划为一个属。DGGE 图谱中的每一条带代表一个可能的细菌类群。从 5 个样品中挑选两个动态膜内微生物样品进行了克隆测序，并对其 160 个克隆子进行了建库。如图 6.5 所示，未投加凹

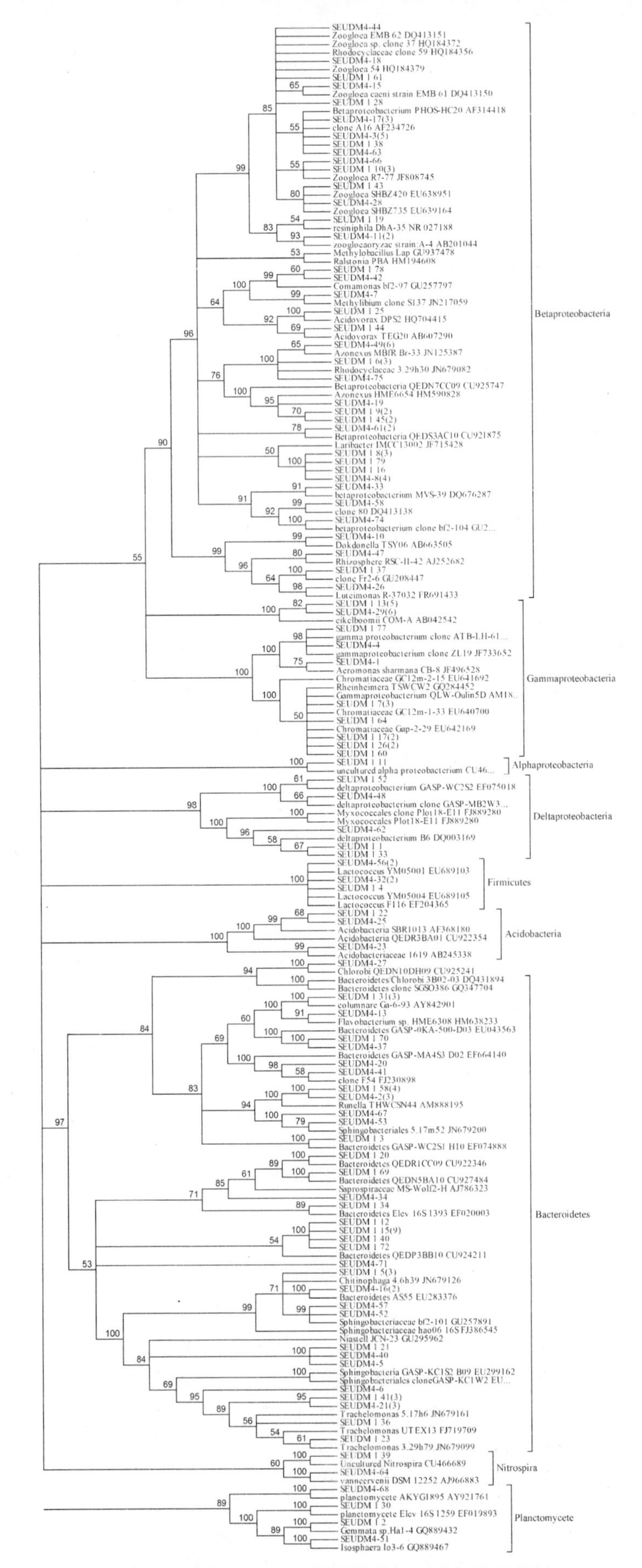

图 6.5　根据 BLAST 结果构建的总细菌系统进化树

凸棒土生物反应器中动态膜污泥样品记为 SEUDM1，投加凹凸棒土生物反应器中动态膜内污泥样品记为 SEUDM4。两个样品中所提交的条带均在 GenBank 中找到了与其同源性很高的种群。动态膜生物反应器微生物群落中的主要优势种群分布于不同的纲或属，而且彼此之间进化距离较大，条带 SEUDM1 和条带 SEUDM4 微生物群落分布于 Betaproteobacteria 纲、Gammaproteobacteria 纲、Alphaproteobacteria 纲、Deltaproteobacteria 纲、Acidobacteria 纲、Nitrospira 纲以及 Planctomycete 纲等。

根据 BLAST 结果构建的总细菌系统进化树的测定结果，把两个条带的微生物列表如表 6.2、表 6.3 所示。

表 6.2　条带 SEUDM1 16S rDNA 序列比对结果

条带编号	菌种名	NCBI 登记号码	同源性(%)
SEUDM1	*Gemmata* sp.	GQ889432	99%
SEUDM1	*Planctomycete Elev*	EF019893	97%
SEUDM1	*Uncultured Nitrospira*	CU466689	98%
SEUDM1	*Trachelomonas*	JN679099	98%
SEUDM1	*Chitinophaga*	JN679126	99%
SEUDM1	*Bacteroidetes*	CU924211	98%
SEUDM1	*Columnare*	AY842901	97%
SEUDM1	*Acidobacteria*	CU921213	97%
SEUDM1	*Deltaprotebacterium*	DQ182112	96%
SEUDM1	*Rheinheimera*	GQ284452	98%
SEUDM1	*Gamma proteobacterium*	AM182112	99%
SEUDM1	*Chromatiaceae*	EU640700	98%
SEUDM1	*Acidovorax*	HQ704415	99%
SEUDM1	*Resiniphila*	NR027188	98%
SEUDM1	*Zoogloea*	JF808745	99%

表 6.3　条带 SEUDM4 16S rDNA 序列比对结果

条带编号	菌种名	NCBI 登记号码	同源性(%)
SEUDM4	*Rhodocyclaceae*	HQ184356	98%
SEUDM4	*Betaproteobacterium*	CU456789	99%
SEUDM4	*Zoogloeaorgzae*	AB201044	97%
SEUDM4	*Comamonas*	GU257797	99%
SEUDM4	*Methylibium*	JN217059	98%
SEUDM4	*Azonexus*	JN125387	99%
SEUDM4	*Dokdonella*	AB663505	99%
SEUDM4	*Rhizosphere*	AJ252682	98%
SEUDM4	*Aeromonas*	JF496528	99%

续表 6.3

条带编号	菌种名	NCBI 登记号码	同源性(%)
SEUDM4	*Deltaproteobacterium*	GASP-MB2W	98%
SEUDM4	*Flavobacterium* sp.	HM638233	99%
SEUDM4	*Sphingobacteriales*	JN679200	97%
SEUDM4	*Bacteroidetes*	EU283376	99%
SEUDM4	*Vanneervenii*	AJ966883	99%
SEUDM4	*Planctomycete*	AY921761	98%
SEUDM4	*Isosphaera*	GQ889467	99%

如表 6.2 所示，自生动态膜内含有大量的微生物，验证了动态膜可以成为真正的生物膜，SEUDM1 中分离到的很多菌种为未经培养菌种(Uncultured Nitrospira)，而且某些细菌所属的具体种属和理化性质还没有被鉴定清楚；分离出的 *Bacteroidetes* 菌属于专性厌氧菌，验证了自生动态膜内存在厌氧层；分离出的 *Gamma proteobacterium* 属于颗粒污泥演变过渡菌[8]，该菌属有利于自生动态膜内污泥层向颗粒污泥转化，改善动态膜的过滤性能。

如表 6.3 所示，投加凹凸棒土后，生物反应器中动态膜内微生物群落结构发生了变化，分离出的 *Rhodocyclaceae* 是红环菌属，在生物降解中起主要作用，可以强化降解有机物；条带 SEUDM4 中发现的 *Isosphaera* 浮霉菌属于氨化细菌。在样品 SEUDM4 条带中，发现的类浮霉状菌属 *Planctomycete* 细菌是全程自养脱氮过程的关键种群[8]，它的消失是反应器脱氮效率降低的直接原因。条带 SEUDM4 中约氏黄杆菌属 Flavobacterium 是一种好氧革兰氏阴性细菌，广泛存在于土壤和淡水中，可以有效地降解葡聚糖和蛋白质等生物大分子。

由上可知，凹凸棒土投加后，动态膜内微生物群落结构发生了改变。某些在功能上十分重要的次级细菌群落，可能无法通过试验设计的引物被有效地揭示出来，而这些菌群的演变过程对 DMBR 的运行效果有着重要的影响。因此，研究者需要运用更为深入的研究手段，如针对这些细菌设计特异性强的探针和引物等，来探讨这些细菌群落结构和反应器功能之间的关系。

参考文献

[1] Calli B, Mertoglu B, Roest K, et al. Comparison of long-term performances and final microbial compositions of anaerobic reactors treating landfill leachate[J]. Bioresource Technology, 2006, 97(4): 641 - 647.

[2] Rowan A K, Snape J R, Fearnside D, et a1. Composition and diversity of ammonia-oxidizing bacterial communities in wastewater treatment reactors of different design treating identical wastewater [J]. FEMS Microbiology Ecology, 2003, 43(2):195 - 206.

[3] LaPara T M, Nakatsu C H, Pantea L M, et al. Stability of the bacterial communities supported by a seven-stage biological process treating pharmaceutical wastewater as revealed by PCR-DGGE [J]. Water Research, 2002, 36(3):638 - 646.

[4] 张斌，孙宝盛，金敏，等. 浸没式膜——生物反应器膜污染物中胞外聚合物的提取与分析[J]. 环境科学学报，2007, 27(3):391 - 395.

[5] O'Donnell AG, Görres HE. 16S rDNA methods in soil microbiology [J]. Current Opinion in

Biotechnology，1999，10(3)：225－229.

[6] Yu Z，Morrison M. Comparisons of different hypervariable regions of rrs genes for use in fingerprinting of microbial communities by PCR-denaturing gradient gel electrophoresis [J]. Applied and Environment Microbiology，2004，70(8)：4800－4806.

[7] 邢德峰,任南琪,宋佳秀,等.不同 16S rDNA 靶序列对 DGGE 分析活性污泥群落的影响[J].环境科学，2006,27(7):1424－1428.

[8] 郑雪松.全程自养脱氮系统中微生物的群落结构分析[D].[博士学位论文].上海:上海交通大学,2005.

第七章　平板动态生物膜组件及反应器

膜组件的构型是决定整个反应器工艺性能的关键因素，主要包括膜的几何形状、安装方式和相对于水流的方向。另外，需要考虑膜元件以怎样的方式安装在外壳内形成膜组件。在这里，膜元件即单个独立的膜单元，膜组件指的是可使水流通过的完整容器。

理想的膜构型应具有以下特点：

1）膜面积与膜组件体积比高；

2）膜进水侧湍流程度高，以促进传质；

3）单位产水量能耗低；

4）单位膜面积成本低；

5）便于清洗；

6）可模块化设计。

根据定义，所有膜组件的设计均允许模块化，这也是膜工艺极具吸引力的特征之一。但这也同时意味着，就膜成本而言，膜工艺不会产生规模效益，因为其成本是和膜面积成正比的，而膜面积又与流量直接相关。另外，上述某些特征之间是相互矛盾的。例如，促进湍流将使能耗增加，直接对膜进行机械清洗只有在膜面积/体积的值较低时才可行，而这样的膜组件设计会增加单位膜面积的总成本，但当生物反应器料液中所含的固体物质和污染物在膜表面的沉积负荷很高且清洗对整个 MBR 工艺非常重要时，则必须选择这种设计。最后，当浓缩液通道较宽时，膜组件不能保持高的膜面积/体积的值，而较窄的通道不利于促进湍流，并增加清洗难度。

目前，应用于 MBR 工艺的膜构型主要有三种，每种构型都存在不同的优势和缺陷。包括平板式、中空纤维、管式。

本章主要介绍平板式动态膜组件及生物反应器的规格、设计方法及运行实例。

7.1　平板动态生物膜反应器的运行原理

平板动态膜组件的运行可分为“生成—过滤—反冲洗”三个步骤，见图 7.1。

1）形成/再生

动态膜生物反应器过滤能力的形成需要依靠污泥絮体、单细胞/微粒在动态膜基材上的截留并形成有效过滤层。

对于平板动态膜组件，形成过滤层的基本要求是：

(1) 具有足够的出水压差或出水通量，以便形成透水拖曳力。推荐采用 0.5～1.5 m 水柱，可采取大于设计通量的出水通量以减少成膜时间。

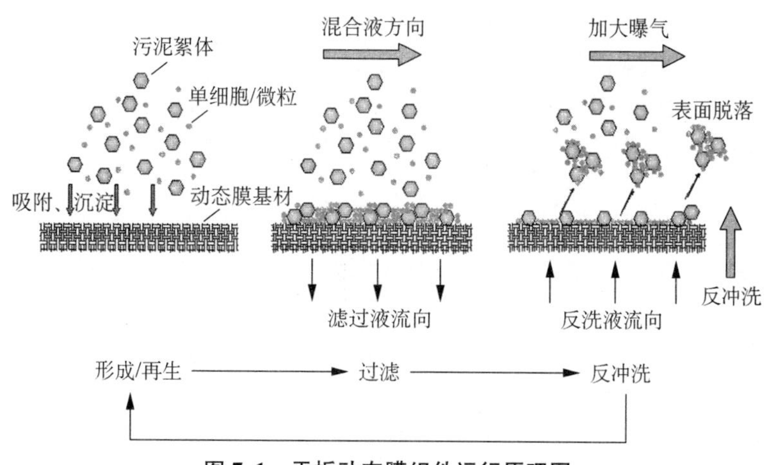

图 7.1　平板动态膜组件运行原理图

(2) 具有合适的污泥浓度。污泥浓度太低则难以在较短时间内形成动态膜，浓度太高则影响后期的膜通量，推荐采用 2 000～8 000 mg/L 的污泥浓度。

(3) 具有较小的错流流速或曝气量。较小的曝气量可增加污泥絮体在基材表面的沉积速度，成膜更为迅速。

反冲洗结束后，可进行膜再生。一般来讲，由于反冲洗难以将所有污泥从基材上剥离而产生了膜污染，再生过程比形成过程更为简单、迅速。

工程调试中，可在膜池中投加大量活性污泥，其他生化段投加少量活性污泥进行生化调试。当膜池内污泥浓度较低时，优先采取逐步培养活性污泥的方式。可使用投加硅藻土、活性炭、凹凸棒土等粉末颗粒物增强活性污泥的絮凝和沉降性能。可采用投加混凝剂和助凝剂的方式提高活性污泥的絮凝和沉降性能，混凝剂包括三氯化铁、聚合氯化铝、硫酸铝、硫酸亚铁和明矾等，助凝剂包括聚丙烯酰胺、活化硅酸、骨胶等。

出水水质要求较高时，可将初期出水回流至调节池或生化池，待达标后排出。

2) 运行

运行时采用次临界通量的方式运行，可保证膜组件的连续运行。

临界通量采用工作曲线法进行测定。根据长期试验，建议平板动态膜的通量取为 30 L/(m^2 · h)。

运行期间尽量保证生化系统的稳定运行。

膜组件出水动力可为重力压差，以保持膜元件不产生较大形变为上限。

膜组件运行时采用底部曝气，膜表面流速控制在 2.0～10 cm/s。

当膜组件出水通量下降至设计通量下限或真空度达到上限时，启动清洗模式。

3) 清洗

清洗方式分为两类：在线水气洗和恢复性化学清洗。

出水通量下降至设计通量下限或真空度达到上限时，采用增大底部曝气的方式进行在线水气洗，持续时间为 30～60 分钟。以膜管表面及膜孔内无明显的堆积污染物为清洗标准。

膜组件运行 3～12 个月后，组件膜通量下降严重，采用恢复性化学清洗进行组件恢复。

将膜组件整体吊出，放至清洗池内。首先利用清水将组件表面及内部的污泥冲洗干净，随后放入0.5%～3.0%的次氯酸钠、双氧水等强氧化剂中进行浸泡、冲洗杀菌，持续时间为24～48小时。放空强氧化剂，利用清水进行冲洗。之后用0.2%～2.0%盐酸、草酸、柠檬酸等进行酸洗，持续时间为24～48小时。放空后利用清水进行冲洗。最后将膜组件吊入膜池，进行挂膜、运行。

7.2 平板动态生物膜组件的规格及特征

1）平板动态生物膜组件的规格

平板动态膜采用了特殊多孔材料，利用较厚的污泥层实现固液分离功能，同时可实现同步硝化反硝化，提高脱氮效果。具体见表7.1、图7.2、图7.3。

表7.1 标准型膜组件的规格

型号	DM-1000×500－1.0
膜形状	平板膜
用途	活性污泥的固液分离、强化脱氮
出水方式	重力出水
过滤孔径	过滤时当量孔径为2 μm
尺寸	1 000 mm×500 mm×50 mm
材料	过滤层：活性炭海绵
	支撑骨架：UPVC

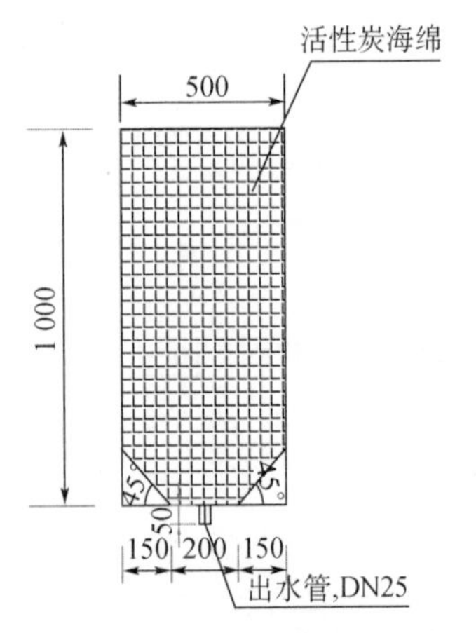

图7.2 平板动态膜组件尺寸

图7.3 平板动态膜实物图

2）海绵基材的结构特征

试验用环境扫描电镜对活性炭海绵动态膜结构进行了表征。在不同的放大倍率下，拍摄了海绵动态膜表面、截面不同位置的SEM图。

图7.4为活性炭海绵动态膜表面的电镜图，从图中可以看出，活性炭海绵动态膜表面存在大量微小孔洞，大小从几微米到十几微米不等。孔洞的存在是海绵动态膜能够良好透水

的原因之一。

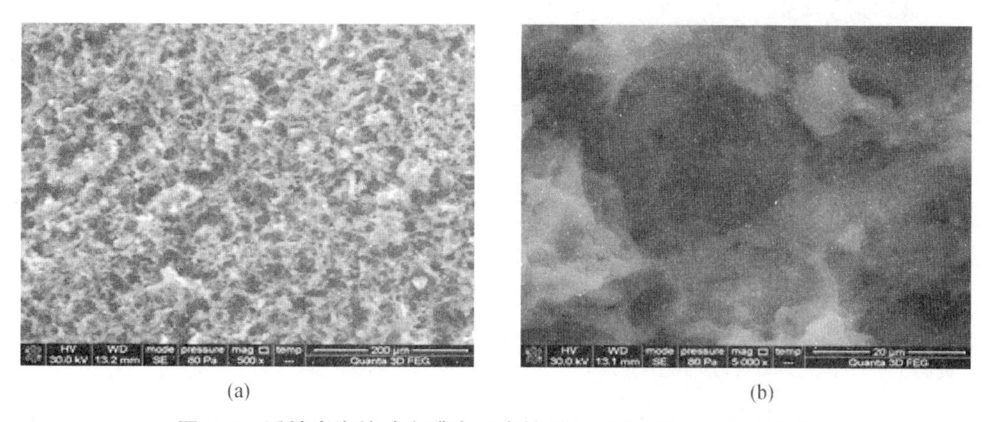

(a)　　(b)

图 7.4　活性炭海绵动态膜表面电镜图(a. 500 倍; b. 5 000 倍)

图 7.5 是动态膜形成后，活性炭海绵截面内部的电镜图，从图中可以看出有大量活性污泥被吸附、截留在海绵基材的内部。海绵动态膜截面上存在大量的微孔和较多的裂隙，这样的微孔与裂隙与表面的微孔结构错综交汇，形成类似于土壤层的孔隙结构，使得污水得以通过孔隙透过动态膜。同时越往活性炭海绵内部，活性污泥越少，未能形成完整的污泥层结构。但海绵基材的孔洞之间，存在许多相互连接的活性污泥絮体颗粒，这些活性污泥多半由于黏性吸附在海绵的网状结构中，进一步过滤污水中杂质，拦截进入其中的颗粒，这是保证出水 SS 达标的关键所在。

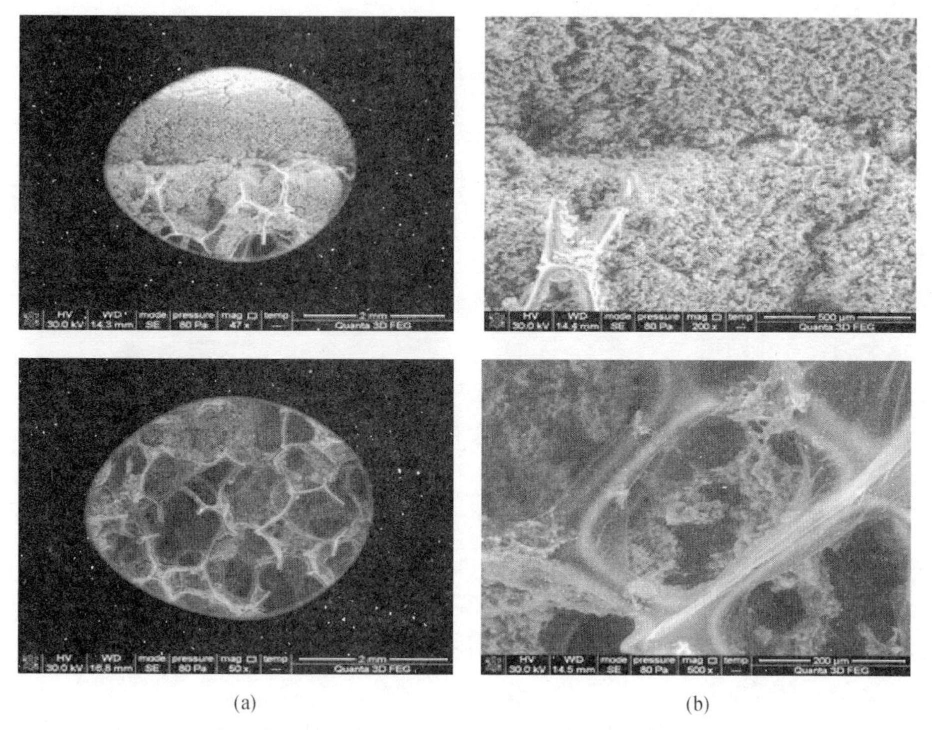

(a)　　(b)

图 7.5　动态膜形成后的活性炭海绵内部电镜图(a. 50 倍; b. 500 倍)

7.3 平板动态生物膜反应器的设计

内置式平板动态膜生物反应器的设计可参考《膜生物反应器法污水处理工程技术规范(征求意见稿)》。部分数据根据动态膜生物反应器的特点进行了修正。

1) 设计流量

(1) 城镇旱流污水设计流量应按下列公式计算：

$$Q_{dr}=Q_{d}+Q_{m}$$

式中：Q_{dr}——旱流污水设计流量，L/s；

Q_{d}——综合生活污水设计流量，L/s；

Q_{m}——工业废水设计流量，L/s。

城镇合流污水设计流量应按下列公式计算：

$$Q=Q_{dr}+Q_{s}$$

式中：Q——污水设计流量，L/s；

Q_{dr}——旱流污水设计流量，L/s；

Q_{s}——雨水设计流量，L/s。

综合生活污水设计流量为服务人口与相对应的综合生活污水定额之积。综合生活污水定额应根据当地的用水定额，结合建筑物内部给排水设施水平和排水系统普及程度等因素确定，可按当地相关用水定额的80%～90%设计。

综合生活污水量变化系数应根据当地实际综合生活污水量变化资料确定，没有测定资料时，可按GB50014中相关规定取值，如表7.2。

表7.2 综合生活污水量变化系数

平均日流量(L/s)	5	15	40	70	100	200	500	≥1 000
变化系数	2.3	2.0	1.8	1.7	1.6	1.5	1.4	1.3

排入市政管网的工业废水设计流量应根据城镇市政排水系统覆盖范围内工业污染源废水排放统计调查资料确定。

(2) 雨水设计流量参照GB50014的有关规定。

在地下水位较高的地区，应考虑入渗地下水量，入渗地下水量宜根据实际测定资料确定。

(3) 工业废水设计流量应按工厂或工业园区总排放口实际测定的废水流量设计。测试方法应符合HJ/T91的规定。

工业废水流量变化应根据工艺特点进行实测。不能取得实际测定数据时可参照国家现行工业用水量的有关规定折算确定，或根据同行业同规模同工艺现有工厂排水数据类比确定。

工业废水与生活污水合并处理时，工厂内或工业园区内的生活污水量、沐浴污水量的确定应符合GB50015的有关规定。

工业园区集中式污水处理厂设计流量的确定可参照城镇污水设计流量的确定方法。

(4) 不同构筑物的设计流量。

污水处理构筑物的设计流量，应按分期建设的情况分别计算。当污水为自流进入时，应按每期的最高日最高时设计流量计算；当污水为提升进入时，应按每期工作水泵的最大组合流量校核管渠配水能力。其中生物反应池的设计流量，应根据生物反应池类型和曝气时间确定。曝气时间较长时，设计流量可酌情减少。

合流制污水处理构筑物的设计流量，应考虑截留雨水进入后的影响，并应符合下列要求：

① 提升泵站、格栅、沉砂池，宜按合流设计流量计算。

② 初次沉淀池宜按旱流污水量设计，用合流设计流量校核，校核的沉淀时间不宜小于30分钟。

③ MBR处理系统，按旱流污水量设计，必要时宜考虑一定的合流设计流量计算。

④ 污泥处理系统，按合流水质水量计算确定，可按旱流情况加大10%～20%计算。

管渠应按合流设计流量计算。

2）设计水质

城镇生活污水设计水质的确定可参照GB50014的规定。

工业废水水质的确定，可采用在总排放口120小时旱流污水连续采样检测数据的加权平均值，或按照有关规定取得数据。新建项目可参考同类企业的排放数据作为处理水质的设计依据。

DMBR进水应符合下列条件：化学需氧量(COD)≤500 mg/L；五日生化需氧量(BOD_5)≤300 mg/L；悬浮物(SS)≤150 mg/L；氨氮≤50 mg/L；动植物油(n-Hex)≤50 mg/L且矿物油(n-Hex)≤3 mg/L；pH为6～9。对达不到以上水质条件的原水应进行预处理。

DMBR对出水水质的要求是：COD、BOD、SS、氨氮的去除效率应分别在90%、93%、95%及90%以上。

3）总体要求

应根据可能发生的运行条件，设置不同的MBR工艺运行方案。DMBR污水处理厂(站)应遵守以下规定：

① 污水处理厂厂址选择和总体布置应符合GB50014的有关规定。总图设计应符合GB50187的有关规定。

② 污水处理厂(站)的防洪标准不应低于城镇防洪标准，且有良好的排水条件。

③ 污水处理厂(站)建筑物的防火设计应符合GBJ16和GB50222的规定。

④ 污水处理厂(站)堆放污泥、药品的贮存场所应符合GB18599的规定。

⑤ 污水处理厂(站)建设、运行过程中产生的废气、废水、废渣及其他污染物的治理与排放，应执行国家环境保护法规和标准的有关规定，防止二次污染。

⑥ 污水处理厂(站)的噪声和振动控制设计应符合GBJ87和GB50040的规定，机房内、外的噪声应分别符合GBZ2和GB3096的规定，厂界噪声应符合GB12348的规定。

⑦ 污水处理厂(站)的设计、建设、运行过程中应重视职业卫生和劳动安全，严格执行

GBZ1、GBZ2 和 GB12801 的规定。污水处理工程建成运行的同时,安全和卫生设施应同时建成运行,并制定相应的操作规程。

城镇污水处理厂应按照 GB18918 的相关规定安装在线监测系统,其他污水处理工程应按照国家或当地的环境保护管理要求安装在线监测系统。在线监测系统的安装、验收和运行应符合 HJ/T353、HJ/T354 和 HJ/T355 的相关规定。

4) 基本工艺

膜生物反应器法污水处理工程出水的再生利用应符合下述规定:

① 回用于城市杂用水,应符合 GB/T 18920 的要求;

② 回用于景观环境用水,应符合 GB/T 18921 的要求;

③ 回用于工业用水,应符合该行业用水标准要求;

④ 为后续深度处理设备提供水源,应符合后续深度处理设备进水要求;

⑤ 出水直接排放时,应符合国家或地方排放标准要求。

应根据污水的性质、浓度、水量选择 DMBR 的型式。对易于产生膜污堵的污水或水量大的污水,宜采用外置式膜生物反应器。

水质和(或)水量变化大的污水处理厂,宜设置调节水质和(或)水量的设施。

对出水含磷量要求较高时,应设置化学除磷装置。

污水处理厂应设置对处理后出水消毒的设施。

进水泵房、格栅、沉砂池、初沉池和二沉池的设计应符合 GB50014 的规定。

(1) 预处理和前处理

DMBR 污水处理工程进水应设置格栅,进入膜池前应设置超细格栅,城镇污水预处理还应设沉砂池。

进水中含有毛发、织物纤维较多时,应设置毛发收集器或超细格栅.

进水中动植物油含量大于 50 mg/L,矿物油大于 3 mg/L 时,应设置除油装置。

进水的 BOD_5/COD 小于 0.3 时,宜采用水解酸化等预处理措施。

进水进入膜反应池之前,须去除尖锐颗粒等硬物。

进水的 BOD_5 含量大于 1 500 mg/L 时,DMBR 系统宜设置厌氧池或缺氧池。

(2) 运行方式

浸没式膜生物反应器系统基本工艺流程为:污水→预处理→膜生物反应器→后处理→排放或回用。

处理系统由预处理装置、膜生物反应器、后处理装置和控制装置等单元组成。推荐基本工艺流程见图 7.6。

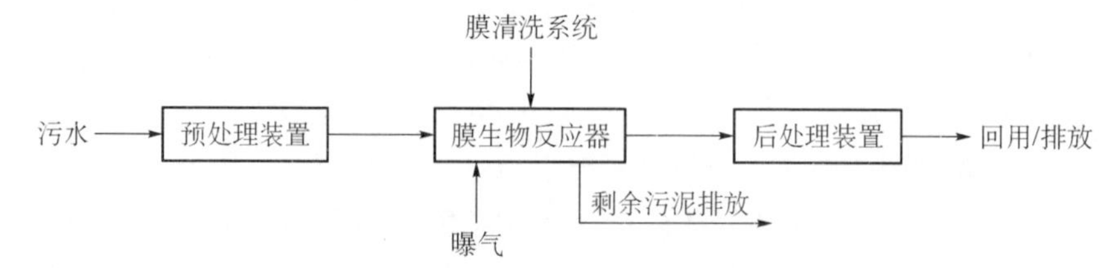

图 7.6　平板动态膜生物反应器基本工艺流程图

5）基本参数

浸没式 DMBR 反应池有效反应容积可按下列公式计算：

$$V=\frac{24Q(S_o-S_e)}{1\ 000L_sX}$$

$$X=f\cdot X_v$$

式中：V ——膜生物反应池的容积，m^3；

Q ——膜生物反应池的设计流量，m^3/h；

S_o——膜生物反应池进水五日生化需氧量，mg/L；

S_e——膜生物反应池出水五日生化需氧量，mg/L；

L_s——膜生物反应池的五日生化需氧量污泥负荷，$kgBOD_5/(kgMLSS\cdot d)$；

X——膜生物反应池内混合液悬浮固体(MLSS)平均浓度，gMLSS/L；

f——系数，城镇污水一般取 0.7～0.8，工业废水应通过试验或参照类似工程确定；

X_v——膜生物反应池内混合液挥发性悬浮固体平均浓度，gMLVSS/L。

注：有脱氮要求的生化反应池的容积计算参照 GB50014。

浸没式 DMBR 反应池水力停留时间宜按下列公式计算：

$$t=\frac{24(S_o-S_e)}{1\ 000L_sX}$$

式中：t——水力停留时间(HRT)；

S_o——膜生物反应池进水五日生化需氧量，mg/L；

S_e——膜生物反应池出水五日生化需氧量，mg/L；

L_s——膜生物反应池的五日生化需氧量污泥负荷，$kgBOD_5/(kgMLSS\cdot d)$；

X——膜生物反应池内混合液悬浮固体(MLSS)平均浓度，gMLSS/L。

浸没式 DMBR 反应池污泥负荷与污泥浓度等设计参数应由试验确定。在无试验数据时，可按表 7.3 选取。

表 7.3　浸没式膜生物反应器处理污水的设计参数

污泥负荷 ($kgBOD_5\cdot kgMLSS^{-1}\cdot d^{-1}$)	混合液悬浮固体浓度(MLSS) (mg/L)	水力停留时间(HRT) (h)	过膜压差(TMP) (kPa)
0.05～0.15	6 000～12 000	2～5	0～50

浸没式 DMBR 生物反应池的超高宜为 0.5～1.0 m；外置式 DMBR 生物反应池的超高宜为 0.3～0.5 m。生物反应池的设计水温宜为 8～38 ℃，北方地区冬季采取保温或增温措施应符合 GB50014 的规定。

(1) 曝气系统设计

① 生物反应池所需空气由鼓风机提供，通过进气管将空气输入池内曝气管网；

② 浸没式 DMBR 生物反应池宜采用射流曝气与穿孔曝气相结合的曝气方式，也可采用穿孔曝气与微孔曝气相结合的曝气方式；

③ 曝气管网应均匀布置在膜组件的下方，曝气管应密封连接，管路内无杂物；

④ 膜表面清洗所需的空气量，应由试验确定。

剩余污泥量可按下列公式计算：

$$\Delta X = YQL_r - K_d VX$$

式中：ΔX——产生的剩余污泥量，kg/d；

Y——氧化 1 kg BOD 所产生的污泥量；

Q——生物反应池的设计流量，m^3/h；

L_r——BOD 去除量，kg/m^3；

K_d——污泥自氧化速率(1/d)，可取 0.04～0.075；

V——膜生物反应池的容积，m^3；

X——生物反应池内混合液悬浮固体平均浓度，gMLSS/L。

浸没式膜生物反应器应设计污泥回流；当生物处理系统中要求除磷脱氮时，应设计污泥回流。

膜生物反应池溶解氧高于 2 mg/L 时，混合液应回流到缺氧池。混合液回流比一般为 100%～300%。

剩余污泥的排放在条件允许时可增设流量计、污泥浓度计，用于监测、统计污泥排出量。

污泥处理和处置应符合 GB50014 的规定。

(2) 后处理

对出水的除臭和脱色有严格要求时，应具有除臭或脱色功能。可采用活性炭吸附或化学氧化处理。

对出水微生物有严格要求时，可采用氯化、紫外线或臭氧消毒。

6) 工艺流程

以脱氮为主时的膜生物反应器法污水处理，推荐工艺流程见图 7.7。

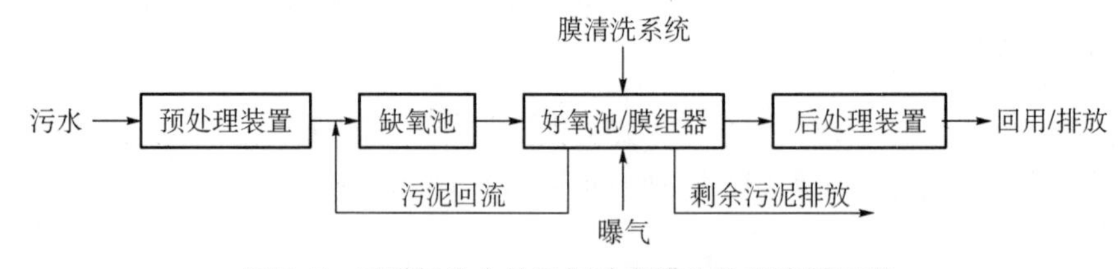

图 7.7 以脱氮为主的平板动态膜生物反应器工艺

同时脱氮除磷的膜生物反应器法污水处理，推荐工艺流程见图 7.8。

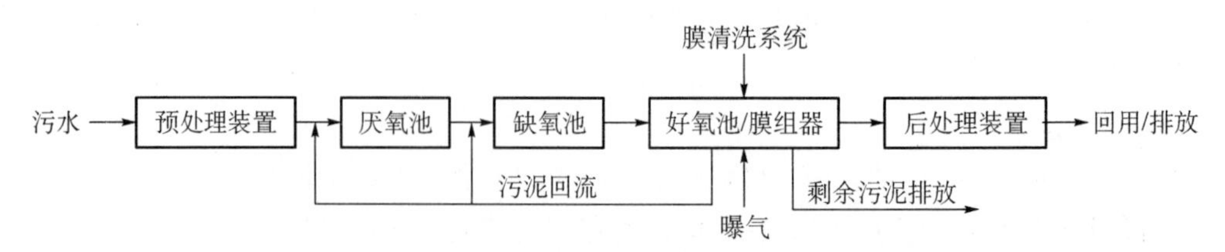

图 7.8 同步脱氮除磷的平板动态膜生物反应器工艺

7）膜组件布置要求

膜生物反应器内的旋回流的线路如图 7.9 的箭头标记所示。旋回流是由于从曝气管开始的空气供给所产生的元件块中部的上升流和元件块两侧的下降流形成。

为了利用这种旋回流现象使得膜面清洁、污泥混合搅拌，得到有效的旋回流，在膜组件槽内配置时保留适当的间隙是非常重要的。

图 7.9 及图 7.10 显示的是膜组件三维视图情况下，膜生物反应器内配置的侧面图和平面图，参考此图，请检查并设置膜生物反应器内配置参数 W1、W2、W3、L1 的范围。

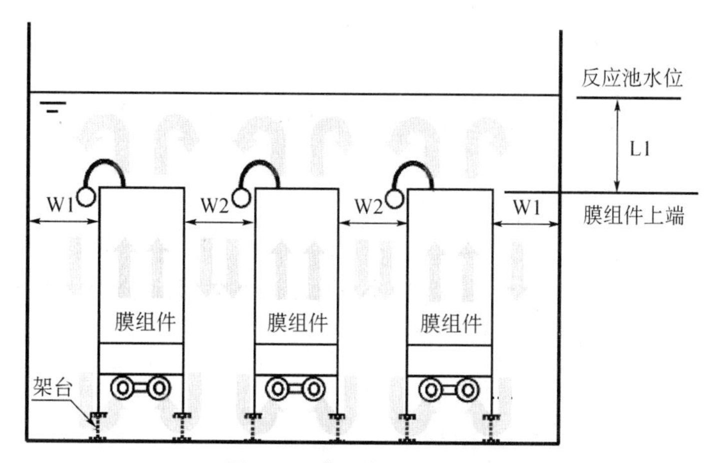

图 7.9 膜组件配置剖面图

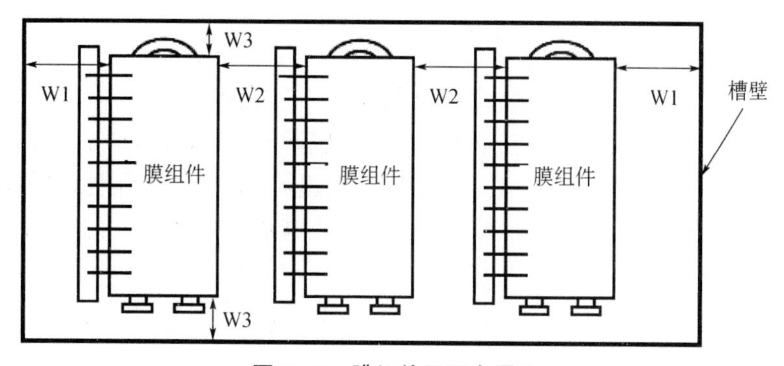

图 7.10 膜组件平面布置图

推荐尺寸如下：

（1）W1：500～600 mm。

（2）W2：200～300 mm。

（3）W3：在考虑配管的连接和维护等的基础上，尽可能地设置成与槽壁间没有空隙。

（4）L1：从元件上端到膜生物反应器（运转时的下限）水位的距离在 500 mm 以上时运转。

（5）膜组件内部膜片间距以 50 mm 为标准间距。

7.4 平板动态生物膜组件的安装

1）设置准备

（1）确定将膜放入需要安装的生物反应池的搬运计划，如搬运路线等。

（2）准备好从卡车上把膜卸下的设备（铲车、吊车、拖车等）。

（3）安装前反应池内的施工应已完成，并检查清扫工作。大块的垃圾（混凝土块、切削屑粒、零碎材料）等不得残留在槽内，请务必将其除去。

2）膜元件的拆卸

将膜元件从卡车上卸下时，请使用铲车、吊车或拖车等设备。

包装样式和货样吊装的方法如下所述：

（1）出货时，膜元件部分、曝气部分分别捆扎。

（2）吊起膜元件部分时，请把吊钩完全挂上吊环后水平地往上吊。

在设置和安装膜元件及膜组件时，必须考虑设置脚手架、保护器具等保护操作人员的安全措施。绝对不容许直接攀登膜组件壳体。

3）膜组件的检查

搬出膜组件后，请再次检查以下事项。

（1）出货单中记载的物品已全部搬出。

（2）运输等过程中没有受到损伤。

4）膜组件的保管方法

请在避免阳光直射的室内平放保管，温度在5～40 ℃范围内。

从搬入到开始运行为止的整个过程中，为了防止膜元件等的损坏，请十分小心保管。特别在可能有焊接、熔接、熔断、磨床等发出火花的场合，请覆盖上防火层等保管，以免碰到火花。

另外，在施工期间不得不在室外存放时，请尽量控制在短期内，并遵循以下事项良好保管。

（1）在5～40 ℃范围内；

（2）不得冰冻；

（3）防止雨水淋湿；

（4）不得浸水；

（5）避免阳光直射。

5）膜组件的安装顺序

安装膜组件时，请按以下顺序进行。

（1）曝气部分的安装

请用锚将曝气部分固定在生物反应池。该部分的安装中，维持曝气管的水平位置很重要。为了能给予各个膜元件的膜面均一的旋转流，请保持曝气管的水平位置，尽量使各曝气孔的空气放出量均等。

因此，曝气部分的上部应固定在纵向、横向的水平度 3/1 000 以下。

（2）曝气管配管的连接

曝气管运送时附有无孔法兰盘。每个曝气部分有两个曝气配管的连接位置，请将无孔法兰盘加工成合适的法兰盘，将两个位置都连接上。另外，事前将各配管安上法兰盘。

曝气配管连接好后，曝气部分浸没在清水中，开始供给曝气空气。确认曝气部分内各个曝气部分间曝气无偏离，调整水平度。

（3）膜元件部分的安装

膜元件的安装，应保证膜片垂直度良好，中间间距、与反应池间距满足设计要求。

（4）集水管配管的连接

尽量使集水管两端安有的托座的高度能够微调整。为了防止集水管内空气逸出，请上下调整两端的托座，成过滤水流出侧高度较高的斜面。

在集水管配管连接前进行过滤水配管的冲洗和漏水检查。膜元件的透过侧加压的话，可能会导致膜组件的损坏。

7.5　平板动态生物膜反应器的调试

1）清水运行

（1）检查和设置

清水运行前，请先进行以下检查准备工作。

① 请再次确认空气管、污水管的正确连接。

② 确认膜元件已固定好。

③ 确认膜组件放置的反应池内已清洗完毕。泥土和灰尘可能会损坏膜组件。

④ 将清水放入池内之前，打开空气排放阀，排出膜元件中的空气。

⑤ 将清水（自来水或过滤水）放至运行水位。

⑥ 放水完毕后，将空气排放阀关闭。

（2）清水运行

请按以下要领进行清水运行。

①曝气鼓风机启动后，请确认曝气量和曝气的均匀性。

② 一台鼓风机对多台膜组件送风时，应保证供给各个膜组件的空气量相同。如果有严重的不同，请检查管道构造（接口管粗细等）和各送气管情况，使送气量达到一致。

③ 清水调试时，请检查控制设备的性能。

④ 清水调试时，请测定设计过滤水量（通常情况下及最大、最小流量时）下的膜间压差、水温，并进行记录保管。

⑤ 清水调试时，性能测试结束后，请马上停止过滤和曝气。

2）种泥的投加

必须进行种泥的投加。如果不进行种泥投加，直接用动态膜分离原水，将导致出水的不合格以及膜污染的早期积累。

请按以下要点实施种泥的投加。

(1) 最好采用处理同种废水的种泥。推荐采用 MLSS 浓度在 20 000 mg/L 左右的种泥。

(2) 投加种泥后紧接着开始投入原水。通过微细格栅(缝隙在 5 mm 以下)的投入,从而去除夹杂的物质。

(3) 种泥投入的量应能使膜浸没槽 MLSS 浓度在 7 000 mg/L 以上。

3) 运转开始

种泥投加完毕后,首先开始曝气,接着开始过滤运行,同时开始原水供给。过滤水量稳定时,请测定、记录下实际运行的过滤水量下的膜间压差、水温。运行管理相关的事项在后面进行说明。

7.6 平板动态生物膜反应器的运行管理

1) 标准运行条件

膜组件的标准运行条件如表 7.4 所示。

为了保持反应器良好的处理能力,必须确保 MLSS 浓度、污泥黏度、DO(溶解氧)及 pH 等处理条件在合适的范围内。

原水中含有较多的夹杂物或粗粒的 SS(悬浮物质),以及油脂成分比重较大时,必须进行适当的前处理。

必须添加消泡剂来除去膜分离槽内的泡沫时,请使用不易积垢的酒精类消泡剂。

此外,表 7.4 中所示的为标准的运行条件,并不是适合各种废水处理的条件范围。使用环境(特别是污泥性状)不同时,可能会有所差异。

表 7.4　膜组件的标准运行条件

项目	单位	运行条件
MLSS	mg/L	3 000～12 000
污泥黏度	mPa・s	250 以下
DO	mg/L	1.0 以上
pH	—	6～9
水温	℃	15～40
膜过滤流速	L/(m²・h)	20～30
曝气量	依据生化所需氧气量确定	

2) 运行管理项目

膜组件的运行性能随原水水质和所设运行条件变化而变化。为了维持反应器稳定地运行,推荐进行各项管理项目的数值等的记录,从而把握膜组件的运行性能的变化和特征。

以下为运行管理项目的示例。

(1) 曝气量

(2) 空气出口压力

(3) 透过水流量或膜过滤流速

(4) 膜间压差(TMP)

(5) 透过水水质(BOD、COD、浊度、TN、TP 等)

(6) 反应池水温

(7) 原水水质(BOD、COD、浊度、TN、TP 等)

(8) 剩余污泥排除量

(9) DO(溶解氧)浓度

(10) 膜浸没槽 pH

(11) MLSS

(12) 污泥黏度

(13) 污泥沉降性能(SV60 或 SVI120)

3) 日常检查内容

为了膜组件的稳定运行，维持曝气状态及生物处理的稳定尤其重要。请实行以下所示的日常检查。

(1) 跨膜压差

检查跨膜压差的稳定性。跨膜压差的突然上升表明膜堵塞的发生，这可能是不正常的曝气状态或污泥性质的恶化导致的。这种情况发生时，检查各项参数并采取必要的行动，例如膜组件的化学清洗。

(2) 曝气状态

检查曝气空气量是否为标准量以及是否为均一曝气。发现曝气空气量异常、有明显的曝气不均一时，请采取必要的措施，如除去曝气管的阻垢，检查安装情况，检查鼓风机以及调整曝气等。

(3) 活性污泥的颜色及气味

正常的活性污泥的颜色及气味为茶褐色，有凝集性及无令人不快的气味。如果外观及气味不是这种状态时，请适当地对 MLSS、污泥黏度、DO 浓度、pH、水温、BOD 负荷等数值进行检查。

(4) MLSS

正常的 MLSS 在 3 000～12 000 mg/L。没有满足该条件的场合，可能无法达到既定性能，因此请适当地调整 MLSS 范围：MLSS 过低时，可采用投入种泥或停止污泥排放等措施；MLSS 过高时，可采取增加通向污泥浓缩停留池等的污泥排放量等措施。

注意在曝气量下降、变得极不规律或停止曝气时，绝对不能过滤，否则会造成膜表面堵塞及出水水质不合格。

(5) 污泥黏度

正常的污泥黏度应在 250 mPa・s 以下。没有满足该条件的场合，可能无法达到既定性能，因此请调整到正常的黏度范围。黏度过高时，可采取更新污泥、增加排向污泥浓缩停留池的污泥排放量等措施。

(6) DO 浓度

正常的 DO 浓度是膜生物反应器内均为 1 mg/L 以上。没有满足该条件时，如果未超过最大曝气量，可采取调整曝气条件等必要的措施。

（7）pH

正常的 pH 值为 6～9。没有满足该条件的场合，可能会发生无法达到既定性能的情况，请添加酸或碱来调整 pH。

（8）水温

正常的水温为 15～40 ℃。没有满足该条件的场合，可能会发生无法达到既定性能的情况，因此如有可能请采取冷却、保温等必要措施。

（9）水位

请检查膜生物反应器的水位是否在正常范围内。发生异常时请进行以下检查：

① 液面计的检查；

② 透过水泵的检查；

③ 膜元件膜间压差的检查等。

4）维护管理要求

（1）实施频率

为了维持膜组件的性能，维护管理项目及其实施频率按以下所述进行：

① 曝气管的清洗（频率：每天一次）。

② 膜元件的药液清洗（频率：同一过滤流量下跨膜压差比初期稳定运行时的跨膜压差高 5 kPa 时，或者每半年一次，择两者间更短时间内进行一次药液清洗）。

③ 出水管的更换（频率：大约为每 3 年一次，但因使用情况各异）。

（2）曝气管的清洗方法

曝气装置的曝气孔阻垢可能会造成曝气不均匀和膜的堵塞。为了防止膜的堵塞，请每天进行一次曝气管的清洗（建议设置自动阀进行曝气管的自动清洗）。

清洗时，通过打开排空气阀释放曝气管内的压力使污泥逆流进入曝气管内，通过流经曝气管内的空气将污泥排出，曝气管清洗流程见图 7.11 所示。

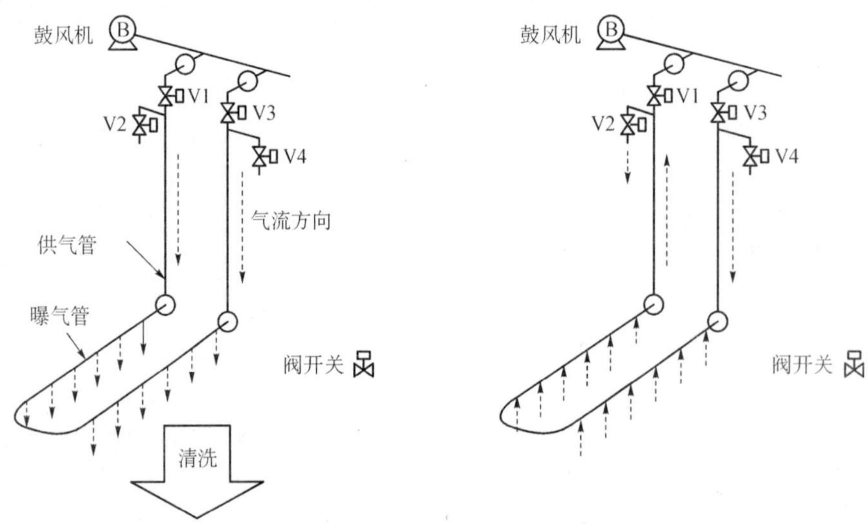

图 7.11　曝气管清洗流程示意图

① 停止过滤运行。

② 关闭阀门 V1。

③ 打开清洗用阀门 V2。通过该操作使膜浸没槽的污泥从曝气孔中逆流进入曝气管，同空气一起被排放。

④ 保持阀门 V2 开 1 秒钟。

⑤ 关闭阀门 V2，接着打开 V1。

⑥ 用同样的方式清洗另一条管路。

⑦ 关闭阀门 V3。

⑧ 打开清洗用阀门 V4。通过该操作使膜浸没槽的污泥从曝气孔中逆流进入曝气管，同空气一起被排放。

⑨ 保持阀门 V4 开 1 秒钟。

⑩ 关闭阀门 V4，接着打开 V3。

⑪ 重新开始过滤。

(3) 膜元件的化学清洗

当跨膜压差上升过大时，需要进行化学清洗。当膜表面的孔堵塞时，这样的压力上升就会发生。化学清洗的周期如下所示：

① 同一过滤流量下膜间压差比初期稳定运行时的膜间压差高 5kPa 时，或者每半年一次，择两者间更短时间内进行一次药液清洗。

② 当跨膜压差上升很快时，尽早进行药液清洗。尽早进行的化学清洗可以有效地去除膜表面的孔堵塞。

③ 如果 6 个月内，膜间压差高 5 kPa 时，观察花费了多长时间。使药液清洗常规化，这能有效延长膜的寿命。

使用的药品及其标准使用条件如表 7.5 所示。需选择与污染物质对应的药品。

表 7.5　化学清洗药剂及其标准使用条件

污染物质	药品名	药液浓度	注入药液量	清洗时间
有机物	次氯酸钠	2 000～6 000 mg/L (有效氯浓度)	25 L/膜元件	1～3 小时
无机物	草酸	0.5%～1.0%(质量百分比含量)	25 L/膜元件	1～3 小时
无机物	柠檬酸	1%～3%(质量百分比含量)	25 L/膜元件	1～3 小时

清洗使用的药品可能含有触及人体时会造成伤害的物质，因此请在仔细阅读药品的产品安全手册(MSDS)的基础上，务必使用保护眼镜、手套等保护用具，操作时请非常小心地作业。附着到皮肤时，请及时按照 MSDS 进行该药品对应的处理措施。

① 次氯酸钠溶液(NaClO)

Ⅰ. 操作上的注意事项

a. 请避免通风换气不充分，避开高温物体、火花等，避免与酸接触。

b. 请勿进行使容器颠倒、掉落、被撞击或过度拉动等粗暴的操作。

c. 请勿擅自造成粉尘或蒸汽的产生，以免发生泄漏、溢出、飞洒等事件。

d. 使用后请密闭容器。

e. 操作后，请仔细清洗手、脸等部位，并漱口。

f. 在指定场所以外请勿饮食、抽烟。

g. 请勿将手套及其他已污染的护具带入休息场所。

h. 与操作场所无关者禁止入内。

i. 请穿着合适的护具，以免吸入药品或眼睛、皮肤及衣服接触到药品。

j. 操作场所在室内时，请使用局部排气装置。

Ⅱ. 保管上的注意事项

a. 避免日光的直接照射，请置于阴暗处保管；密闭保存，避免与空气的接触。

b. 储液槽请采用耐腐蚀的容器。

② 草酸[$(COOH)_2$]

Ⅰ. 操作上的注意事项

a. 远离强氧化剂、强碱。

b. 请勿进行使容器颠倒、掉落、被撞击或过度拉动等粗暴的操作。

c. 请勿擅自造成粉尘或蒸汽的产生，以免发生泄漏、溢出、飞洒等事件。

d. 使用后请密闭容器。

e. 操作后，请仔细清洗手、脸等部位，并漱口。

f. 在指定场所以外请勿饮食、抽烟。

g. 请勿将手套及其他已污染的护具带入休息场所。

h. 与操作场所无关者禁止入内。

i. 请穿着合适的护具，以免吸入药品或眼睛、皮肤及衣服接触到药品。

j. 操作场所在室内时，请使用局部排气装置。

Ⅱ. 保管上的注意事项

a. 避免日光的直接照射，请置于通风良好、尽量阴凉的地方密闭保管。

b. 储物槽请采用耐腐蚀的容器。

③ 柠檬酸[$HOOCCH_2C(OH)(COOH)CH_2COOH$]

Ⅰ. 操作上的注意事项

a. 远离强氧化剂、强碱。

b. 请勿进行使容器颠倒、掉落、被撞击或过度拉动等粗暴的操作。

c. 请勿擅自造成粉尘或蒸汽的产生，以免发生泄漏、溢出、飞洒等事件。

d. 使用后请密闭容器。

e. 操作后，请仔细清洗手、脸等部位，并漱口。

f. 在指定场所以外请勿饮食、抽烟。

g. 请勿将手套及其他已污染的护具带入休息场所。

h. 与操作场所无关者禁止入内。

i. 请穿着合适的护具，以免吸入药品或眼睛、皮肤及衣服接触到药品。

j. 操作场所在室内时，请使用局部排气装置。

Ⅱ. 保管上的注意事项

a. 避免日光的直接照射，请置于通风良好、尽量阴凉的地方密闭保管。

b. 储物槽请采用耐腐蚀的容器。

(4) 膜元件的化学清洗流程

将药液沿透过水导流管徐徐注入并充满膜元件，使药液从膜的里侧向外侧渗出。药液注入时，请利用自然水头。根据药液槽的不同设计位置，以图依次进行说明。

① 药液箱处于较低位置时的药液清洗流程(见图 7.12)

Ⅰ. 请确认药液阀门已关闭、药液泵已停止。

Ⅱ. 药液箱内药液调整到给定状态。

Ⅲ. 停止过滤运行、关闭透过水阀(停止曝气)。

Ⅳ. 确认已打开药液泵，确认药液的循环。

Ⅴ. 徐徐打开药液阀，开始注入药液。

Ⅵ. 注入给定量的药液，注入终了后关闭药液泵。

Ⅶ. 放置给定时间(1～3 小时)。

Ⅷ. 关闭药液阀，打开透过水阀，重新开始过滤运行。

由于运行初期时的透过水中残留有药液，请将其返送回原水池。无法返送时，请根据使用场所的环境来实施废液处理。

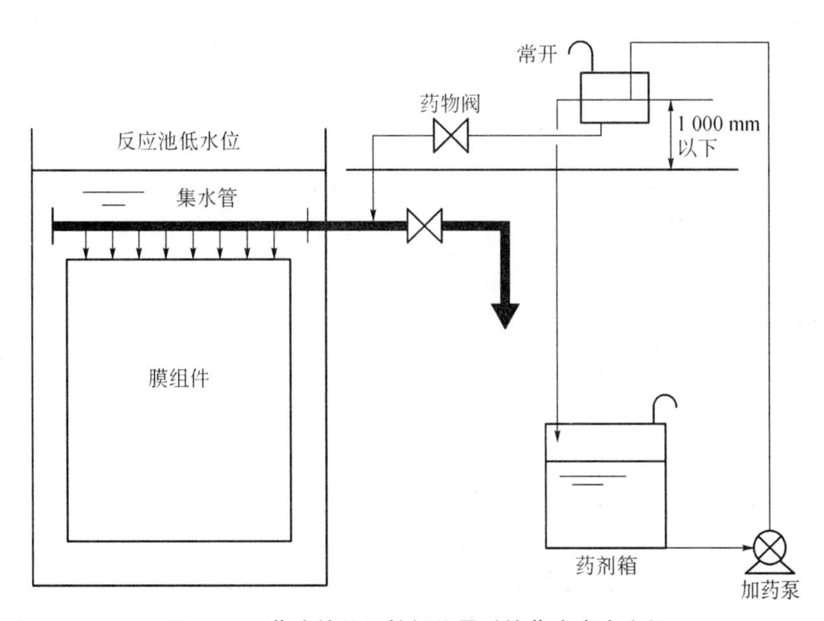

图 7.12　药液箱处于较低位置时的药液清洗流程

② 药液箱处于较高位置时的药液清洗流程(见图 7.13)

Ⅰ. 请确认药液阀门已关闭。

Ⅱ. 药液储槽内药液调整到给定状态。

Ⅲ. 停止过滤运行，关闭透过水阀(停止曝气)。

Ⅳ. 徐徐打开药液阀，开始注入给定量的药液。

Ⅴ. 注入后，放置给定时间(1～3 小时)。

Ⅵ. 关闭药液阀，打开透过水阀，重新开始过滤运行。

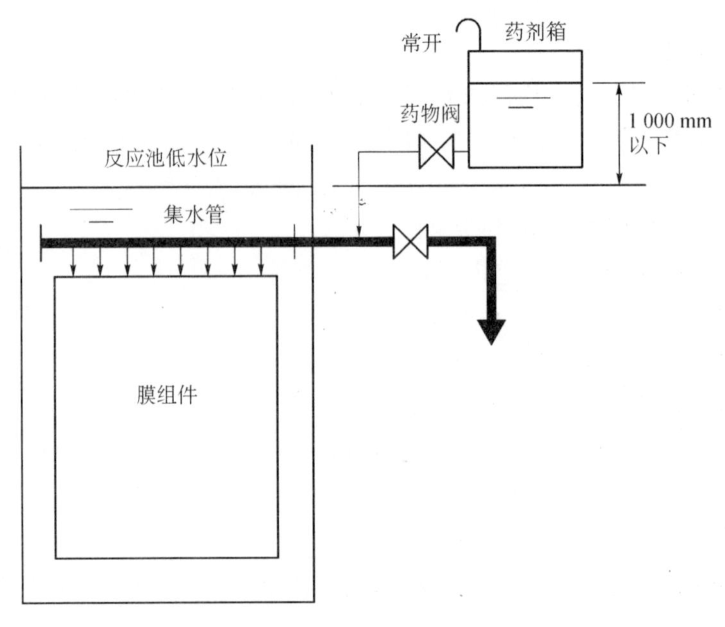

图 7.13　药液箱处于较高位置时的药液清洗流程

由于运行初期时的透过水中残留有药液，请将其返送回原水池。无法返送时，请根据使用场所的环境来实施废液处理。

③ 膜元件药液清洗操作中的注意事项

Ⅰ. 请使用重力作用方式进行药液注入，压力控制在 10 kPa 以下。如果直接通过泵注入，压力可能会在 10 kPa 以上，将导致膜元件的损坏，因此绝对请勿如此操作。

Ⅱ. 请在膜元件处于浸没状态下时进行注入。为了确保操作者的安全，请确保水面到膜元件上部的水深在 500 mm 以上。

Ⅲ. 药液清洗时，曝气搅拌也应继续。但是，受药品种类等的影响会导致膜浸没槽产泡。这时需下调曝气量。

Ⅳ. 药液温度越高，则冲洗效果越好。但是温度请勿超过 40 ℃。另一方面，温度太低时，无法发挥冲洗的效果，可能会无法恢复膜性能。因此，请尽量保持膜浸没槽内的温度在较高的水平。

Ⅴ. 药液冲洗结束时，膜元件内及透过侧配管中会残留药液。再次进行过滤运行时，在药液对过滤水水质的影响消失前，请将过滤水返送到原水或者作为废水进行处理。

5) 故障处理方法

膜元件的故障一般会产生曝气异常、膜间压差上升以及透过水流量减少、透过水质恶化等现象。表 7.6 所示为针对各种情况而产生的问题、原因和处理方法。

表 7.6　膜元件故障的问题、原因和处理方法

问题	原因	处理方法
曝气空气达不到标准量	鼓风机故障	检查鼓风机
	曝气管堵塞	清洗曝气管
膜组件内或膜组件间曝气状态不稳定	该膜组件的曝气管堵塞	清洗该膜组件的曝气管
透过水量减少或膜间压差上升	膜堵塞	进行药洗
	曝气异常导致对膜面没有良好地冲洗	改善曝气状态
	污泥性状异常导致污泥过滤性能恶化	改善污泥性状 调整污泥排放量 阻止异常成分的流入(油分等) BOD 负荷的调整 原水的调整(添加氮、磷等)
透过水的悬浊成分增多	膜元件或软管损坏	封住膜元件或集水管的导流管
	透过水的配管管线泄漏	修复不良部分
	透过侧生长有细菌	氯浓度为 100～200 mg/L 的次氯酸钠溶液注入清洗

第八章　微管式动态生物膜组件及反应器

管式膜一般是直径为5～12.7 mm的管状膜，是膜产品的一种重要结构形式。相对于中空纤维膜具有较好的自支撑强度。同板式膜相比，该结构具备更加好的水力条件和装填密度。早期的管式膜主要是陶瓷或金属膜，高分子管式膜在最近10年才真正取得应用。无机管式膜几乎与板框膜组件同时出现，后来的高分子管式膜组件主要沿袭无机管式膜组件的结构和工作流程。其基本构造是管式膜被支架和端头固定、定位，物料的进口和可透过液体的出口都在端头上，膜外可以采用封闭壳体，也可以采用开放式。高分子管式膜组件的工作流程、适用的膜滤过程和应用领域与中空纤维膜组件类似，但在高黏度、高悬浮物流体的分离中更具优势。

微管式动态膜生物反应器亦属于管式膜的范围(图8.1)。其基本原理是将动态膜元件做成直径为6～10 mm的管状膜，按设计要求封装在方形或圆形壳体中。同平板动态膜组件相比，微管式膜组件更易于保持膜面的水力条件均匀，更利于彻底清洗。

图8.1　微管式动态膜组件

8.1　微管式动态生物膜反应器的运行原理

其运行可分为"生成—过滤—反冲洗"三个步骤(见图 8.2)。

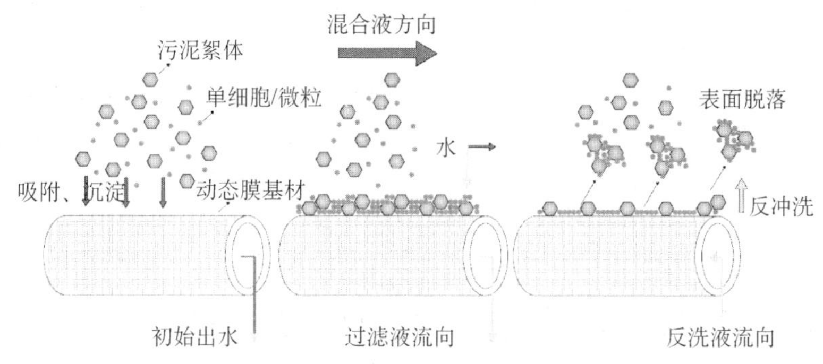

图 8.2　微管式动态膜组件运行原理图

1）启动/再生

采用"大通量启动/再生"的方式,短时间内在膜基材上形成动态膜。

动态膜形成的较佳条件为反应器内污泥浓度不小于 0.8 g/L,污泥絮凝性能较好;膜表面流速控制在 0.1～10.0 cm/s;出水通量大于 100 L/(m^2 · h);进水满足生化要求。

采用侧流曝气或底部微量曝气的方式提供错流流速;大通量启动的动力可采用泵抽吸或重力出流。

工程调试中,可在膜池中投加大量活性污泥,其他生化阶段投加少量活性污泥进行生化调试。当膜池内污泥浓度较低时,优先采取逐步培养活性污泥的方式;可使用投加硅藻土、活性炭、凹凸棒土等粉末颗粒物增强活性污泥的絮凝和沉降性能;可采用投加混凝剂和助凝剂的方式提高活性污泥的絮凝和沉降性能,混凝剂包括三氯化铁、聚合氯化铝、硫酸铝、硫酸亚铁和明矾等,助凝剂包括聚丙烯酰胺、活化硅酸、骨胶等。

出水水质要求较高时,可将初期出水回流至调节池或生化池,待达标后排出。

2）运行

运行时采用次临界通量的方式运行,保持错流流速。

自生动态膜组件采用次临界通量的方式运行,其临界通量采用工作曲线法进行测定。一般情况下,出水通量可稳定在 30～200 L/(m^2 · h)之间,根据进水水质和出水要求有所调整,建议为 60 L/(m^2 · h)。

运行期间尽量保证生化系统的稳定运行。

膜组件出水动力可为重力压差或自吸泵抽吸,以保持膜元件不产生较大形变为上限。

膜组件运行时采用侧向流曝气,膜表面流速控制在 2.0～50.0 cm/s。

当膜组件出水通量下降至设计通量下限或真空度达到上限时,启动清洗模式。

3）清洗

清洗方式分为三类:在线水气洗、维护性化学清洗和恢复性化学清洗。

出水通量下降至设计通量下限或真空度达到上限时，利用底部曝气、反向曝气、反向进水进行反洗，以膜管表面及膜孔内无明显的堆积污染物为标准，清洗时间不少于 20 分钟。其中反向曝气和反向进水为脉冲反冲洗。

运行 4～10 个周期后，采用维护性化学性清洗。使用 0.1%～2.0%的次氯酸钠、双氧水等强氧化剂进行冲洗杀菌，时间不大于 2 小时。之后可用 0.1%～1.0%盐酸、草酸、柠檬酸等进行辅助酸洗，时间不大于 1 小时。

膜组件运行 3～12 个月后，维护性清洗不能使膜通量恢复至接近原始值，将膜组件内混合液放空，进行恢复性化学清洗。采用 0.5%～3.0%的次氯酸钠、双氧水等强氧化剂进行浸泡、冲洗杀菌，时间为 4～8 小时。之后用 0.2%～2.0%盐酸、草酸、柠檬酸等进行酸洗，时间为 2～4 小时。

8.2 微管式动态生物膜组件的规格及特征

1）基本结构

微管式动态膜组件由膜壳、封装板、膜管、内曝气装置、进水口、出水口、混合液回流口组成。其中，膜壳可为圆形或方形，方形组件具备更高的装填密度，但其水力条件较圆形壳体稍差。封装板上布置一定数量的方孔，供安装、固定膜管用。膜壳内布置直径为 6 mm 的管状膜，长度为 1.5～2 m，其材质为 PET，孔网形式为筛网或无纺布。出水口由封装板接出。进水口位于组件顶端，供混合液进入；回水口供浓缩后的混合液排出，返回生化池。其结构形式如图 8.3 所示。

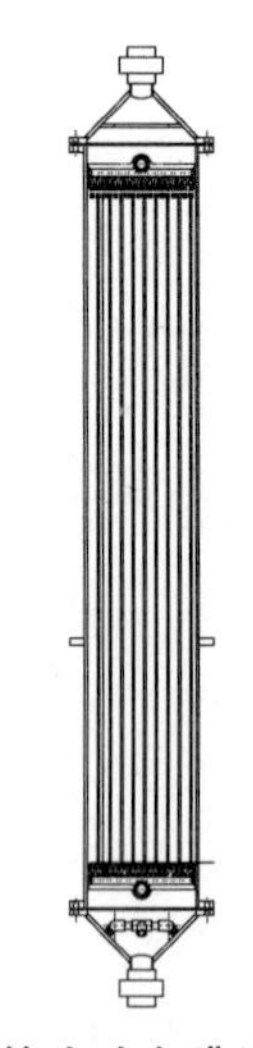

图 8.3 微管式动态膜组件基本结构

多只膜组件可并联为膜系统。其并联数量根据水力条件、工程规模、场地尺寸等要求确定。

2）基本参数

膜组件基本参数见表 8.1。

表 8.1 膜组件基本参数

序号	项目	参数
1	膜材料	优质 PET
2	膜孔径	0.2 μm(运行时当量孔径)
3	进水水质	仅需满足生化要求
4	出水水质	完全满足污水排放或回用标准
5	出水通量	60 L/(m² · h)
6	出水方式	重力出流，小于 0.5 mH_2O
7	使用寿命	5 年
8	使用型式	外置式

3）膜元件基本结构

动态膜的运行方法决定了较佳的组件结构应满足以下要求：① 提供稳定的、水力条件好的涂膜空间，使涂膜时间尽量短，滤饼层尽量均匀。② 运行时保证已形成的滤饼层尽量稳定，不易受水流冲击而遭到破坏、影响产水水质；同时可借助适宜的水力冲刷保持滤饼层增长速度较小，保证较长的运行周期。③ 单周期结束时，可轻易去除滤饼层。目前所见的动态膜元件多为平板式、筒式、V网式、管式等单一平滑结构，均难以完全满足上述要求。

图8.4介绍一种采用了独特结构、可以满足上述要求的产品。

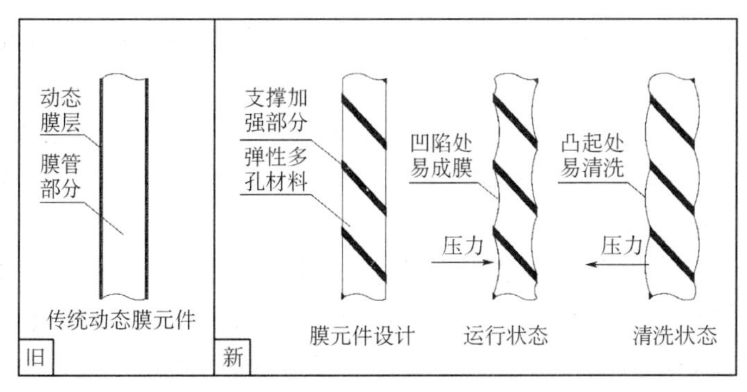

图8.4　膜元件基本结构

膜元件由两部分构成：支撑加强部分和弹性多孔材料部分。支撑加强部分为强度大、刚性高、恢复性好的硬性材质支撑，呈螺旋卷绕状态。弹性多孔材料为过滤部分，具有一定形变能力。运行方式为外压式，多孔材料向内凹陷，低于支撑材料，在一定错流流速下可快速堆积活性污泥，形成较好的过滤层。清洗时为反洗、错流洗同时进行，反洗压力使多孔材料凸起，高于支撑材料，在错流流速下可轻易去除过滤层。这种结构可以快速稳定成膜、耐水流冲击、可较长时间稳定运行、可轻易去除滤饼层。

4）膜管制作方法

膜管制作的主要步骤如下：

（1）将弹性多孔材料切成膜管直径1.5～3倍的窄条，将支撑加强材料切成1～5 mm的窄条。

（2）把弹性多孔窄条斜对角42°～45°卷成外径为3～30 mm、长度为0.3～3.0 m的筒状膜管，将支撑加强材料嵌于两层弹性多孔材料搭接处之间，进行热熔焊接或强力胶黏合，形成支撑加强筋。

（3）将膜管水平竖直设置，膜管上下两端安装封装板，封装板上分别安装通气管和出水管。

膜管焊接机见图8.5，加强膜管见图8.6。

图8.5　膜管焊接机

图8.6　直径6 mm螺旋加强膜管

8.3 微管式动态生物膜反应器的设计

1）一般规定

外置微管式动态膜生物反应器的设计流量、设计水质、总体要求同内置式平板动态膜生物反应器，详见第七章。

基本原理如下：

对于以生活污水为主要对象的污水处理设施的设计流量和设计水质各参数的确定，需参考 GB50014 中的相应规定。

对于以工业废水为主要对象的污水处理设施的设计水量、水质参数要根据实际调查和测定，按照实际生产中水量、水质的排放规律来确定。新建工程，可以参考同类产品生产企业的废水相关数据确定。

由于企业所处地域、水资源条件不同，水量、水质会有较大变化，建议 MBR 主体工程按日平均水量、水质设计，进水、预处理设施及管道按日平均水量乘最大变化系数设计；合流制污水进水、预处理设施按截流污水量设计，并考虑预处理后溢流。

工业园区的污水处理设施的设计水量、水质，要考虑所有需处理的企业废水的排放规律以及整体规划与中近期规划等因素，确定分期工程的设计水量、水质。

以工业废水为主要对象的污水处理工程需要做细致的调查研究工作，根据实际情况确定水量、水质设计，并设置相应的前处理设施。

2）运行方式

外置式膜生物反应器的基本工艺流程为：

污水→预处理装置→生化处理装置→膜组件→清水池→排放或回用或深度处理

处理系统由预处理装置、生化处理装置、膜分离系统、污泥处理装置、动力系统和控制装置等单元组成。推荐基本工艺流程见图 8.7。

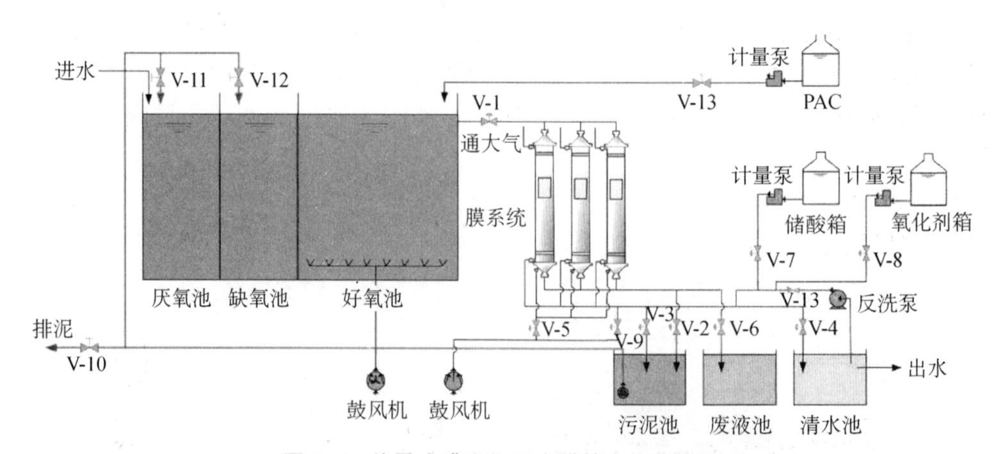

图 8.7 外置式膜生物反应器基本工艺流程

A^2/O 工艺亦称 AAO 工艺，是英文 Anaerobic-Anoxic-Oxic 的简称。A^2/O 工艺是流程

最简单、应用最广泛的脱氮除磷工艺。污水首先进入厌氧池，兼性厌氧菌将污水中的易降解有机物转化成 VFAs。回流污泥带入的聚磷菌将体内的聚磷分解，此为释磷，所释放的能量一部分可供好氧的聚磷菌在厌氧环境下维持生存，另一部分供聚磷菌主动吸收 VFAs，并在体内储存 PHB。进入缺氧区，反硝化细菌就利用混合液回流带入的硝酸盐及进水中的有机物进行反硝化脱氮。接着进入好氧区，聚磷菌除了吸收利用污水中残留的易降解 BOD 外，主要分解体内储存的 PHB 产生能量供自身生长繁殖，并主动吸收环境中的溶解磷，此为吸磷，以聚磷的形式在体内储存。污水经厌氧、缺氧区，有机物分别被聚磷菌和反硝化细菌利用后浓度已很低，有利于自养的硝化菌的生长繁殖。最后，混合液进入沉淀池，进行泥水分离，上清液作为处理水排放，沉淀污泥的一部分回流厌氧池，另一部分作为剩余污泥排放。

AAO 工艺具有如下特点：① 在系统上可以称为最简单的同步脱氮除磷工艺，总的水力停留时间少于其他同类工艺；② 在厌氧（缺氧）、好氧交替运行条件下，丝状菌不能大量增殖，无污泥膨胀之虞，SVI 值一般均小于 100；③ 污泥中含磷浓度高，具有很高的肥效；④ 运行中无须投药，厌氧、缺氧阶段只用轻缓搅拌，并不增加溶解氧浓度，运行费用低。

AAO 也存在如下待解决问题：① 除磷效果难于再提高，污泥增长有一定的限度，不易提高，特别是当 P/BOD 值高时更是如此；② 脱氮效果也难于进一步提高，内循环量一般以 $2Q$ 为限，不宜太高；③ 进入沉淀池的处理水要保持一定浓度的溶解氧，减少停留时间，防止产生厌氧状态和污泥释放磷的现象。但溶解氧浓度也不宜过高，以防循环混合液对缺氧反应器的干扰。

外置微管式动态膜生物反应器与 AAO 可良好地结合。① 首先，利用动态膜系统代替二沉池，出水 SS 得到明显降低。② 膜系统可将污泥全部截留在系统中，有利于硝化菌、反硝化菌等世代周期长的菌种的生存，利于脱氮效率的提升；同时，膜系统内部不曝气，因此回流液中的溶解氧浓度得到控制，进一步提高了脱氮效果。③ 除磷主要采用化学除磷，因此减少了系统的复杂程度，出水磷含量得到控制。

3）工艺参数

膜系统宜参照下列参数进行设计：

（1）过滤方式：错流式过滤。

（2）膜系统正常运行回收率为 20%～35%。

（3）回流比为 65%～80%。

（4）膜面流速为 3～5 cm/s。

（5）膜通量为 60～120 L/(m^2 · h)。

（6）操作压力为 10～30 cm H_2O。

（7）污泥浓度为 5～12 g/L。

另需注意：

（1）在污水中混有纤维、木材、塑料制品和纸张等大小不同的杂物，为了防止水泵、处理构筑物的机械设备和管道或膜被磨损或污堵，使后续处理流程顺利进行，必须设置超细格栅。

（2）当调节池进水的动植物油含量大于 50 mg/L，矿物油大于 3 mg/L 时，应设置除油装置。

(3) 污水好氧生化处理，进水 BOD_5/COD_{Cr}宜大于 0.3。工业废水或含工业废水较多的城市污水 BOD_5/COD_{Cr}一般都不大于 0.3，为提高此类污水的好氧可生化性，宜对其进行预处理。

(4) 尖利的悬浮颗粒物易磨损膜丝，造成膜的损坏。因此，必须在预处理过程中去除。

4) 工艺选择

外置式 MBR 生物反应区容积、水力停留时间 HRT、污泥负荷与污泥浓度、曝气系统等设计参数可参照浸没式 MBR 工程设计。

(1) 工艺方案的选择

应根据去除碳源污染物、脱氮、除磷、好氧污泥稳定等不同要求和外部环境条件，选择适宜的 MBR 工艺。

当需要脱氮时，MBR 工艺系统应设置缺氧区。

当需要同时脱氮除磷时，MBR 工艺系统应设置厌氧区、缺氧区。

(2) 生物反应池容积

膜生物反应池容积的计算与其他活性污泥工艺类似，即采用负荷法。膜生物反应池的负荷值与反应器的温度、污水的性质和浓度有关。对某种特定废水，膜生物反应池的负荷应通过实验确定，也可参考同类型的废水处理资料。工业废水的水质与城镇污水水质差距较大时，设计参数应通过试验或参照类似工程确定。

(3) 膜生物反应池水力停留时间与污泥停留时间

传统生物处理法中的 HRT 与 SRT 相互关联，很难把它们分开控制，但将膜分离技术与传统生物处理法相结合，则可以对 HRT 和 SRT 分别控制。随着 MBR 系统的运行，膜通量的稳态过程实际上是一个动态平衡，这就决定了水力停留时间是在一定范围内变化的。这种变化虽然使出水水质有所波动，但影响不是很大。这是因为曝气池内污泥浓度较高，有较强的抗负荷冲击的能力。

另外，膜及其表面形成的凝胶层也可截留大分子有机物，保证出水水质。但是过短的 HRT 会导致系统内溶解性有机物的积累，引起膜通量的下降。因此，膜生物反应器内 HRT 的控制，应尽量维持系统内溶解性有机物的平衡，设计时可考虑使曝气池容积有一定的调节容量。在传统工艺中 F/M 值过低容易产生沉降性差的污泥，这会给传统工艺系统的运行带来很大问题。而膜生物反应池系统在低的 F/M 值[0.1～0.2 $kgBOD_5/(kgMLVSS \cdot d)$]下运行，污泥龄相当长。

(4) 需氧量和剩余污泥量计算

参照 GB50014 的相关规定，引用剩余污泥量等计算公式及公式中主要参数的选值。

好氧膜生物反应池的污泥产率明显低于传统活性污泥法。根据资料研究，对于生活污水(COD 为 488 mg/L ± 143 mg/L)，膜生物反应器工艺的污泥产率为 0.23 kgMLSS/kgCOD。膜生物反应器工艺的净污泥产率依赖于进水负荷，F/M 值越低，净污泥产量越小，直到进水负荷低至 0.07 kg/(kg · d)时，净污泥产量为零。好氧法膜生物反应池用于处理城镇污水，20℃时污泥产率系数一般取 0～0.5。

8.4　微管式动态生物膜组件的安装

1）安装准备

（1）确定搬运计划，如搬运路线等。

（2）准备好从卡车上把膜卸下的设备（铲车、吊车、拖车等）。

（3）安装前反应池内的施工应已完成，并请检查清扫工作。大块的垃圾（混凝土块、切削屑粒、零碎材料）等不得残留在槽内，请务必将其除去。

（4）安装前确认膜车间的基础设施、排水管沟等已完备。

2）膜组件的拆卸

将膜元件从卡车上卸下时，请使用铲车、吊车或拖车等设备。

包装样式和货样吊装的方法如下所述。

（1）出货时，膜元件部分、曝气部分分别捆扎。

（2）吊起膜元件部分时，请把吊钩完全挂上吊环后水平地往上吊。请小心不要损坏膜元件的导流管及曝气管，作业时确保安全。

在设置和安装膜元件及膜组件时，必须考虑设置脚手架、保护器具等保护操作人员的安全措施。绝对不容许直接攀登膜组件壳体。

3）膜组件的检查

搬出膜组件后，请再次检查以下事项。

（1）出货单中记载的物品已全部搬出。

（2）运输等过程中没有受到损伤。

4）膜组件的保管

请在避免阳光直射的室内平放保管，温度在 5～40 ℃范围内。

从搬入到开始运行为止的整个过程中，为了防止膜元件等的损坏，请十分小心保管。特别在可能有焊接、熔接、熔断、磨床等发出火花的场合，请覆盖上防火层等保管，以免碰到火花。

另外，在施工期间不得不在室外存放时，请尽量控制在短期内，并遵循以下事项良好保管。

（1）在 5～40 ℃范围内；

（2）不得冰冻；

（3）防止雨水淋湿；

（4）不得浸水；

（5）避免阳光直射。

5）膜组件的安装顺序

安装膜组件时，请按以下（1）～（3）的顺序进行。

在安装前反应池内的施工应已完成，并请检查清扫工作。大块的垃圾（混凝土块、切削屑粒、零碎材料)等不得残留在反应池内,请务必将其除去。膜车间内的基础设施、排水管沟等已齐备。

(1) 膜堆的吊装

将膜堆用吊车等工具移至膜车间,依照设计图纸进行定位。此过程特别注意运载过程的平衡,以免发生意外造成人员伤亡和设备损坏。

(2) 主体管路的连接

根据设计图纸,将进水管、回水管、出水管等主要的大管按照要求先进行安装。安装过程中保证竖管、横管的竖直度和水平度。产生的管路碎屑等杂质应在清理后再行安装。

(3) 辅管及附件的安装

按要求连接辅助管道和压力表、流量计等附件。

8.5 微管式动态生物膜反应器的调试

1) 清水试水

(1) 检查和设置

清水运行前,请先进行以下检查准备工作。

① 请再次确认进水管、出水管、回水管的正确连接。

② 确认膜元件已固定好、阀门处于正确的开关位置。

③ 确认膜组件放置的反应池内已清洗完毕。泥土和灰尘可能损坏膜组件。

④ 将清水放入池内之前,打开空气排放阀,排出膜元件中的空气。

⑤ 将清水(自来水或过滤水)放至运行水位。

⑥ 放水完毕后,将空气排放阀关闭。

(2) 清水运行

请按以下要领进行清水运行。

① 曝气鼓风机启动后,请确认曝气量和曝气的均匀性。

② 膜堆进水后,注意各组件的配水均匀性。

③ 清水调试时,请检查控制设备的性能。

④ 清水调试时,请测定设计过滤水量(通常情况下及最大、最小流量时)下的膜间压差、水温,并进行记录保管。

2) 种泥的投加

必须进行种泥的投加。如果不进行种泥投加,直接用动态膜分离原水,将导致出水的不合格以及膜污染的早期积累。

请按以下要点实施种泥的投加。

(1) 最好采用处理同种废水的种泥。推荐采用 MLSS 浓度在 20 000 mg/L 左右的种泥。

(2) 投加种泥后紧接着开始投入原水。通过微细格栅(缝隙在 5 mm 以下)的投入,从而去除夹杂的物质。

(3) 种泥投入的量应能使膜浸没槽 MLSS 浓度在 2 000 mg/L 以上。

3) 运转开始

种泥投加完毕后，首先开始曝气，接着开始过滤运行，同时开始原水供给。过滤水量稳定时，请测定、记录下实际运行的过滤水量下的膜间压差、水温。运行管理相关的事项在后面进行说明。

8.6　微管式动态生物膜反应器的运行管理

1) 标准运行条件

膜组件的标准运行条件如表 8.2 所示。

为了保持反应器良好的处理能力，必须确保 MLSS 浓度、污泥黏度、DO(溶解氧)及 pH 等处理条件在合适的范围内。

原水中含有较多的夹杂物或粗粒的 SS(悬浮物质)，以及油脂成分比重较大时，必须进行适当的前处理。

必须添加消泡剂来除去膜分离槽内的泡沫时，请使用不易积垢的酒精类消泡剂。

此外，表 8.2 中所示的为标准的运行条件，并不是适合各种废水处理的条件范围。使用环境(特别是污泥性状)不同时，可能会有所差异。

表 8.2　膜组件的标准运行条件

项目	单位	运行条件
MLSS	mg/L	3 000～10 000
污泥黏度	mPa·s	250 以下
DO	mg/L	1.0 以上
pH	—	6～9
水温	℃	15～40
膜过滤流速	$L/(m^2 \cdot h)$	60～120
曝气量	依据生化所需氧气量确定	

2) 运行管理项目

膜组件的运行性能随原水水质和所设运行条件变化而变化。为了维持反应器稳定地运行，推荐进行各项管理项目的数值等的记录，从而把握膜组件的运行性能的变化和特征。

以下为运行管理项目的示例。

(1) 曝气量

(2) 空气出口压力

(3) 透过水流量或膜过滤流速

(4) 膜间压差(TMP)

(5) 透过水水质(BOD、COD、浊度、TN、TP 等)

(6) 反应池水温

(7) 原水水质(BOD、COD、浊度、TN、TP 等)

(8) 剩余污泥排除量

(9) DO(溶解氧)浓度

(10) 膜浸没槽 pH

(11) MLSS

(12) 污泥黏度

(13) 污泥沉降性能(SV60 或 SVI120)

3) 日常检查内容

为了膜组件的稳定运行,维持曝气状态及生物处理的稳定尤其重要。请实行以下所示的日常检查。

(1) 跨膜压差

检查跨膜压差的稳定性。跨膜压差的突然上升表明膜堵塞的发生,这可能是不正常的曝气状态或污泥性质的恶化导致的。这种情况发生时,检查各项参数并采取必要的行动,例如膜组件的化学清洗。

(2) 曝气状态

检查曝气空气量是否为标准量以及是否为均一曝气。发现曝气空气量异常、有明显的曝气不均一时,请采取必要的措施,如除去曝气管的阻垢,检查安装情况,检查鼓风机以及调整曝气等。

(3) 活性污泥的颜色及气味

正常的活性污泥的颜色及气味为茶褐色,有凝集性及无令人不快的气味。如果外观及气味不是这种状态时,请适当地对 MLSS、污泥黏度、DO 浓度、pH、水温、BOD 负荷等数值进行检查。

(4) MLSS

正常的 MLSS 在 3 000～10 000 mg/L。没有满足该条件的场合,可能无法达到既定性能,因此请适当地调整 MLSS 范围:MLSS 过低时,可采用投入种泥或停止污泥排放等措施;MLSS 过高时,可采取增加通向污泥浓缩停留池等的污泥排放量等措施。

注意在曝气量下降、变得极不规律或停止曝气时,绝对不能过滤,否则会造成膜表面堵塞及出水水质不合格。

(5) 污泥黏度

正常的污泥黏度应在 250 mPa·s 以下。没有满足该条件的场合,可能无法达到既定性能,因此请调整到正常的黏度范围。黏度过高时,可采取更新污泥、增加排向污泥浓缩停留池的污泥排放量等措施。

(6) DO 浓度

正常的 DO 浓度是膜生物反应器内均为 1 mg/L 以上。没有满足该条件时,如果未超过最大曝气量,可采取调整曝气条件等必要的措施。

(7) pH

正常的 pH 值为 6～9。没有满足该条件的场合,可能会发生无法达到既定性能的情况,请添加酸或碱来调整 pH。

(8) 水温

正常的水温为 15～40 ℃。没有满足该条件的场合，可能会发生无法达到既定性能的情况，因此如有可能请采取冷却、保温等必要措施。

(9) 水位

请检查膜生物反应器的水位是否在正常范围内。发生异常时请进行以下检查：

① 液面计的检查。

② 透过水泵的检查。

③ 膜元件膜间压差的检查等。

4) 维护管理要求

(1) 实施频率

为了维持膜组件的性能，维护管理项目及其实施频率按以下所述进行：

① 曝气管的清洗(频率：每天一次)。

② 膜元件的药液清洗(频率：同一过滤流量下跨膜压差比初期稳定运行时的跨膜压差高 5 kPa 时，或者每半年一次，择两者间更短时间内进行一次药液清洗)。

③ 出水管的更换(频率：大约为每 3 年一次，但因使用情况各异)。

(2) 曝气管的清洗方法

曝气管的清洗方法同平板式动态膜生物反应器系统，详见第七章。

(3) 膜元件的化学清洗药剂

当跨膜压差上升过大时，需要进行化学清洗。当膜表面的孔堵塞时，这样的压力上升就会发生。化学清洗的周期如下所示：

① 同一过滤流量下膜间压差比初期稳定运行时的膜间压差高 5 kPa 时，或者每半年一次，择两者间更短时间内进行一次药液清洗。

② 当跨膜压差上升很快时，尽早进行药液清洗。尽早进行的化学清洗可以有效地去除膜表面的孔堵塞。

③ 如果 6 个月内，膜间压差高 5 kPa 时，观察花费了多长时间。使药液清洗常规化，这能有效延长膜的寿命。

使用的药品及其标准使用条件如表 8.3 所示。需选择与污染物质对应的药品。

表 8.3　化学清洗使用药品及其标准使用条件

污染物质	药品名	药液浓度	注入药液量	清洗时间
有机物	次氯酸钠	2 000～6 000 mg/L (有效氯浓度)	160 L/膜元件	1～3 小时
无机物	草酸	0.5%～1.0%(质量百分比含量)	160 L/膜元件	1～3 小时
无机物	柠檬酸	1%～3%(质量百分比含量)	160 L/膜元件	1～3 小时

使用药剂的注意事项详见第七章。

外置式膜组件的化学清洗无需放空生化池，仅需关闭进水管和回水管。具体要求详见相关产品的操作说明书。

5) 故障处理方法

膜元件的故障一般会产生曝气异常、膜间压差上升以及透过水流量减少、透过水质恶化等现象。表 8.4 所示为针对各种情况而产生的问题、原因和处理方法。

表 8.4 膜元件故障的问题、原因和处理方法

问题	原因	处理方法
透过水量减少或膜间压差上升	膜堵塞	进行药洗
	进水异常导致对膜面造成过度清洗	查看配水系统
	污泥性状异常导致污泥过滤性能恶化	改善污泥性状 调整污泥排放量 阻止异常成分的流入(油分等) BOD 负荷的调整 原水的调整(添加氮、磷等)
透过水的悬浊成分增多	膜元件或软管损坏	封住膜元件或集水管的导流管
	透过水的配管管线泄漏	修复不良部分
	透过侧生长有细菌	氯浓度为 100～200 mg/L 的次氯酸钠溶液注入清洗

第九章　自生动态膜生物反应器工程实例

9.1　市政污水处理工程实例

9.1.1　项目概述

项目名称：某城市污水处理建设工程。

项目规模：按照 1 万 m^3/d 进行设计。

处理对象：园区污水处理厂。

建设的必要性如下：

1）园区开发基础设施建设的需要

目前园区内现状下污水处理设施几近空白，不能满足工业园区开发以及景观要求。所以，合理规划工业园区的基础设施对完善园区的生活设施是非常必要的。

2）保护景区水体环境水质的需要

园区内山清水秀，有清澈的湖水、清新的空气和明亮的天空。为防止污染，保护园区优美环境特别是自然水体是非常必要的。

3）经济发展的需要

基础设施的建设可以提升工业园区的功能水平，对保障该地区投资资源可持续地发展具有重要意义。

9.1.2　废水水量、水质及处理要求

9.1.2.1　水量预测

规划年限：

近期：2015 年

中期：2020 年

远期：2030 年

规划人口见表 9.1。

表 9.1　规划人口表

污水收集片区	规划人口(万人)		
	2015 年	2020 年	2030 年
工业园区	3.0	5.0	8.0

（1）人均综合生活用水指标

根据《城市排水工程规划规范》（GB50318—2000）和《城市给水工程规划规范》（GB50282—98），城市污水量宜根据城市综合用水量乘以城市污水排放系数确定。因此，应首先预测出各区用水量，然后再计算出污水量。

采用城市分类综合用水量指标法分别计算城市生活污水和工业污水，汇总两者得到污水量预测值。城市分类综合用水量指标法为用水量预测的主要方法。

根据当地的实际情况，确定近远期人均综合生活用水量如表 9.2 所示。

表 9.2 近远期人均综合生活用水量表

指标区域	人均综合生活用水量[L/(人·d)]		
	2015 年	2020 年	2030 年
工业园区	150	180	200

（2）工业用水量指标

结合现状下实际用水量统计资料，且考虑到城市节水工程以及工业用水回用的逐步推广，确定工业园区用水指标，如表 9.3 所示：

表 9.3 园区用水量指标一览表

规划年	2015 年	2020 年	2030 年
人均工业用水量[L/(人·d)]	300	400	450

（3）排放系数

污水排放系数近期取 0.85，远期取 1.0。

（4）市政及其他污水量

市政及其他污水量按污水量的 10%考虑。

（5）地下水渗入量

地下水渗入量按污水量的 10%考虑。

（6）污水集中处理率

近期污水集中处理率为 80%，远期污水集中处理率为 100%。

根据污水处理厂的服务面积及服务人口，结合《城市给水工程规划规范》的定额指标，采用城市分类综合用水量指标法预测污水量，见表 9.4。

表 9.4 城市分类综合用水量指标法

项目		2015 年	2020 年	2030 年
生活	规划人口(万人)	3	5	8
	人均综合生活用水量指标[L/(人·d)]	150	180	200
	用水量日变化系数	1.3	1.3	1.3
	污水排放系数	0.85	0.85	1.0
	生活污水总量(万 m^3/d)	0.29	0.59	1.23
工业	人均工业用水[L/(人·d)]	300	400	450
	用水量日变化系数	1.3	1.3	1.3
	污水排放系数	0.8	0.8	1.0
	工业废水总量(万 m^3/d)	0.55	1.23	2.77

续表 9.4

项目	2015 年	2020 年	2030 年
生活污水与工业废水总量(万 m^3/d)	0.84	1.82	4.0
市政及其他污水量(万 m^3/d)	0.08	0.18	0.4
污水总量(万 m^3/d)	0.92	2.0	4.4
污水集中处理率(%)	80	90	100
地下水渗入量/污水处理总量	0.1	0.1	0.1
污水处理厂处理总污水量(万 m^3/d)	0.81	1.98	4.84

由上表可以看出，本次规划工业园区范围内近期(2015 年)污水处理总量约 0.81 万 m^3/d，确定近期污水处理厂规模为 1.0 万 m^3/d；中期(2020 年)污水处理总量约 1.98 万 m^3/d，确定中期污水处理厂规模为 2.0 万 m^3/d；远期(2030 年)污水处理总量约 4.84 万 m^3/d，确定远期污水处理厂规模为 5.0 万 m^3/d。

9.1.2.2　工程规模

污水处理厂规模见表 9.5 所示。

表 9.5　污水处理厂规模一览表

污水收集片区	污水处理厂名称	污水处理厂总规模(万 m^3/d)			排放水体	占地面积(ha)
		2015 年	2020 年	2030 年		
片区	污水处理厂	1.0	2.0	5.0	宝赛湖	2.095
合计		1.0	2.0	5.0		

污水处理厂用地先按中期规模 2 万 m^3/d 征地，按远期 5 万 m^3/d 用地进行控制，近期先实施 1 万 m^3/d。

9.1.2.3　进出水水质

1）进水水质

根据环评并参照同类的城市污水水质，确定污水处理厂进水水质如表 9.6 所示。

表 9.6　污水处理厂设计进水水质表　　(单位：mg/L)

项目	COD	BOD_5	SS	NH_3—N	TN	TP
进水水质	≤500	180	270	≤35	≤45	≤4.0

为了保证污水处理厂的正常运行和出水水质的稳定，接管污水必须符合《污水排入城市下水道水质标准》(CJ343—2010)中的规定。

2）出水水质

尾水排放标准应执行《城镇污水处理厂污染物排放标准》(GB18918—2002)规定的一级 A 标准，设计出水水质如表 9.7 所示。

表 9.7　污水处理厂设计出水水质表　　(单位：mg/L)

污染指标	COD_{Cr}	SS	BOD_5	NH_3—N	TN	TP	粪大肠菌群数
浓度	≤50	≤10	≤10	≤5(8)	≤15	≤0.5	≤103 个/L

3）处理程度

根据以上设计进出水水质，得出污水处理厂污水处理程度如表 9.8 所示。

表 9.8　污水处理厂污水处理程度表

指标	COD_{Cr}	BOD_5	SS	NH_3—N	TN	TP
进水(mg/L)	500	180	270	35	45	4.0
出水(mg/L)	≤50	≤10	≤10	≤5(8)	≤15	≤0.5
去除率(%)	≥90	≥94	≥96.3	≥85.7(77)	≥67	≥87.5

9.1.3　处理工艺

根据本工程的进出水水质的实际情况，结合国内常用的工艺和最新的研究成果，本污水处理工程选用微管式动态膜工艺，工艺流程图如图 9.1 所示。

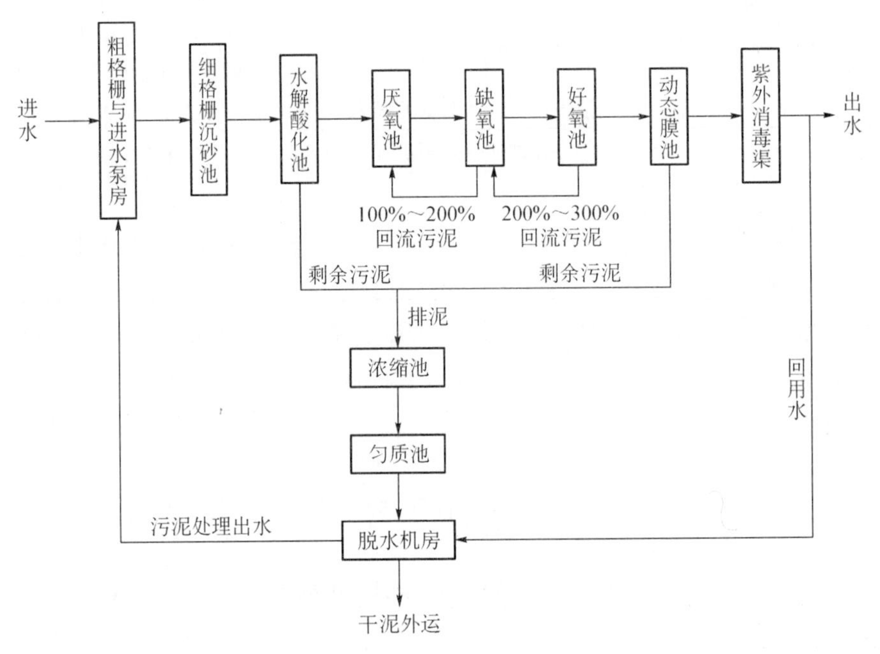

图 9.1　污水处理工艺流程图

9.1.4　工程设计

生化出水以重力作用方式进入动态膜车间，动态膜利用大孔膜材料，结合快速形成的污泥过滤层，达到高精度截留的目的，出水自流进入清水池，沉积物一部分作为回流污泥重新回流至生化池，另一部分作为剩余污泥进行浓缩脱水处理。动态膜车间产生的废液通过厂区污水管网进入系统前端的提升泵房。微管式动态膜组件基本参数见表 9.9，膜系统基本参数见表 9.10。

表 9.9　膜组件基本参数

型号	T60-M60
膜组件尺寸(mm^3)	8 000×3 000×3 200
有效膜面积(m^2)	1 020
过滤方式	重力出流
膜材料	高度对称优质 PET
过滤孔径 (μm)	0.2
化学清洗 pH 范围	1～12
使用温度范围(℃)	5～50
产水悬浮物(mg/L)	<0.5
产水浊度(NTU)	<0.5

表 9.10　膜系统参数

序号	设备名称	设备规格	数量	备注
MBR 膜过滤系统:设计处理水量:420 m^3/h;净通量:60 L/(m^2 · h)				
1	MBR 主机			
1.1	膜组件	型号:T60-M60 数量:480 支 材质:PET 有效膜面积:1 020 m^2/组	8 组 60 支/组 共 8 160m^2	格瑞普尔
1.2	组件机架	材质:不锈钢 机架尺寸:8 000 mm×3 000 mm×2 500 mm	8 组	格瑞普尔
1.3	本体管路/件	只包括机架内管路/管件	8 组	格瑞普尔
2	PAC 加药装置	型号:WA-1.0	1 套	本公司
2.1	PAC 搅拌器	型号:JY-1.1 电机功率:1.1 kW	1 台	本公司
2.2	PAC 计量泵	型号:LS15 流量:900 L/h 扬程: 69 m	2 台 (1 用 1 备)	斯凯力
2.3	溶液箱	容积:1.0 m^3 材质:PE 配液位开关(浮子液位)	1 只	本公司
3	反洗泵	型号:SLW250-235 流量:600 m^3/h 扬程:10 m 功率:22 kW	2 台 (1 用 1 备)	上海连成
4	NaClO 加药装置	型号:WA-1.0	1 套	本公司
4.1	NaClO 搅拌器	型号:JY-1.1 电机功率:1.1 kW	1 台	本公司
4.2	NaClO 计量泵	型号:LS15 流量:900 L/h 扬程: 69 m	2 台 (1 用 1 备)	斯凯力

续表 9.10

序号	设备名称	设备规格	数量	备注
4.3	溶液箱	容积:1.0 m^3 材质:PE 配液位开关(浮子液位)	1只	本公司
5	柠檬酸加药装置	型号:WA-1.0	1套	本公司
5.1	柠檬酸搅拌器	型号:JY-1.1 电机功率:1.1 kW	1台	本公司
5.2	柠檬酸计量泵	型号:LS15 流量:900 L/h 扬程: 69 m	2台 (1用1备)	斯凯力
5.3	溶液箱	容积:1.0 m^3 材质:PE 配液位开关(浮子液位)	1只	本公司
6	碱加药装置	型号:WA-1.0	1套	本公司
6.1	碱液搅拌器	型号:JY-1.1 电机功率:1.1 kW	1台	本公司
6.2	碱液计量泵	型号:LS15 流量:900 L/h 扬程: 69 m	2台 (1用1备)	斯凯力
7	MBR 污泥回流泵	型号:150WQ150-15-11 流量:220 m^3/h 扬程:11 m 功率:11 kW	3台 (2用1备)	上海连成
7.1	回流泵流量计	测量范围:0～226 m^3/h 被测流量:210 m^3/h 产水管路规格:DN200	2只	无锡迪华
8	就地控制盘柜		1套	本公司
9	设备厂房	25 000 mm×18 500 mm	1套	钢砼

9.1.5 投资、运行成本分析

投资、运行成本分析见表 9.11、表 9.12。

表 9.11 投资估算表

序号	工程名称	估算金额(万元)				合计(万元)
		建筑工程	安装工程	设备购置	其他	
第一部分工程费用						
1	粗格栅及进水泵房	217.8	15	54		286.8
2	细格栅及旋流沉砂池	24	10	50		84
3	水解酸化池	197.1	58	72		327.1
4	改良型 A^2/O 反应池	260	80	104		444
5	MBR 动态膜车间	138.8	67	837.6		1 043.4
6	鼓风机房	61.2	10	50		121.2
7	紫外消毒渠	12	3	30		45

续表 9.11

<table>
<tr><th rowspan="2">序号</th><th rowspan="2" colspan="2">工程名称</th><th colspan="4">估算金额</th><th rowspan="2">合计
(万元)</th></tr>
<tr><th>建筑工程</th><th>安装工程</th><th>设备购置</th><th>其他</th></tr>
<tr><td>8</td><td colspan="2">清水池</td><td>57</td><td>4</td><td>20</td><td></td><td>81</td></tr>
<tr><td>9</td><td colspan="2">浓缩池</td><td>27.6</td><td>3</td><td>10</td><td></td><td>40.6</td></tr>
<tr><td>10</td><td colspan="2">匀质池</td><td>18.7</td><td>1</td><td>5</td><td></td><td>24.7</td></tr>
<tr><td>11</td><td colspan="2">脱水机房及加药间</td><td>71.5</td><td>20.7</td><td>138</td><td></td><td>230.2</td></tr>
<tr><td>12</td><td colspan="2">变电所及厂区电气</td><td>56</td><td>80</td><td>180</td><td></td><td>316</td></tr>
<tr><td>13</td><td colspan="2">自控仪表</td><td></td><td>40</td><td>220</td><td></td><td>260</td></tr>
<tr><td rowspan="3">14</td><td rowspan="3">附属
建筑</td><td>综合楼</td><td>150</td><td></td><td></td><td></td><td>150</td></tr>
<tr><td>机修仓库</td><td>28.8</td><td></td><td></td><td></td><td>28.8</td></tr>
<tr><td>传达室</td><td>11.5</td><td></td><td></td><td></td><td>11.5</td></tr>
<tr><td>15</td><td colspan="2">附属设备</td><td></td><td></td><td>90</td><td></td><td>90</td></tr>
<tr><td>16</td><td colspan="2">地基处理</td><td>100.6</td><td></td><td></td><td></td><td>100.6</td></tr>
<tr><td>17</td><td colspan="2">总图(总占地 2.095 ha)</td><td>419</td><td>188.6</td><td></td><td></td><td>607.6</td></tr>
<tr><td>18</td><td colspan="2">尾水及排放口</td><td>72.5</td><td></td><td></td><td></td><td>72.5</td></tr>
<tr><td colspan="3">小计</td><td>1 924.1</td><td>580.3</td><td>1 860.6</td><td></td><td>4 365</td></tr>
<tr><td colspan="8">第二部分其他费用</td></tr>
<tr><td colspan="3">工程建设其他费用</td><td></td><td></td><td></td><td>747.4</td><td>747.4</td></tr>
<tr><td colspan="3">基本预备费 8%</td><td></td><td></td><td></td><td>409.0</td><td>409.0</td></tr>
<tr><td colspan="3">建设期贷款利息</td><td></td><td></td><td></td><td>180.0</td><td>180.0</td></tr>
<tr><td colspan="3">铺底流动资金</td><td></td><td></td><td></td><td>13.3</td><td>13.3</td></tr>
<tr><td colspan="8">合计</td></tr>
<tr><td colspan="3">合计</td><td>1 924.1</td><td>580.3</td><td>1 860.6</td><td>1 349.7</td><td>5 714.7</td></tr>
</table>

表 9.12　运营费预算

<table>
<tr><th>序号</th><th>项目</th><th>预算(万元/a)</th></tr>
<tr><td>1</td><td>动力费</td><td>122.6</td></tr>
<tr><td>2</td><td>药剂费</td><td>27.6</td></tr>
<tr><td>3</td><td>污泥处置费</td><td>24.8</td></tr>
<tr><td>4</td><td>工资及福利费</td><td>24</td></tr>
<tr><td>5</td><td>折旧费</td><td>273.2</td></tr>
<tr><td>6</td><td>修理费</td><td>81.2</td></tr>
<tr><td>7</td><td>摊销费</td><td>1.8</td></tr>
<tr><td>8</td><td>管理费及其他</td><td>44.4</td></tr>
<tr><td rowspan="4">9</td><td>财务费用</td><td>362.1</td></tr>
<tr><td>其中:长期借款利息支出</td><td>360</td></tr>
<tr><td>流动资金借款利息支出</td><td>2.1</td></tr>
<tr><td>短期借款利息支出</td><td></td></tr>
<tr><td rowspan="6">10</td><td>总成本及费用</td><td>961.7</td></tr>
<tr><td>其中:经营成本</td><td>324.7</td></tr>
<tr><td>固定成本</td><td>742.3</td></tr>
<tr><td>可变成本</td><td>219.5</td></tr>
<tr><td>单位总成本(元/m^3)</td><td>2.63</td></tr>
<tr><td>单位经营成本(元/m^3)</td><td>0.89</td></tr>
</table>

9.2　工业废水处理工程实例

9.2.1　项目概述

项目名称:30 000 t/d 酒精废水治理项目。

工程建设地点:某经济开发区化工园区。

1) 现有污水处理厂情况

化工园区内现有的这座污水处理厂的承载能力为 10 000 m^3/d,主要构筑物包括格栅、调节池、斜板沉淀池、SCR 厌氧反应池、接触氧化池、二沉池及贮泥池、污泥浓缩池、污泥干化场等。

现有的污水处理厂的工艺流程如图 9.2 所示。

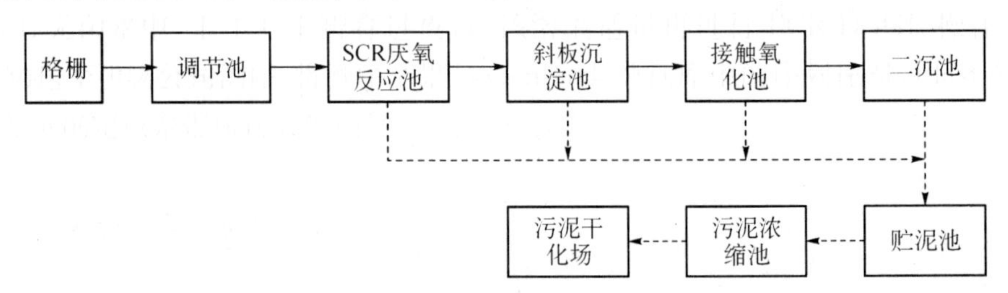

图 9.2　现有污水处理厂工艺流程图

现有的污水处理厂的平面布置图见图 9.3。

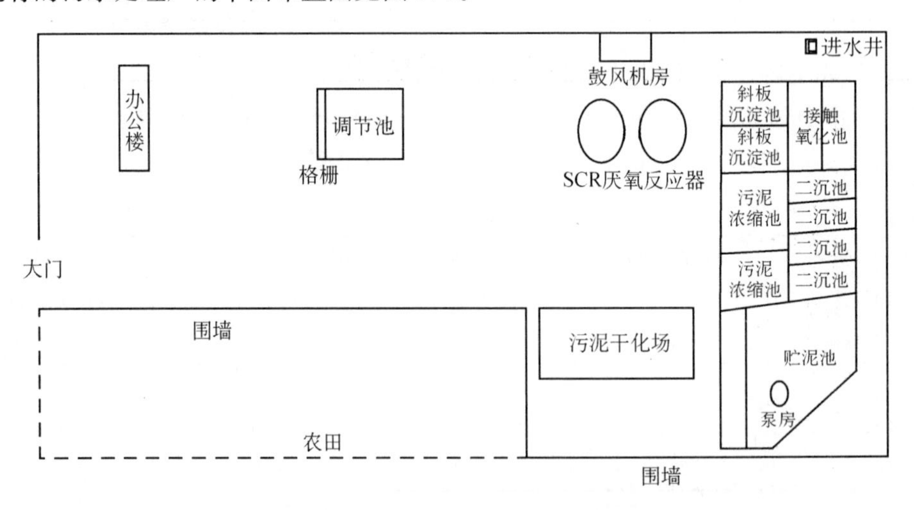

图 9.3　污水处理厂平面布置图

现有的污水处理厂的进水井收集三根进水管的污水,每根污水管上设有流量计。但目前仅有两根进水管在进水,分别由两家酒精厂引入。从感官上来看,进入污水处理厂的污水的色度和浊度偏大。

由于目前的进水量远远大于实际的处理能力,进入进水井的污水由水泵直接排出,而不经过其他处理构筑物。

2）污水处理厂周围企业的情况

目前化工园区内已经投产的企业污水日排放量达到 30 000 t，经环保部门检测，酿造企业的污水经过厌氧、好氧处理，COD≤2 500 mg/L，除酿造业以外的企业，污水中 COD 均小于 1 000 mg/L。化工园区各企业的污水排放的具体情况见表 9.13。

表 9.13　化工园区排污情况预测

序号	企业名称	年产量(t/a)	日产污水量(t/d)
1	甲酿酒厂	70 000	9 000
2	乙酒精厂	50 000	6 000
3	丙酿造厂	50 000	6 000
4	丁酿酒厂	30 000	4 000
5	造纸厂		2 000
6	化工厂(一)		200
7	化工厂(二)		200
8	化工厂(三)		200
9	化工厂(四)		200
10	化工厂(五)		400
11	化工厂(六)		100
12	化工厂(七)		300
13	化工厂(八)		200
14	化工厂(九)		200
15	化工厂(十)		300
16	合计		29 300

9.2.2　废水水量、水质及处理要求

合理地确定设计污水的水量和水质，直接涉及工程的投资、运行费用和经济效益。本项目实际产生的污水量由业主提供，其远期污水量根据各企业发展规划及排水量进行预测。对设计的污水水质，结合实测的水质及酒精工业废水的一般水质情况确定。

该经济开发区化工园区现有企业污水日排放量达到近 30 000 t。计算总变化系数为 1.50。

1）进水水质

由业主提供的主要酒精厂废水水质如表 9.14 所示。

表 9.14　酒精厂排水水质

指标	COD_{Cr} (mg/L)	BOD_5 (mg/L)	SS (mg/L)	NH_3—N (mg/L)	温度 (℃)	色度 (倍)	石油类 (mg/L)
国华酒精厂	2 200	680	878	1.85	41.8	150	3.4
沭光酿酒厂	2 300	710	866	2.08	38.9	100	2.9
康德酒业	2 200	660	774	1.47	44.2	100	3.1
永鑫酿酒	2 100	590	717	2.10	42.5	100	2.7

注：酒精废水中不含重金属和有毒有害化工元素。

化工企业出水经过预处理,达到接管标准汇集后进入污水处理厂;再入驻企业出水需达到接管标准后才能进入污水处理厂。

根据现有资料,污水处理厂进水水质指标如表 9.15 所示。

表 9.15 进水水质指标表

项目	COD (mg/L)	BOD_5 (mg/L)	SS (mg/L)	TN (mg/L)	TP (mg/L)	色度 (倍)	pH
指标	2 500	800	1 000	50	10	150	3～7

2) 出水水质确定

污水处理厂出水水质需执行《城镇污水处理厂污染物排放标准》(GB18918—2002)一级B标准应达到的指标,如表 9.16 所示。

表 9.16 出水水质标准

项目	COD (mg/L)	BOD_5 (mg/L)	SS (mg/L)	TN (mg/L)	TP (mg/L)	色度 (倍)	pH
指标	60	20	20	20	1	30	6～9

3) 建设规模

根据化工园区内工业企业《污水量预测明细表》中污水量的预测结果,考虑到化工园区目前的实际情况,综合确定污水处理厂按 30 000 m^3/d 规模进行配套设计。

9.2.3 处理工艺

根据对目前国内众多酒精污水处理工程所采用的工艺方案的比较,结合本工程污水的特性,提出拟用污水处理方案,如图 9.4 所示。

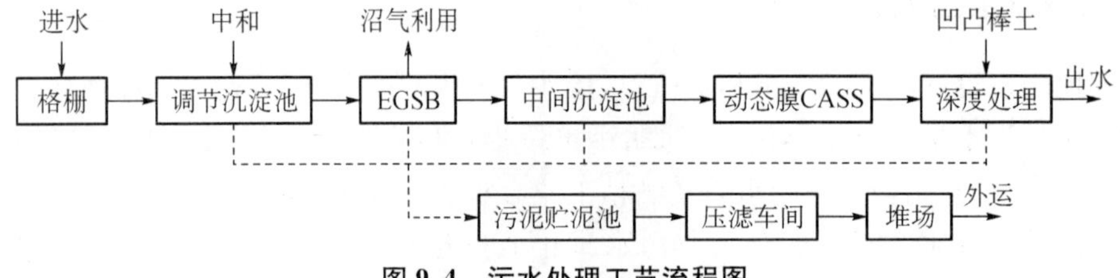

图 9.4 污水处理工艺流程图

污水经格栅滤掉浮渣后进入调节沉淀池。

调节沉淀池可以起到调节水质、水量,沉降部分 SS 的作用。

EGSB 厌氧反应器对有机物具有良好的去除作用。

EGSB 出水中 SS 浓度较高,同时为了防止厌氧污泥颗粒直接出入活性污泥系统,其后设中间沉淀池。

新型动态膜 CASS 池采用动态膜组件代替滗水器,具有造价相对较低、出水水质好的优点。

为进一步去除水中的色度,保证出水水质达标,设置深度处理池,投加凹凸棒土烧结棒。

其中,中间沉淀池和深度处理池利用原有构筑物改造。原有 SCR 厌氧反应器经修复利用。

9.2.4　工程设计

1）新型动态膜 CASS 反应池

反应池设计尺寸见表 9.17。

表 9.17　新型动态膜 CASS 反应池

项目	指标
设计流量	0.35 m^3/s
池数	2
有效容积	7 500 m^3
池长度	75 m
池宽度	15 m
池高度	7 m
保护高度	0.5 m
污泥负荷率	0.16 $kgBOD_5/(kgMLSS \cdot d)$
设计 COD 去除率	85%
设计 BOD 去除率	85%
设计 SS 去除率	70%

2）动态膜组件设计计算

由于滗水器价格较贵，且为了提升出水水质，所以用动态膜取代滗水器出水。本系统动态膜组件采用无纺布材料，平板膜组件由 0.1 mm 的无纺布包裹形成过滤面，混合液透过过滤面进入膜组件内的空腔，并通过出水收集管流出反应器。动态膜在液面与出水口之间高差 ΔH（出水水头）的驱动下自流出水。

在反应器的膜组件下方设有穿孔曝气装置，其曝气方式为下方曝气。在反应器的日常运行中，通过曝气向混合液供氧，同时推动混合液在反应器内形成循环流动，维持反应器内的完全混合状态，并在反应器的中间形成自上而下的膜面错流，保持生物膜的更新和活性。

下方曝气的另一主要作用是可以调节阀门的开启度，提供较强的气、水多相流，通过短时、强烈的曝气，冲刷膜表面的污泥层，强化对动态膜表面污染的控制。

根据膜通量 40 $L/(m^2 \cdot h)$来计算所需膜面积：

$$A=\frac{30\ 000}{40\times10^{-3}\times24}=31\ 250\ m^2$$

设计单片膜组件尺寸：长为 1.875 m，高为 2.5 m，厚为 6.25 cm。

得单片膜的过滤面积近似为：$s=2\times2.5\times1.875\approx10\ m^2$

则需要单片膜片数：$n=\frac{A}{s}=\frac{31\ 250}{10}=3\ 125$，适当扩大，单池 3 475 片。

3 475 块膜片布置为 7 列 497 行，宽度方向（行向）间距 625 mm，厚度方向（列向）单片膜间连接水管为 562 mm。如图 9.5 所示，7 列膜片布置在下侧，总管布置在上侧。

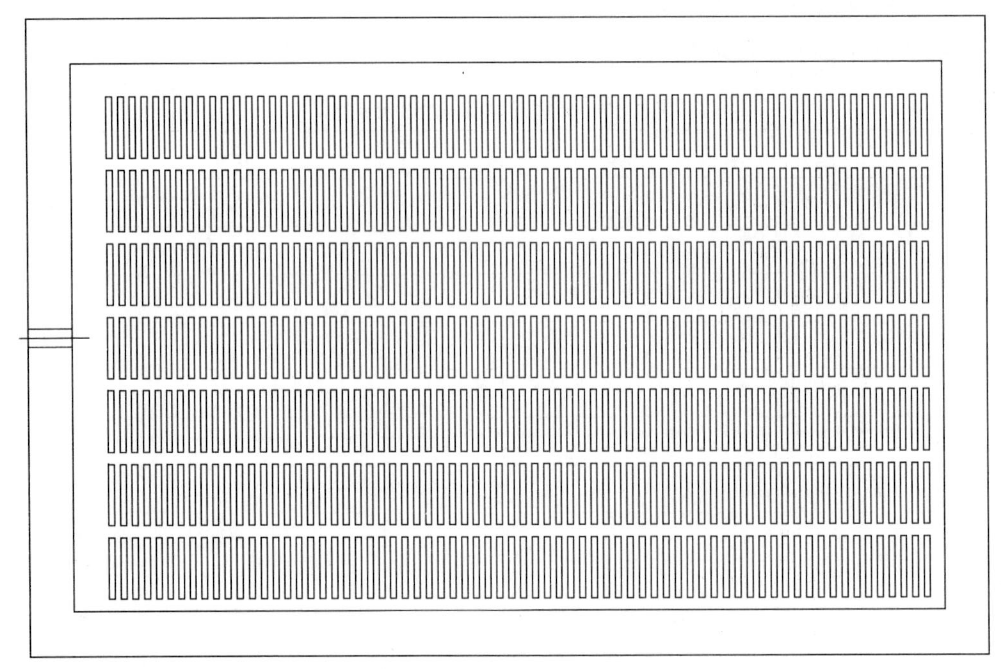

图 9.5　动态膜布置示意图

出水系统设计：

单片膜出水采用一个穿孔集水管（除最外侧的一排），管径选用 DN32 的 PVC 管。出水管中心高度为最低水位下 300 mm，距反应器底部 1 200 mm。通过总集水管通入后续构筑物。总出水水管管径为 500 mm 的塑料管。膜的使用寿命为 4～5 年。

为了增强 COD 去除效果，曝气时间选择为 2.5 h，选定沉淀时间为 2.5 h。整个周期分为进水曝气、沉淀出水两个阶段，设定为 5 h，循环往复。

在沉淀阶段不曝气，以保证出水水质，其余时间均在曝气。在沉淀后期将主反应区部分污泥回流至预反应区，由于污泥浓度较高，回流量按进水的 10%取定。

根据曝气、沉淀周期的设定，膜组件排出水的体积应为 2.5 h 的排水量。由此计算排水结束时的最低水位应为：

$$H = 30\ 000 \div 24 \times 2.5 \div 75 \div 15\ \text{m} = 2.78\ \text{m}$$

由于膜组件采用重力出水，考虑初期出水水头较高，通量较大，因此其安装高度可适当抬升，底部距池底 2.5 m。

两组 CASS 池交替运行，当 CASS 1 池沉淀时，CASS 2 池进水；CASS 1 池进水时，CASS 2 池沉淀。整个新型动态膜 CASS 反应系统处于连续进水、连续出水的状态。

9.2.5　投资、运行成本分析

投资、运行成本分析见表 9.18、表 9.19。

表 9.18　投资估算表

A	第一部分　工程费用						
估算书编号	工程及费用名称	估算价值(万元)					
		建筑工程	设备		安装工程	其他费用	合计
			国内	引进			
	合计	638	1 424	602	251	35	2 950
A-1	污水处理厂						
A-1-1	总图部分						
1	绿化费	15					15
A-1-2	污水处理部分						
1	格栅	16		40	15		71
2	调节沉淀池	80	30		15		125
3	鼓风机(房)、提升泵(房)	25	60	50	20		155
4	EGSB 厌氧池	60		390	50		500
5	中间沉淀池(改造)	20		20	10		50
6	CASS 反应池	180	430		30		640
7	深度处理池	10	50		10		70
8	贮泥池	5	20				25
9	污泥压滤机(房)	25	117		8		150
10	加药机(房)	5	45				50
11	原有设施改造	15	30		10		55
A-1-3	附属建筑及其他						
1	办公楼	100	10		10		120
2	机修仓库	20	15		8		43
3	配电室	10		30	2		42
4	阀门井、压力井、检修井、检查井、管道	10	60		10		80
5	化验及其他引进设备		5	12			17
6	自控设备及安装调试		80	60	24		164
7	电气设备及安装工程	14	55		6		75
8	工器具购置费					5	5
9	车辆购置费					30	30
10	输电线路	5	55				60
11	供水系统	3	2		3		8
A-1	合计						2 550
A′	沼气柜、沼气发电装置	20	360		20		400

续表 9.18

B	第二部分　其他费用			
	费用名称	说明及计算式	金额	备注
B-1	建设单位管理费	第一部分费用(A)×1.5%	44.25	
B-2	工程建设监理费	第一部分费用(A)×1.5%	44.25	
B-3	勘测费 (含地质灾害评价费)	《工程勘察设计收费标准(2002)》	30	
B-4	工可费用	《工程勘察设计收费标准(2002)》	30	
B-5	设计费	《工程勘察设计收费标准(2002)》	150	
B-6	实验费	设计费×0.13	20	
B-7	联合试运转费	第一部分费用(A)×3.5%	70.91	
B-8	工程保险费	第一部分费用(A)×0.4%	11.8	
	合计		401.21	
	工程静态总投资	A+B	3 351.21	
	工程动态投资			
C-1	建设期贷款利息	建设期1年	185.36	
	工程总投资	A+B+C	3 536.57	

表 9.19　运营费预算

序号	项目	预算费用(万元/年)
1	动力费用	319.00
2	药剂费用	219.50
3	污泥费	25.00
4	保险费开支	9.80
5	工资福利	26.00
6	基本折旧	354.04
7	大修理基金	35.00
8	维护费	32.00
9	管理费	43.00
10	副产品收益	−75.00
11	总成本	988.34
	固定成本	481.84
	可变成本	506.50
	单位总成本(元/m^3)	1.10

9.3　新农村生活污水处理工程实例

9.3.1　项目概述

该农村位于某市东郊，经济发达，人民生活水平不断提高。目前该村生活污水缺乏有效的处理，大部分是通过排入化粪池后渗入地下。居民生活污水没有任何处理措施，也没有其他出路，导致周边水体污染严重，影响居民正常生活，也影响农村自然生态形象，阻碍经济发展。因此，建设污水管网、农村生活污水处理设施，对保护农村生态、改善该村水环境、提升生态形象有重要的意义。

设计内容

遵照建设单位的委托，设计范围包括三部分内容：

（1）污水管网收集工程。主要设计内容具体包括：污水管网总体布局，主干管、干管走向，管网设计建设方案设计。

（2）污水处理站工程。从处理单元格栅进水口至规范化出水口的处理构筑物，水处理设备，电气控制等的设计、选型。

（3）园林绿化工程。污水处理站周边的绿化设计。

9.3.2　废水水量、水质及处理要求

1）污水水量

根据该村村委会提供的资料，设计流量为 96 m^3/d。

2）污水水质

参照部分农村生活污水的实际水质，确定本工程设计进水水质，见表 9.20。

表 9.20　设计进水水质

项目	pH	COD (mg/L)	BOD_5 (mg/L)	SS (mg/L)	氨氮 (mg/L)	TN (mg/L)	TP (mg/L)
数值	6～9	≤250	≤150	≤150	≤30	≤35	≤3

3）处理要求

处理出水指标执行《城镇污水处理厂污染物排放标准》(GB18918—2002)表 1 一级 A 排放标准，具体指标如表 9.21 所示。

表 9.21　设计出水水质情况

项目	pH	COD (mg/L)	BOD_5 (mg/L)	氨氮 (mg/L)	TN (mg/L)	TP (mg/L)
处理效果	6～9	≤50	≤10.0	≤5(8)	≤15	≤0.5

9.3.3 处理工艺

基于我国农村地区普遍欠发达，缺乏污水处理专业人员的现状，结合农村生活污水可生化性高，水质、水量波动性大等特点，农村生活污水处理方式不能照搬或套用城镇生活污水的处理模式，需结合农村地区实际情况和生活污水特点进行科学决策。在具体选择农村生活污水处理方式时，一般遵循因地制宜、便于维护和管理、运行费用低廉、工艺流程简单等原则。

农村地区生活污水大多采用化粪池以及各种类型的沼气净化池进行处理，有些地区采用生活污水沼气净化与人工湿地相结合处理生活污水，上述设施基本可以达到二级排放标准，但不经好氧处理，BOD_5、SS、氨氮等指标难以达到一级排放标准甚至更高的标准。

由上所述，决定采用“A/O＋平板动态膜＋人工湿地”处理工艺。常规的生活污水 A/O 处理工艺将活性污泥法作为工程的主体。利用在池内的好氧性微生物繁殖而形成的污泥状絮凝物降解水中的有机物，同时通过前端设置的缺氧池完成对污水的脱氮。A/O 工艺因 BOD 去除效率高、抗冲击能力强、管理简单等特点在生活污水处理中被广泛应用。为了保证池内污泥浓度和提高污水固液分离效果，本工程在好氧池内加入自主研发的平板动态膜。动态膜是通过大孔膜材料，结合快速形成微生物膜层，兼有膜分离和生物处理的一种新型技术。因动态膜的高精度截留作用且膜通量大，取消了二沉池设置，减少污水处理设施占地面积。

为了确保出水水质达到一级排放标准，同时将污水处理与景观建设相结合，本工程在处理后段用人工湿地作为深度处理单元，进一步去除水中的 N、P 等污染物。人工湿地具有投资和运行费用低、处理效果好、技术含量低、易于维护等优点，特别适合于经济技术水平不高、技术力量相对薄弱的广大农村地区。

本工艺的流程如图 9.6 所示：

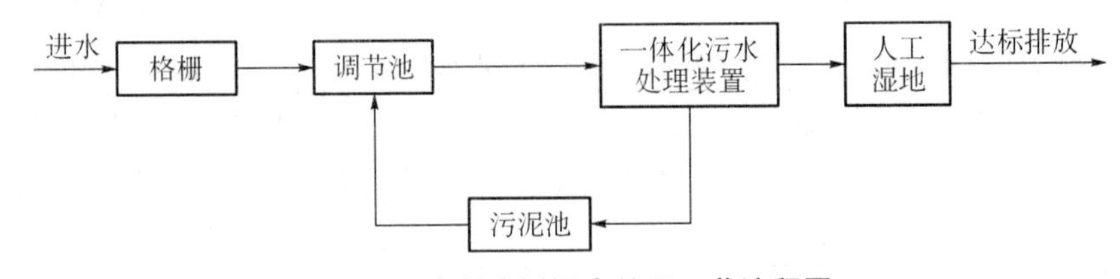

图 9.6 农村生活污水处理工艺流程图

工艺流程说明

(1) 每户的生活污水直接排放到方形井，方形井中的污水经污水管网收集后，经格栅除去悬浮物或杂质后进入调节池，调节池内设预曝气系统，通过充氧搅拌使调节池内污水均质均量，同时防止淤泥沉积。

(2) 污水经调节池提升进入一体化污水处理装置，该装置中分成缺氧区、好氧区、清水区。缺氧区的首要功能是脱氮，在此反应器中，反硝化菌利用污水中的有机物作碳源，将好氧池回流污泥中带入的大量 NO_3^-—N 和 NO_2^-—N 还原为 N_2 并释放到空气中，同时 COD、BOD 含量下降。在好氧区中，污水中的有机物被池内的活性污泥凝聚、吸附和氧化降解，

COD和BOD含量继续下降。污水中的有机氮化合物在氨化菌的作用下分解转化为氨态氮。硝化细菌的硝化作用将氨态氮氧化为NO_3^-—N和NO_2^-—N,通过回流控制返回至缺氧池。在池内加入自行研发的平板动态膜,利用多孔支体上快速形成的污泥层,对污水进行高效截留分离,保证了出水清澈透明,解决了通常MBR膜组件费用高、寿命短及能耗高的问题。

(3) 经生化处理后的出水经清水区进入人工湿地处理系统,充分利用自然生态系统中的物理、化学和生物的协同作用,通过过滤、吸附、共沉、离子交换、植物吸收和微生物分解等作用来实现对污水的高效净化。人工湿地系统不仅可以进一步降低有机污染物,同时可以利用植物的根系吸收污水中的N、P,有效降低污水中的TN、TP,确保污水中的污染物得到有效去除。

9.3.4　工程设计

(1) 说明

一体化污水处理装置(见图9.7)分成缺氧区、好氧区、清水区。缺氧区的功能是反硝化菌利用污水中的有机物作碳源,将好氧池回流污泥中带入的大量NO_3^-—N和NO_2^-—N还原为N_2并释放到空气中,同时COD、BOD含量下降。好氧区是以活性污泥处理为主的生物处理装置。利用回转风机提供的氧源,好氧池中的活性污泥以水中的有机物为营养源,进行有氧呼吸,进一步把有机物分解为无机物,池内设平板动态膜,利用动态膜的高效拦截作用,保证了出水清澈。好氧池采用气提器回流。

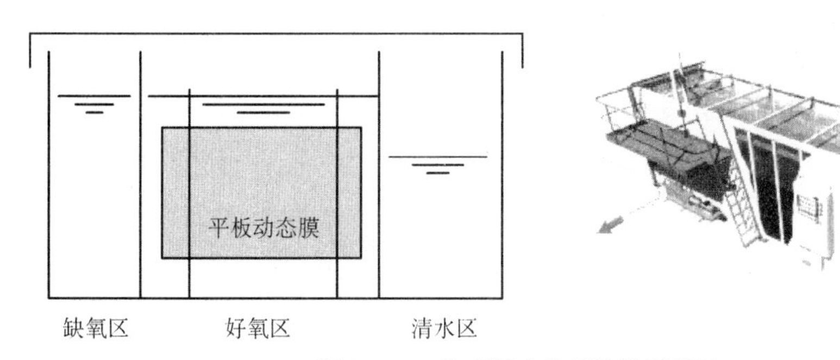

图9.7　一体式污水处理装置示意图

(2) 主体设计尺寸规格:　$L\times B\times H=2.5\ m\times 6.0\ m\times 3.0\ m$

缺氧区尺寸规格:　$L\times B\times H=2.5\ m\times 1.3\ m\times 3.0\ m$

数量:1座

有效水深:2.5 m

有效容积:8 m^3

设计流量:4 m^3/h

水力停留时间:2 h

好氧区尺寸规格:　$L\times B\times H=2.5\ m\times 3.7\ m\times 3.0\ m$

材质:Q235-A

数量：1只
有效水深：2.4 m
有效容积：24 m^3
气水比：16∶1
供气量：1.1 m^3/min
设计流量：4 m^3/h
水力停留时间：6 h

清水区尺寸规格：$L \times B \times H$=2.5 m×1.0 m×3.0 m
材质：Q235-A
数量：1只
有效容积：2 m^3
设计流量：4 m^3/h
水力停留时间：0.5 h

配套设备：

① 曝气风机
所需风量：1.8 m^3/min
设备型号：HC-60S
数量：2台(一用一备)
风量：1.82 m^3/min
风压：29 400 Pa
电机功率：2.2 kW
风机转速：450 r/min
出风口径：50 mm

② 曝气管
规格：DN80/DN50
数量：1套
材质：UPVC
曝气量：0.15 m^3/min

③ 平板动态膜
外形尺寸：1 m×0.5 m×0.05 m
数量：120片
过滤方式:重力出流
膜材料:聚合聚氨酯
单片膜通量：30 L/(m^2·h)

9.3.5 投资、运行成本分析

工程投资概算见表9.22。

表 9.22　工程投资概算表

序号	工程或费用名称	概算值（万元）	经济指标		
			单位	数量	单价(元)
一、建设工程费					
1	污水处理站土建				
1.1	调节池	9.15	m^3	60.75	1 506.17
1.2	污泥池	2.90	m^3	11.25	2 577.78
1.3	设备间	20.50	m^2	73.2	2 800
1.4	人工湿地	5.00	m^2	19.2	2 604.17
1.5	假山	5.00	座	1	50 000
1.6	围墙	4.80	m	60	800
1.7	绿化	2.00	m^2	148	135.14
1.8	道路	0.75	m^2	30	250
1.9	鹅卵石小道	0.15	m^2	4.8	312.5
1.10	地基处理	5.50	项	916.7	60
1.11	厂外道路	0.24	m^2	12	200
2	污水处理站安装				
2.1	工艺设备	25.02			
	安装费	2.50			
	建设工程费合计	83.51			
二、工程建设其他费用					概算值(万元)
1	工程基本设计费				18.80
2	施工图预算编制费(基本设计费×10%)				1.88
3	竣工图编制费(基本设计费×8%)				1.50
4	场地准备及临时设施费(建筑安装工程费×1%+拆除清理费)				1.04
5	联合试运转费(设备购置费×2%)				0.57
	工程建设其他费用小计				23.79
三、建设项目总投资(建设工程费用+工程建设其他费用)					107.30

工程用电负荷及运行成本分析如表 9.23 所示。

表 9.23　用电负荷一览表

序号	设备名称	电机功率(kW)	安装台数	安装功率(kW)	运行台数	运行功率(kW)	运行时间(h/d)	每天电耗(kW)
1	提升泵	0.75	2	1.5	1	0.75	24	18
2	曝气风机	2.2	2	4.4	1	2.2	24	52.8
3	合计	2.95	4	5.9	2	2.95	24	70.8

(1) 电费

日处理量 96 m^3/d，日耗电 71.28 kW·h，电费按 0.6 元/(kW·h)计。

$$每日耗电费\ E_1=70.8\times0.6\times0.8=33.98\ 元/天$$

(2) 污泥清运费

每年清 1 次，每次 1 000 元。

$$则每日清运费 E_2=\frac{1\ 000}{365}=2.74 元/天$$

合计

$$每日每吨污水运行成本 E=\frac{E_1+E_2}{96}=\frac{33.98+2.74}{96}=0.38 元/天$$

9.4 高速公路服务区污水处理工程实例

9.4.1 项目概述

江苏宁沪高速公路股份有限公司所辖的芳茂山服务区(南区)已建有污水处理设施,其工艺为生物接触氧化。但目前大部分装置已不能运行,污水排放不能达到要求,已经引起了服务区与周围居民的环境纠纷,影响了服务区的正常工作,亟须对原有污水处理设施进行改造。

服务区通常距离城市市政管网较远,用水及污水排放均比较困难,经多方案比较,确定了"动态膜生物反应系统+人工湿地"的处理工艺。

服务区用水主要集中于公共厕所、餐厅、公共洗手池等处,另外,管理人员的办公生活用水量也占一定比例。本设计采用"动态膜生物反应系统+人工湿地"工艺,一方面确保污水处理达标排放,另一方面能达到美化服务区环境的目的。

9.4.2 废水水量、水质及处理要求

(1) 根据芳茂山服务区用水量,并考虑其后期发展趋势,设计污水量:$Q=6.25\ m^3/h$。

(2) 设计进水水质

根据芳茂山服务区进水水质分析,进水水质情况见表 9.24:

表 9.24 进水综合水质一览表

水质指标	COD	BOD_5	SS	NH_3—N	TP	动植物油
浓度(mg/L)	400	180	250	40	5	20

(3) 处理出水水质

因芳茂山服务区地处太湖周边,对出水水质应严格要求,故设计要求处理后出水向周围自然水体排放执行《城镇污水处理厂污染物排放标准》(GB18918—2002)一级 A 标准。具体数值如表 9.25 所示。

表 9.25 《城镇污水处理厂污染物排放标准》(GB18918—2002)一级 A 标准

污染物	COD	BOD_5	SS	NH_3—N	总磷(以 P 计)	动植物油
浓度	50	10	10	5	0.5	1

9.4.3 处理工艺

高速公路服务区污水水质具有以下特点:悬浮物、氨氮浓度较高,其他污染物如表面活

性剂、碳氢化合物、蛋白质、动植物油和含磷的化合物、微生物和无机盐等的含量与生活污水接近。将其典型水质与《污水综合排放标准》(GB8978—1996)中相应的标准值对比可知,需要通过处理加以控制的水质指标主要是SS、BOD_5、COD、氨氮、磷、动植物油以及石油类等。

动态膜生物反应器主要包括膜组件、集水系统、出水系统、曝气系统和计量装置等。膜组件是DMBR工艺的核心部件,对污水处理起关键作用,一般选用微滤膜和超滤膜。

DMBR工艺的容积负荷高,占地面积很小,污泥产量很低,处理后出水结合必要的消毒后,可以达到回用水的标准,可用于服务区的冲厕、洗车、绿化等,具有很好的环境效益和经济效益。但是由于采用膜组件,系统造价高,维护运行费用高,目前该工艺主要应用于土地受限、出水水质要求高、经济条件好的地区。

生态处理方法

人工湿地是指人工筑成水池或沟槽,底面铺设防渗层,填充一定深度的土壤或基质,种植芦苇一类的维管束植物或根系发达的水生植物,污水由湿地的一端通过布水管渠进入,以推流方式与布满生物膜的介质表面和溶解氧进行充分的接触获得净化。人工湿地是利用土壤,植物,微生物复合生态系统的物理、化学和生物的三重协调作用,通过过滤、吸附、沉淀、离子交换、微生物同化分解和植物吸收等途径去除废水中的悬浮物、有机物、氮和磷等。

根据水流类型可分为表面流人工湿地、水平潜流人工湿地和垂直潜流人工湿地。人工湿地具有景观效果,可以利用服务区规划的绿化用地,系统运行费用低,无需专人看管,维护简便。在保证一定的有机负荷下,出水可以达到回用水标准。但是基质易堵塞和北方地区冬季处理效果差等问题尚未解决,限制了该技术在服务区的广泛推广。

土壤渗滤法是利用防渗膜在地下围成生物滤池,以人工配置的通气性土壤为基质,污水通过布水系统,均匀地由土壤向下渗滤,污水滞留到厌氧沙盘后,通过表面张力作用上升,越过沙盘的堰之后,再通过虹吸现象连续向下层土壤渗透,最后流出生物滤池。在上述渗滤过程中,水被渗滤后流出系统,污染物由于土壤的吸附作用而截留在土壤中,被好氧微生物降解,降解产物被植物吸收利用。土壤渗滤与人工湿地都属于土地生态处理技术,工艺特点比较类似,只是在配水方式、基质种类、床体结构、栽种植物以及污染物的主要去除机理等方面有所区别。一般来说,同等条件下土壤渗滤系统占地面积更大,处理效果更好。

9.4.4　工程设计

采用"动态膜生物反应系统+人工湿地"作为核心处理工艺,整个工艺流程包括水质水量调节池、厌氧池、动态膜生物反应器(DMBR)、人工湿地处理系统(见图9.8)。出水接入现有服务区污水管网。DMBR反应器污泥定期排入污泥池,污泥池的污泥定期外运。

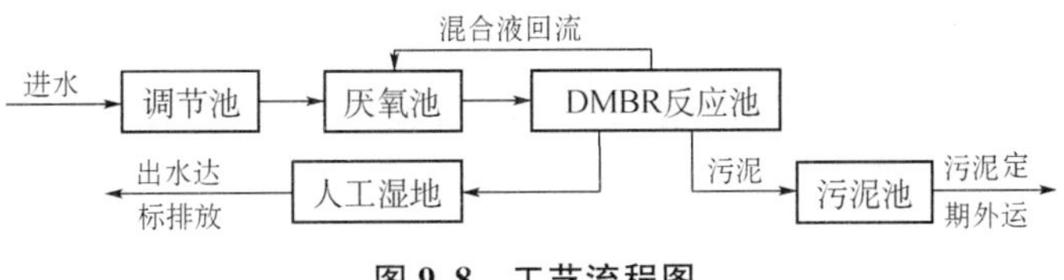

图9.8　工艺流程图

利用原有的调节池改造和新建二级调节池,起到均化水质水量的作用。考虑到服务区污水产生曲线的特点，在出现瞬时冲击负荷时，与调节池相通的厌氧池也可以作为水量调节池使用，从而降低因水量和水质冲击负荷对后续生化反应的影响。调节池污泥定期人工清除。原有调节池和新建二级调节池管道连通，距池底 0.8 m。

厌氧池接收来自调节池的污水和动态膜反应池的回流混合液。在潜水搅拌机的作用下，进行一定的混合，从而形成缺氧区、厌氧区。反硝化作用和厌氧释磷作用得以同时进行，达到反硝化脱氮和厌氧释磷的效果。

动态膜生物反应器结合了膜生物反应器和活性污泥法的优点。与一般膜生物反应器工艺相比，该工艺的优势在于：出水水质优良、抗冲击能力强、管理操作简单、节省占地面积、运行成本低、模块化设计。膜组件向厂家订购，规格为 1 m×0.5 m×0.05 m，由膜组件厂家实施安装。膜出水通量取 15 L/(m^2 · h)。池壁采用 10 mm 厚的钢板。走廊、楼梯的钢板厚度亦为 10 mm。

人工湿地是目前国内外广泛采用的一种污水生态处理工艺，处理生活污水具有运行费用低、维护简单、处理效果优越、抗负荷冲击能力强等优点，广泛应用于污水深度处理。根据芳茂山服务区水量及场地特点，设置了三级潜流湿地，湿地有效面积约 300m^2，三级串联使用。潜流多级湿地将保证服务区出水水质进一步稳定达标，并可达到回用水水质。

1）施工结构要求

设计使用年限为 50 年。

控制裂缝宽度≤0.2 mm，钢筋混凝土保护层厚度≥25 mm。

污泥池底板为 250 mm 厚 C25 钢筋混凝土层，底部为 100 mm 厚碎石垫层，混凝土抗渗等级为 S6。人工湿地底板为 150 mm 厚 C25 钢筋混凝土层，底部为 100 mm 厚碎石垫层，混凝土抗渗等级为 S6。配筋见相应结构图，钢筋直径≤10 时用Ⅰ级钢筋，直径>10 时用Ⅱ级钢筋。动态膜生物反应池基础为 100 mm 厚 C10 混凝土层，底部为 100 mm 厚碎石垫层。

抹面：池内壁、外壁、顶板下表面、底板上表面，用 1∶2 防水水泥砂浆（水泥砂浆加水泥重量的 5%的防水剂）抹面，厚 20 mm。其他用 1∶2 水泥砂浆抹面，厚 18 mm。

砖砌体：砖块强度等级 MU10，用 M5 水泥砂浆砌筑，1∶2 水泥砂浆双面抹面，厚 15 mm。

防水：为提高水池抗渗性，池内外 1∶2 防水水泥砂浆抹面应分层紧密连续涂抹，每层的接缝需上下左右错开，并应与混凝土的施工缝错开。如无抗渗实验条件，应符合以下施工要求：

（1）水泥采用不低于 325 号普通硅酸盐水泥；

（2）每立方米混凝土水泥用量宜控制在 300～350 kg；

（3）水灰比宜控制在 0.55 以下；

（4）混凝土需有良好级配，严格控制砂石的含泥量，并振捣密实和加强养护。

施工期间注意基坑排水，防止水池上浮。雨季施工做好排水，防止基坑边坡坍塌。

2）人工湿地植物选择

根据常州地区所处的长江中下游区域的自然气候条件，并结合芳茂山服务区所处环境，人工湿地的植物应选择耐湿、耐寒、耐热及耐酸碱的常青植物。经综合选择对比及考虑，芳茂山服务区人工湿地的植物以黑麦草为基础植物，间或种植苇状羊茅和草地早熟禾，点状种植美人蕉，美人蕉种植密度为 1～3 株/m^2。

3）构筑物及设备

构筑物及设备见表 9.26、表 9.27。

表 9.26　构筑物一览表

序号	建(构)筑物名称	建(构)筑物结构尺寸	数量	结构
1	一级调节池	$L\times B\times H=5.0\ m\times5.0\ m\times3.5\ m$	1	原有改造
2	二级调节池	$L\times B\times H=7.0\ m\times5.0\ m\times3.5\ m$	1	钢筋砼
3	厌氧池	$L\times B\times H=4.0\ m\times5.0\ m\times3.5\ m$	1	钢筋砼
4	动态膜生物反应池	$L\times B\times H=6.0\ m\times3.0\ m\times2\ m$	2	钢结构
5	污泥池	$L\times B\times H=1.3\ m\times5.0\ m\times3.5\ m$	1	钢筋砼
6	人工湿地	$L\times B\times H=64.3\ m\times5.0\ m\times1.0\ m$	1	砖混

表 9.27　设备一览表

序号	设备名称	设备型号	性能参数	单价（元/台）	数量	备注
1	潜污泵	WQ15-10-1.5	$Q=15\ m^3/h$，$H=10\ m$	1 500	2 台	
2	潜水搅拌机	QJB0.85/8-260/3-740	水推力：180 N	5 100	1 台	不锈钢
3	鼓风机	BKW6005		9 500	2 台	可利用原有风机
4	液位控制	UQK-71-2G		1 600	1 套	
5	电控柜	—		3 000	1 套	

9.4.5　投资、运行成本分析

芳茂山服务区工程总投资为 50.29 万元，其中设备投资（含风机）为 27.17 万元，构筑物投资为 23.12 万元。具体参考表 9.28、表 9.29。

表 9.28　折旧费预算

项目	预算费用(万元/a)	备注
设备折旧费	5.22	
土建构筑物折旧费	2.22	
折旧费合计	7.44	

表 9.29　运营费预算

项目	预算费用(万元/a)	备注
水电费	3.59	
材料消耗	2.40	填料更换(半年一次)
污泥处理费	0.60	污泥外运
清污费	0.60	调节池清淤

续表 9.29

项目	预算费用(万元/a)	备注
维护费	1.10	包括小型零部件更换
化验费	0.36	
人工费	0.60	
运营费合计	9.25	
污水处理运营成本	1.69 元/吨污水	

表中设备折旧年限为 5 年,构筑物折旧年限为 10 年,净残值按 4%计;风机投资按 1.90 万元计;设备由服务区水电工兼管,年人工工资暂按 0.6 万元/a 计算;商用水费按 2.0 元/度计算,商用电费按 1.0 元/(kW·h)计算。

9.5 施工营地污水处理工程实例

9.5.1 项目概述

中交二航局崇启大桥项目经理部施工营地位于江苏省启东市。施工营地住宿区约有 600 人入住,每天产生生活污水近 80 t。其中主要污水源为施工营地内厕所化粪池出水、浴室出水、日常洗衣及厨房废水。

为保护周围环境,建设生态文明施工营地,依中交二航局崇启大桥项目经理部的要求,南京展盟环保科技有限公司在现场勘测的基础上,对该项目经理部污水处理工程进行初步设计。考虑到已设置化粪池,建议在规划用地范围内,修建调节池、膜滤生化池、除磷系统、风机房等污水处理单元。出水达《污水综合排放标准》(GB8978—1996)一级标准后排入附近河流。

9.5.2 废水水量、水质和处理要求

根据施工营地用水量,并考虑季节变化等因素,设计污水量:$Q=80\ m^3/d$。

设计进水水质:

根据一般生活污水水质,进水水质情况见表 9.30。

表 9.30 进水综合水质一览表

水质指标	COD_{Cr}	BOD_5	SS	NH_3—N	TP	动植物油
浓度(mg/L)	400	200	220	50	8	20

处理后出水水质:

处理后出水向周围自然水体排放执行《污水综合排放标准》(GB8978—1996)一级标准。具体数值如表 9.31 所示。

表 9.31 《污水综合排放标准》(GB8978—1996)一级标准(部分)

污染物	COD_{Cr}	BOD_5	SS	NH_3—N	磷酸盐	动植物油
浓度(mg/L)	100	20	70	15	0.5	10

9.5.3　处理工艺

目前，我国主要研究的污水处理工艺是集中式的污水处理，对分散式污水处理的研究还不够深入。我国对于分散式污水处理还没有一个很明确的概念，还简单地停留在污水处理厂小型化这样一个认识阶段。现在被较为广泛接受的方式是对污水进行就地处理、就地回用。

分散污水处理系统主要包括：

(1) 在线系统(Onsite System)：从私人住宅排出的污水由于没有铺设大面积社区用的污水管道或缺乏一套集中处理设施，通过自然系统或机械装置来收集、处理、排放或中水回用，这种自然系统或机械装置即称在线系统。常用的在线系统包括化粪池(Septic Tank)和沥滤场(Leach Fields)。

(2) 群集系统(Cluster System)：群集系统是一种服务于两个或两个以上住户的污水收集和处理系统，但其范围不超过整个社区。从几家住户排出的污水可以经过个体用户的化粪池或组合装置现场预处理后，再通过低成本、非传统技术的污水管运送到比集中式系统相对小的处理单元。分散污水处理系统就是这样一种在线系统或群集系统。

1) 分散污水处理的适用范围

与集中式处理适用于城市的大流量废水的处理相比，分散式废水处理系统可以应用到居民区、公共建筑区、商业区、社区等相对来说流量小的，一般从地理位置相对接近的或者不能纳入城市污水收集系统的区域等排放出的污水。一些地区经济技术基础较差，排水管网尚不完善，无污水处理厂，污水处理设施相当缺乏，室内没有生活污水管道，生活污水的出路一般只有池塘、河流、湖泊等，造成对环境的污染。污水坑或化粪池这些初级的处理方法去除有机物的能力较差，居民家庭较为分散，建造类似城市污水处理厂这样的集中式污水处理设施显然是不经济的，因此可以在一个小村庄或者几个小村庄采用分散污水处理系统。目前我国分散污水处理主要是针对住宅小区。

2) 分散式污水处理工艺

分散式废水处理工艺可以粗略地分为以下几类：

(1) 自然系统，即利用土壤作为处理和处置的媒体，包括土地应用、人工湿地、地下渗滤等。还有一些污泥处理系统，如干沙床和潟湖。

(2) 集水系统，即不使用传统的重力式污水管，而以轻质塑料管代之，其优点是埋深较浅、管接少、连接结构不复杂。常用的污水管道有压力式、真空式和小直径重力式。

(3) 传统的处理系统，即结合生化和物化工艺，由池、泵、鼓风机和其他机械装置组成的系统，包括 3 种形式：悬浮式生长，固定式生长以及两者混合。这一类也包括对污泥的处理，如硝化、脱水和堆肥等。

(4) 膜技术。国内对于分散式废水处理研究没有国外那么系统化，较多的是对(建筑)小区污水处理的研究，而且工艺仍然是传统方法的组合，是城市污水处理厂的小型化。随着科学技术的发展，尤其是膜技术的发展，污水处理设施实现了装置化、小型化，使污水分散处理和回用得以实现。由于前3种技术比较落后，因此膜技术有着非常大的优点和巨大的发展潜力，故这里着重介绍膜技术。

3）膜技术

膜技术主要包括污泥生物膜复合生物反应器、膜分离技术和膜生物反应器。

(1)活性污泥生物膜复合生物反应器系统

在曝气池中投加各种能提供微生物附着生长于表面的载体，利用载体容易截留和附着微生物量大的特点，使曝气池中同时存在附着相和悬浮相生物，充分发挥两者的优越性，克服各自的缺陷和不足，我们将这种反应器称之为复合生物反应器。复合是指反应器中同时存在悬浮相和附着相生物。

(2) 膜分离技术

所有分离过程都是利用在某种环境中混合物中各组分性质的差异进行分离，膜分离过程是以选择性透过膜为分离介质，在两侧加以某种推动力时，原料侧组分选择性地透过膜，从而达到分离或提纯的目的。这种推动力可以是膜两侧的压力差、电位差或浓度差。根据其推动力分别可分为渗析(浓度差)、电渗析(电位差)、超滤(压力差)、纳滤(压力差)、反渗透(压力差)。膜分离的优点在于工艺流程短、占地少，小型化系统放置场所不受限制，出水BOD、氮、磷和悬浮固体浓度很低，不含细菌、病毒、寄生虫卵等，出水符合三级处理标准，可直接回收或补充地下水。

① 反渗透。当用一个半透膜分离两种不同浓度的溶液时，膜仅允许溶剂分子通过，由于浓溶液中溶剂的化学势低于它在稀溶液中的化学势，稀溶液中的溶剂分子会自发地透过半透膜向浓溶液中迁移。

② 纳滤。纳滤膜又称为超低压反渗透膜或疏松型反渗透膜，其操作压力通常在1.0 MPa以下，它对二价离子和相对分子质量大于300的有机小分子的截留率较高。

③ 超滤膜。超滤膜的结构多为非对称性膜，由一层极薄(通常只有0.1～1 μm)的具有一定孔径的表皮层(活性层) 和一层较厚(通常为125 μm)的具有海绵状或指状结构的多孔层(支撑层)组成。活性层在传质过程中起真正选择性筛分作用，基本上决定了膜的分离性能；支撑层只起活性层的载体作用，基本上不影响膜的分离性能。

④ 电渗析。电渗析是在外加电流电场作用下，利用离子交换膜的选择透过性(即阳膜只允许阳离子透过，阴膜只允许阴离子透过) 使水中阴、阳离子做定向迁移，从而达到离子从水中分离的一种化学过程。

(3) 膜生物反应器

膜生物反应器(Membrane Bio-reactor，简称MBR) 是由膜分离和生物处理组合而成的一种新型、高效的污水处理技术。膜分离技术最早应用于微生物发酵工业，随着膜材料和制模技术的发展，其应用领域在不断扩大，已经涉及化工、电子、轻工、纺织、冶金、食品和污水处理等多个领域。

MBR处理工艺在日本、加拿大等许多国家已经得到较好的运用，与传统的活性污泥处理工艺相比，MBR存在如下的优点：可以使水力停留时间和污泥龄完全分开，使运行控制更灵活，稳定；利于世代时间长的硝化细菌的增殖，从而提高硝化效率；污泥浓度高，从而传氧效率高达26%～60%左右，节省耗能；反应器内MLSS可高达15 000～30 000 mg/L，使装置处理容积负荷大，减少占地，也便于活性污泥法的改造；膜生物反应器利用其高浓度的MLSS，可以保证有机负荷高峰期的出水水质，且在低峰期污泥可以进行自身消化，使剩余污泥比常规活性污泥法处理少50%～80%，可减少剩余污泥的处置费用；膜生物反应器由于存在高浓度的MLSS，硝化与反硝化同时存在，具有很高的反硝化效果，脱氮能力强。而在需要高效除磷时，只需往污水中投加少量的明矾，因为膜能有效地分离这些不能沉淀的细小微絮凝体，只要其粒径小于0.2 μm即可。

4）分散式污水处理及集中式污水处理优缺点的比较

污水集中处理的优点较多，最重要的是处理厂能够可靠地、高效地管理和控制污水处理的运行。但是当考虑到建立和维修配水和集水管道系统的费用时，上面所提到的集中式系统在费用上的优点将大大削弱。安装供水管网和污水管道系统的费用几乎比建造处理设施的费用高一个数量级。其次，集中处理的长距离输送已经暴露出大量的渗漏问题。另外，各种废水的混合使得污水的高级处理和污水中有用物质的回收变得困难。

分散式污水处理比集中式污水处理更灵活，不仅能减少并解决污水集中处理管网出现的渗漏的情况，减少能量损失，而且针对性强，能针对不同的水质进行处理；分散式污水处理占地面积小，基建和运行投资均较小，随着膜技术的运用和不断推广，使得出水水质更好。

9.5.4　工程设计

根据污水排放现状及场地尺寸，设计以下工艺流程（见图9.9）进行技术、经济分析。

1）工艺流程

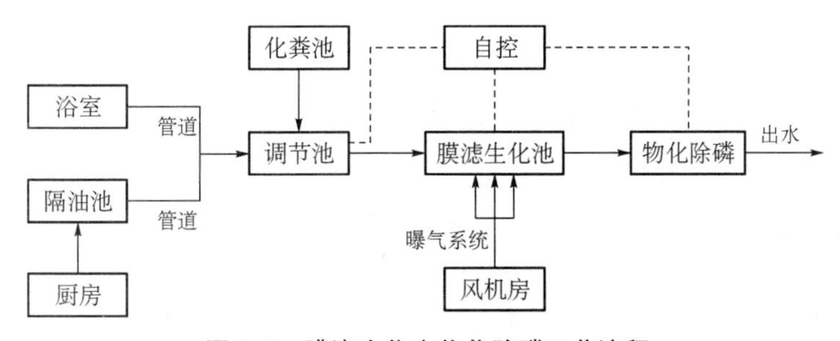

图9.9　膜滤生化＋物化除磷工艺流程

采用“膜滤生化＋物化除磷”作为核心处理工艺，主要包括调节池、膜滤生化反应池、物化除磷、隔油池；主要设备包括环保专用风机、动态膜滤系统、除磷系统、自动控制系统及配件等。

膜滤生化池结合了膜生物反应器和活性污泥法的优点，膜组件放置于反应池内，污水经过生物处理、膜过滤及进一步除磷后，出水达到《污水综合排放标准》（GB8978—1996）一级标准后排入附近河流。

2）工艺流程特点

（1）调节池可以起到均化水质和水量的作用，同时可沉淀部分 SS，因此降低了后续处理的冲击负荷，同时减轻了动态膜的基质堵塞。

（2）系统在去除有机物、悬浮物的同时，可同步去除氮、磷等营养物质。

（3）膜滤生化池效率较高，无需沉淀池及深度处理体系，大大节省了占地面积。

3）构筑物设计

（1）风机房：

风机房尺寸为 2 m×3 m×2 m，为彩钢板夹芯或砖砌结构，为地上结构。自控设备置于风机房内。

（2）调节池：

调节池尺寸为 5.5 m×12 m×3 m，建于原排水沟，各污水管接至调节池进水口。池体为砖混结构，底部基础浇注混凝土，并做防水层。

（3）膜滤生化池：

尺寸为 5.5 m×6 m×3 m，与调节池合建，同底同高。

（4）物化除磷池：

与调节池、膜滤生化池合建，尺寸为 2 m×5.5 m×3 m。

4）平面布置

平面布置尽量利用原有排水沟一端，布置紧凑，减少开挖面积，降低施工难度，见图 9.10。

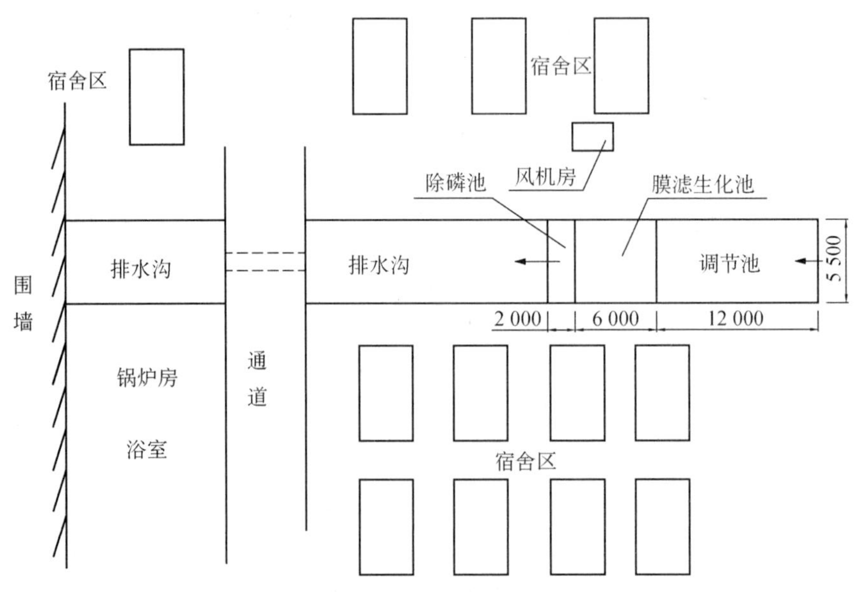

图 9.10　平面布置示意图

5）构筑高程布置

污水处理系统进水标高为－0.8 m，考虑到施工方便及周围环境，构筑物均采用地下式，池顶为预制盖板，人孔加盖盖板。

6）主要设备一览表

主要设备见表9.32。

表9.32　设备清单

序号	设备名称	性能参数	数量	备注
1	环保风机	吸入口风量：4.0 m^3/min	2台	
2	自动控制系统		1套	
3	自调节曝气系统	0.3～0.7 m^2/只	1套	
4	动态膜组件	通量为30 L/(m^2·h)		管式
5	膜组件支架		1套	
6	电线电缆		1套	
7	物化除磷系统		1套	
8	管道及配件		若干	

9.5.5　投资、运行成本分析

投资预算见表9.33。

表9.33　投资预算

序号	名称	单价(万元)	数量	总价(万元)
第一部分　设备费用				
1	环保专用风机	0.6	1台	0.6
2	自控系统	1.2	1套	1.2
3	自调节曝气系统	0.9	1套	0.9
4	膜滤组件	0.045	120 m^2	5.4
5	膜支架	0.6	1套	0.6
6	电缆、管材	0.2		0.2
7	除磷设备	0.8	1套	0.8
合计				9.7
第二部分　其他费用(万元)				
设备安装、调试费		1.5		
环境监测报告、验收费		0.9		
设计费		0.6		
税金		0.9		
总计(未含土建费用)				
13.6				

工程用电负荷及运行成本分析如表 9.34 所示：

表 9.34 用电负荷一览表

序号	设备名称	电机功率(kW)	安装台数	安装功率(kW)	运行台数	运行功率(kW)	运行时间(h/d)	每天电耗(kW・h)
1	提升泵	0.75	2	1.5	1	0.75	12	9
2	曝气风机	2.2	2	4.4	1	2.2	20	44
3	合计	2.95	4	5.9	2	2.95		53

(1) 电费

日处理量 80 m^3/d，日耗电 53 kW・h，电费按 0.6 元/(kW・h)计。

$$每日耗电费\ E_1=53\times0.6\times0.8=25.44\ 元/天$$

(2) 污泥清运费

每年清 1 次，每次 1 000 元，则

$$每日清运费\ E_2=\frac{1\,000}{365}=2.74\ 元/天$$

合计

$$每日每吨污水运行成本\ E=\frac{E_1+E_2}{80}=\frac{25.44+2.74}{80}=0.35\ 元/天$$